普通高等教育"十三五"规划教材

农田水利学

（西藏地区适用）

主　编　西藏农牧学院　李玉庆

武　汉　大　学　王　康

中国水利水电出版社

www.waterpub.com.cn

·北京·

内 容 提 要

本书分为 8 章，主要内容包括：绪论；农田水分状况和土壤水分运动；土壤-植物-大气连续体与作物需水量；作物灌溉制度；灌溉渠道系统；灌水方法；灌区水资源供需平衡分析；灌溉管理与农业水环境。

本书通俗易懂、图文并茂，针对西藏地区学生特点编写，具有较强的可读性，适合西藏地区高等院校农田水利工程专业的师生使用，也可作为西藏地区从事农田水利工作的工程师、技术员的参考书。

图书在版编目（ＣＩＰ）数据

农田水利学 / 李玉庆，王康主编. -- 北京 : 中国
水利水电出版社，2018.4
书名原文：普通高等教育"十三五"规划教材 : 西
藏地区适用
ISBN 978-7-5170-6404-6

Ⅰ．①农… Ⅱ．①李… ②王… Ⅲ．①农田水利－高
等学校－教材 Ⅳ．①S27

中国版本图书馆CIP数据核字(2018)第082197号

书　　　名	普通高等教育"十三五"规划教材 **农田水利学**（西藏地区适用） NONGTIAN SHUILIXUE（XIZANG DIQU SHIYONG）	
作　　　者	主编　西藏农牧学院　李玉庆　武汉大学　王　康	
出 版 发 行	中国水利水电出版社 （北京市海淀区玉渊潭南路 1 号 D 座　100038） 网址：www. waterpub. com. cn E - mail：sales@ waterpub. com. cn 电话：(010) 68367658（营销中心）	
经　　　售	北京科水图书销售中心（零售） 电话：(010) 88383994、63202643、68545874 全国各地新华书店和相关出版物销售网点	
排　　　版	中国水利水电出版社微机排版中心	
印　　　刷	北京瑞斯通印务发展有限公司	
规　　　格	184mm×260mm　16 开本　12.5 印张　296 千字	
版　　　次	2018 年 4 月第 1 版　2018 年 4 月第 1 次印刷	
印　　　数	0001—1000 册	
定　　　价	**30.00 元**	

编写人员名单

主　编：西藏农牧学院　　李玉庆

　　　　武汉大学　　　　王　康

参　编：西藏农牧学院　　张　存

　　　　西藏农牧学院　　吕光东

　　　　西藏农牧学院　　蒙　强

　　　　西藏农牧学院　　刘静霞

　　　　西藏农牧学院　　罗红英

前　言

　　"农田水利学"是高等学校农田水利专业的专业基础课。20世纪90年代至21世纪，随着国民经济和社会的发展，西藏地区的农田水利事业飞速发展，本书在传统的农田水利学理论基础上，总结西藏地区农业水利工程特性，吸取西藏地区农田水利建设成就以及教学实践中的经验，完成了西藏地区农田水利学教材的编写工作。

　　西藏地区幅员辽阔，自然条件十分复杂，各地区存在的农田水利问题和采取的措施有较大的区别。因此，本书根据面向西藏自治区，照顾地区的原则，共分为8章，主要介绍了农田水利灌溉工程规划设计、运行管理等，并阐述了西藏地区农田水分调控和分区水利治理的理论和实践经验。

　　"农田水利学"的教学以基本理论和基本概念的掌握为核心，以农田水利实践和应用为目的，力图精益求精，提高教材质量。编者总结多年"农田水利学"的教学经验，发现教学完成后，学生更多的是对理论知识的认知和了解，而将相关理论知识应用于农田水利实践仍存在着较大的不足。考虑到工科院校"特色和特点"，针对西藏地区民族学生特点，本版教材大幅强化了数学基础理论和方法在农田水利学的应用，同时为方便教学和学生学习，教材中大量增加了例题分析的内容，以求完成教学环节后，能够大幅提升学生的基础素质和实践能力。

　　本书由西藏农牧学院和武汉大学水利水电学院共同完成编写，武汉大学沈荣开教授担任主审，2016年12月完成初稿的编写，2017年8月根据审查意见修改定稿。本书的编写过程中多次征求西藏自治区相关科研院所和生产单位的意见，得到了西藏自治区水利厅、雅砻灌区管理局、昌都市江达县水利局、林芝市水利局，拉萨市达孜县、墨竹工卡县水利局等单位的支持，在此表示感谢！

书中难免存在有缺点和错误，敬请读者批评指正！

编者

2017 年 8 月

目 录

第1章 绪 论

1.1 西藏地区的农业特点

1.1.1 西藏地区的农业水资源特性

西藏自治区位于我国的西南边陲，南与缅甸、印度、尼泊尔等国毗邻，西与克什米尔地区接壤，北与新疆、青海交界，东与四川，云南相连，面积为 122.84 万 km^2。地势高峻，是青藏高原的主体，素有"世界屋脊"和地球"第三极"之称，平均海拔 4000m 以上。境内高山耸立，绵亘雄伟，南有喜马拉雅山，中有冈底斯山和念青唐古拉山，北有唐古拉山和昆仑山，山体平均海拔 5500m 以上。

境内江河、湖泊众多，流出西藏自治区之外的外流江河：南部有雅鲁藏布江从西至东流经全区，流域面积约 4 万 km^2；东部有金沙江、澜沧江、怒江；西部有象泉河、狮泉河等。内流江河主要分布在怒江上游分水岭以西的冈底斯山、念青唐古拉山的藏北高原和雅鲁藏布江上游分水岭及喜马拉雅山以北地带，年总流量少，约有 300 亿 m^3，仅占江河径流量的 8% 左右，而流域面积占西藏自治区面积的 51%。西藏的外流水量较多。内流区的主要水资源是由雨水、冰雪融化水和地下水组成，这三种水季节分配不均，上半年径流量仅占全年径流量的 20%～30%，下半年约占全年的 70%～80%，其中 7—9 月占全年的 55%～65%。在耕地比较集中的河谷地区，如拉萨河、年楚河等流域的耕地，在春季和夏初时期，农田灌溉用水严重不足[1]。

西藏由于地高水低，缺乏电力及提水设施，造成大量的水资源流失，致使农业灌溉用水严重不足。境内虽然湖泊星罗棋布，大小湖泊约有 1500 多个，约占全国湖泊总面积的 1/3，但是这些湖泊分布在高山峻岭之间，与河谷农区距离遥远，欲以此解决种植业用水困难很大。在巍峨耸立的高山之间，有广袤的草原，有因江河切割而成的谷地。这些谷地宽窄不一，深浅不同，所处位置的海拔也有很大的差异。因此，西藏各地农牧业状况也就主要为海拔高低所决定：地表高度在海拔 4500m 以上的面积约占西藏地表面积的 77.7%，为西藏的主要牧区，海拔 4500～4000m 之间的面积占 8.4%，为半农半牧区，海拔 4000～3500m 的面积占 6.0%，海拔 3500～3000m 的面积占 2.4%，海拔 3000～2500m 的面积占 1.2%，2500m 以下的面积占 4.3%。其中海拔 3000～4100m 之间的耕地面积，约占全西藏可耕地面积的 70% 左右，是以种植业为主的地区[2]。

西藏区内现有农田大部分都分布在沿河谷发育的两岸地带，其中最典型的是拉萨河、年楚河、雅鲁藏布江南岸的农区。这些河流由于所处的地理位置、自然条件以及流域面积的大小不同，因而其径流的丰枯程度和水文特性也不相同，提供水源的能力也有着各自的差异性。

雅鲁藏布江干流水源极其丰富,与我国其他河流相比,雅鲁藏布江流域的天然水能蕴藏量仅次于长江流域,居全国第二位。据雅鲁藏布江干流奴下水文站资料显示,多年平均流量为 $547m^3/s$,多年最枯月月平均流量为 $161m^3/s$。历年最枯流量为 $107m^3/s$。目前干流两侧约有耕地 70 余万亩,大约有 10 余万亩农田直接引用雅鲁藏布江水进行灌溉,其余均引用支流、支沟水灌溉。

拉萨河、年楚河属于西藏区内的中等河源,是雅鲁藏布江的一级支流,为常年性河流。两者总流域面积为 4.36 万 km^2,天然水能蕴藏量极其丰富。据拉萨水文站实测资料显示,拉萨河多年平均流量为 $290m^3/s$。历年最大洪峰流量为 $2830m^3/s$。历年最小流量为 $20.0m^3/s$。年楚河流域面积 $11130km^2$,年楚河干流江孜水文站实测资料显示,年楚河汇入雅鲁藏布江的多年平均径流量为 14.5 亿 m^3,多年平均流量为 $46m^3/s$,最大月平均流量为 $63.8m^3/s$,最小月平均流量为 $5.17m^3/s$。拉萨河就目前而言不存在水资源短缺的问题,但其枯水流量较小,流域内农田很多,随着今后西藏经济的不断发展,农业生产的进一步扩大,在大量农田及综合用水要求增加的情况下,可能出现断流或水源不足的现象。

"一江两河"地区小型河流流域面积在 0.1 万~0.5 万 km^2 之间,主要是一些直接汇入大江大河的小支流或大江大河的二级支流,称为小型河流。支沟流域面积则小于 $1000km^2$,在这些流域内农田分布往往较多,灌溉期水量不足,甚至出现水源严重缺乏、断流的现象,严重影响农业生产。

1.1.2 西藏地区的农业分布特性

西藏的地理位置偏南,处于北纬 $26°50'$~$36°58'$ 之间,与我国长江流域中下游处于同一纬度区间,但地势高,气温条件差别很大。长江中下游属亚热带气候,热量多、雨量充沛,而西藏大部分地区热量和降水都少很多,长江中下游可生长水稻、棉花等多种喜温农作物,而西藏主要农作物为青稞、小麦、豌豆、油菜等喜凉农作物;长江中下游一年可种两季,而西藏主要农区一年仅种一季,如青稞主要为春青稞和冬青稞,均为一年一熟。西藏气候不仅受地势的影响,还受高原面上的山脉走向、山体大小、河流切割程度及湖泊分布的影响。如以东西向横贯西藏中部的冈底斯山、念青唐古拉山脉来分,可将西藏分为以牧业为主的藏北高原牧区和以种植业为主的藏南农区;若以米拉山为界来分,则分成米拉山以东和以西两个完全不同的生态环境,以东多雨、湿润,森林密布,以西则少雨、干燥、山上无森林覆盖。西藏的耕地多数土层薄,砂砾成分多,保水、保肥性能差。

西藏的地势,总体为西北高东南低,由西北向东南倾斜,对农牧业生产影响最大的温度和降水则由东南向西北递减。西藏全境最高点是西部的珠穆朗玛峰(海拔 8848m),最低点是东南部雅鲁藏布江的出境处(海拔约 100m),高差达 8700m;希夏邦玛峰与其南侧樟木友谊桥相比,高低差 6200m;南迦巴瓦峰与其东侧的雅鲁藏布江河谷相比,高差 6600m;喜马拉雅山的西段和中段平均海拔 6000m,其南段一些河谷可降至 3000m 上下,相差 3000m;冈底斯山-念青唐古拉山与南侧雅鲁藏布江干流河谷平均高差为 1500~2000m;藏东横断山脉与其两侧干流河谷平均高差 1000~2000m。如此巨大的高差导致了温度、降水的显著变化,从而改变了农业生产的环境条件。由于山体走向、大小及地形不同,河流切割程度不一以及江河湖泊的影响,形成特殊的气候、土壤条件,改变了地势高低对农牧业生产的影响，但主导方面是地势的影响作用最大。农业的梯度变化，在西藏高原上有的在一个县、一个乡的范围内也能反映出来。藏南的察隅县有耕地 2.3 万亩❶，分布在海拔 1400～3000m 之间，高低差 1600m。在海拔 1800m 以下主要农作物有水稻、玉米、小麦等，实行一年两熟复种制；海拔 1800～2300m 之间主要农作物有水稻、大豆、玉米、小麦等，为水稻旱地复种制，海拔 2300～2700m 之间主要农作物有小麦、玉米、豆类，实行小麦、玉米复种；海拔 2700～3000m 之间主要农作物是喜凉的冬小麦、冬春青稞、油菜、豌豆、荞麦、圆根等，实行一年一熟或秋播作物与短秋作物复种。又如位于拉萨河畔的堆龙德庆县，有耕地 9.6 万亩，分布在海拔 3620～4100m 之间。海拔 3620～3700m 之间的耕地 3.94 万亩，占全县耕地面积的 41%，这里地势较平坦，土层深，水利资源丰富，年降水量 465mm，无霜期 140d，主要农作物是喜凉的春青稞、冬春小麦、豌豆、油菜、蚕豆等，一年一熟；海拔 3700～3900m 之间有耕地 1.37 万亩，占全县耕地面积的 14.27%，年降水量 450mm，无霜期 115d；主要农作物有春青稞、冬春小麦、豌豆、油菜；海拔 3900～4100m 之间有耕地 3.37 万亩，占全县耕地面积的 35.1%，此区风沙大，土层薄，土质多砂砾，水资源贫乏，地块小而分散，50% 以上的土地靠天降水播种，无霜期 100d 左右，有的年份只有 60～90d，早霜危害严重，有的年份 8 月底就下霜，晚霜到 6 月份才结束，这里只能种早熟青稞。在堆龙德庆县境内，种植业除分上述三个梯度之外，另有 0.95 万亩耕地占全县耕地面积的 9.9%，情况较特殊。这部分耕地所处位置海拔不高，约 3600m 左右，无霜期也较长，约 130d 左右，但土质砂石多，高低不平，历来春播缺水灌溉，耕作粗放，产量低而不稳。这说明农业梯度变化是对西藏高原的一般概括，特殊情况也是有的，不能忽视。例如，在东南部的察隅县境内，海拔 1800m 以下的耕地本应稻麦复种，但常因干旱缺水灌溉，不得不休闲。即使在一个乡的范围内，也会有种植的农作物不同，实行的耕作制不同。如藏东南的芒康县觉龙乡耕地分布在海拔 1000～4000m 的范围内，从河谷低处海拔 1000m，高处海拔 3000m，山腰山脊耕地海拔可达4000m，依次出现一年两熟、两年三熟、一年一熟制[3]。

西藏的耕地沿江河呈条状或片状分布，雅鲁藏布江及其支流沿岸的耕地约占全自治区耕地面积的 65%；金沙江、澜沧江、怒江流域的耕地约占 23%；其余 12% 的耕地散布在喜马拉雅山南坡及西藏各地湖滨、河流两岸。就行政区域而言，海拔较低的林芝地区的耕地占 8.0%；海拔中等的昌都地区占 21.5%，山南地区占 13.8%，拉萨市占 18.2%，日喀则地基占 34.8%；海拔较高的那曲东部地区占 2.5%，阿里地区占 1.1%。

西藏的地势西北高东南低，是个大斜面，江河由西北流向东南，温度、降水从东南向西北递减。所以，从东南向西北形成了明显的梯度农业。在海拔 2300m 以下的地区，农作物种类有水稻、玉米、大豆、黍、稷、鸡爪谷等喜温作物，并有冬小麦、冬春青稞、油菜、豌豆等喜凉的作物，实行一年两熟制；海拔 2300～3000m 地区，主要作物有冬春小麦、冬春青稞、油菜、豌豆，实行一年两熟或两年三熟制；海拔 3000～3800m 的地区，主要作物有春青稞、冬春小麦（以冬小麦为主）、豌豆、油菜，实行一年一熟制；海拔 3800～4100m 的地区，主要农作物有春青稞、冬春小麦（以春小麦为主）、豌豆、油菜，

❶　1 亩 = 666.$\dot{6}$m²。

3

实行一年一熟制；海拔 4100～4300m 的地区，有春青稞、春小麦、豌豆、油菜，要求早熟品种，实行一年一熟制；海拔 4300m 以上的绝大部分地区是纯牧区。

1.2　西藏农业的自然条件及气候特点

西藏虽位于中低纬度地带，但由于地势高，温度条件逊于我国东部同纬度地区，尤其是高原面上年平均气温大多在 0℃ 以下，普遍比东部地区低 10℃ 以上。全区平均气温 4.2℃，极端最低气温 −44.6℃（改则地区），极端最高气温 33.8℃（墨脱地区）。大部分地区大于等于 10℃ 积温不足 1500℃，比东部低海拔地区低 2000℃ 以上。由于地势和纬度影响，西藏各地温度条件差异很大。藏东南山地特别是喜马拉雅山南侧低谷是西藏最温暖地域，月平均气温一般在 10℃ 左右，年平均气温超过 15℃，大于等于 10℃ 积温 4700～5100℃，无霜期 270d 以上。雅鲁藏布江中游海拔 4100.00m 左右以下的谷地，气候较温和，年平均气温 5～8℃，大于等于 10℃ 积温约 2000℃ 左右，全年无霜期 120～150d。此类高原地区为亚寒带气候，几乎全年都有霜冻。年平均蒸发量为 1370mm，大部分地区属于干旱地区，干湿、冻融交替的气候特点，为冻融侵蚀的发展创造条件。

西藏气候由东南向西北可分为极湿润（多雨带）、湿润、半湿润、半干旱、干旱五个气候带。垂直方向上不同气候带也有差异，极湿润、湿润带降水量以谷地及山体下部为大，峰岭地带为小，半干旱、干旱带则相反，谷地较小，山地较大。但是由峰岭向谷地气候由寒带、亚寒带渐变为温带或亚热带的规律不变[4]。

西藏地区的农业气象总体表现出以下 4 个方面的特点。

1. 夏季气温不高，春季气温回升和秋季气温下降缓慢

西藏高原夏季气温低，7 月份平均气温大部分地区低于 17℃，只有藏东南局部江河深切的河谷地区高于 18℃（察隅 18.7℃）；雅鲁藏布江中游河谷农区与长江中游平原相比，7 月份平均气温大约相差 12～14℃，比黑龙江的嫩江还低 1.4～2.8℃。西藏的主要农区分布在雅鲁藏布江中游及其支流的河谷地区，超过 0℃ 的活动积温均在 2600℃ 左右。藏东南局部河谷农区，年大于 0℃ 的活动积温多于 3000℃。西藏高原夏季温度低，不适宜种植喜温的农作物，如水稻、黍、稷、谷等作物，只能在海拔低于 2300m 以下的地区种植。西藏主要农区种植的是喜凉的青稞、小麦、豌豆、油菜等作物，种植面积占西藏农作物种植面积的 90% 以上，其中青稞和小麦占 75% 左右。

西藏高原春季气温上升缓慢，秋季气温下降平缓。大部分农区春季日平均气温由 0℃ 上升到 10℃ 的时间为 75～96d，秋季平均气温由 10℃ 下降到 0℃ 的时间为 49～73d，这时的气温对麦类作物分蘖和抽穗化十分有利，是麦类作物穗大粒多的一个重要原因。

西藏高原 7—8 月的气温，有利于麦类作物的绿色保持较长时间以进行光合作用，是形成西藏麦类作物粒重的重要原因之一。

西藏高原主要农区冬季并不寒冷，最冷月平均气温比我国北方冬、春小麦产区高 8～10℃，极端最低气温高 −16～−10℃，如拉萨（−16.5℃）比北京（−27.4℃）高 10.9℃，比呼和浩特（−32.8℃）高 16.3℃。不仅适宜种植春播麦类作物，而且冬小麦和优良牧草如紫花苜蓿也可安全过冬。西藏高原主要农区大于 0℃ 的活动积温不但能满足

主要作物青稞、小麦、豌豆、油菜等正常生长发育的要求，而且还有富余。

2. 日照时数多，太阳辐射强，光能资源丰富

光能资源丰富，是西藏发展农业生产的最大优势。拉萨、泽当、日喀则全年日照时数为 2939～3249h，太阳年总辐射为 7712～7761MJ/m²。农作物生长发育期间的日照时数为 2315～2417h，占全年日照时数的 71%～82%；太阳辐射为 6091～66291MJ/m²，占全年总辐射量的 78%～86%。太阳总辐射量和农作物生长期间的有效辐射量，均比纬度相近的长江中游平原地区高 0.5～1.0 倍。

光能资源是西藏农业的最大优势，充分利用丰富的光能资源，提高农作物的光能利用率（太阳光能量被光合作用转变为化学能而储存于光合产物的百分率），增加农作物产量，在西藏有着巨大的潜力。当前，国内小麦丰产田的光能利用率约为 0.5%，普通大田为 0.1%～0.2%。据计算，拉萨麦类作物亩产 500kg，光能利用率为 0.24%。因地制宜地采取各种措施加以利用，是西藏农业科研攻关的重要课题。

3. 冬春干旱多风，夏秋雨热同季

西藏高原冬春干旱多风，夏秋多雨，旱季和雨季格外分明。每年 10 月到翌年 4 月，西藏高原上空从西北到东南逐渐为西风急流所控制，少雨雪，多风沙，气候干旱。干旱程度西北部大于东南部，如西部的日喀则从 10 月到翌年 4 月的降水量占全年降水总量的 0.9%，中部的拉萨占 9.7%，东部的林芝占 11.6%，东南部的察隅占 37%。西部和北部全年大于 8 级以上的大风日数达 100～165d，60%～80% 集中在 10 月到翌年 4 月；中部和东部只有 50 多天，也是 70% 集中在这一时期。由于降水少，空气特别干燥，大部分地区空气相对湿度为 30%～40%。这种冬春干旱多大风的气候特点，不仅对越冬作物十分不利，而且造成土壤风蚀沙化。

西藏高原的雨季，是由于孟加拉湾的暖湿气流在东南季风的影响下，从海拔较低的东南部吹入西藏高原，沿江河向西北部移动形成的。所以，一般藏东南从 3 月份开始雨量增多，藏中、藏北部从 5 月下旬至 6 月上旬进入雨季，藏西部则到 6 月下旬乃至 7 月上旬才进入雨季。雨季往后推移，则形成旱灾，往后推移的时间越长，灾情越重。例如，1965 年和 1983 年，中部地区 7 月下旬才进入雨季，因此造成农业特大旱灾。降水量也是从低海拔的东南部向高海拔的西北部逐渐减少，如东南部的察隅、林芝，中部的拉萨，西部的日喀则，年降水量分别为 760mm、650mm、450mm、440mm。降水量不同年际间的变化也是很大的，如拉萨有的年份不足 360mm，有的年份多于 500mm。降水量的 70%～80% 集中在 6—8 月，“一江两河”地区部分气象站降水量年内分配见表 1.2.1，这三个月也是西藏高原温度比较高的时期。雅鲁藏布江中游及拉萨河、年楚河流域常年雨季开始于 5 月下旬至 6 月上旬，结束于 9 月中下旬，雨季降水量占全年的 77%～93%。期间大于 0℃ 的积温占全年的 56%～74%，日平均气温大于 10℃ 的暖季始于 5 月上旬至 6 月上旬，持续 90～160d 以上，积温在 1100～2400℃ 之间，而此期的降水量却占全年的 77%～96%。可见，夏秋雨热同季是高原主要农区气候上的一个重要特点。较长的生长季和光、热、水资源的良好配合，是农作物生产的良好生态环境。

4. 自然灾害频繁，影响农作物稳定增产

西藏高原是我国冰雹最多的地区，藏南主要农区平均每年有 6～12 次，多出现于 6—9

月。雹粒不大，降落时间短，一般局部地区受灾，破坏农作物茎秆、叶片，造成减产，严重的颗粒无收。藏北牧区雹灾较为严重，年平均冰雹日数达 25～35d，使牲畜和牧草受害。

表 1.2.1　　　　　　　　"一江两河"地区部分气象站降水量年内分配

站名	统计年数	多年平均降水量/mm	夏半年（5—10月）		冬半年（11月至翌年4月）		6—9月	
			降水量/mm	占全年/%	降水量/mm	占全年/%	降水量/mm	占全年/%
定日	22	266.7	262.3	98.4	4.4	1.6	253.9	95.2
拉孜	21	316.1	314.3	99.4	1.8	0.6	303.0	95.7
日喀则	44	428.5	424.8	99.1	3.7	0.9	405.5	94.6
江孜	40	290.7	281.6	96.9	9.1	3.1	243.4	83.7
浪卡子	21	361.6	351.6	97.2	10.0	2.8	337.3	93.3
拉萨	44	432.8	421.6	97.4	11.2	2.6	389.1	89.9
泽当	41	393.0	376.2	95.7	16.8	4.3	342.6	87.2

干旱是西藏高原最常见的灾害，冬、春、初夏连续干旱长达 156～228d，造成春播用水紧张，不能灌水的旱地播不上种，即使夏秋雨季也常出现短期干旱，加之土壤保水保肥性能差，严重影响农作物总产量的提高。1983 年的特大旱灾，使粮食生产比 1980 年下降了 27%，人工种植的幼树和高山草甸草场牧草枯死。

低温霜冻主要发生在海拔 4100～4300m 的半农半牧区，在河谷农区发生低温霜冻致使受损的情况较少，主要影响农作物的正常成熟。

大风的危害，主要是使土壤水分蒸发加剧，干旱加重，土壤风蚀沙化，对农林牧生产造成直接或间接影响。

从上述可见，西藏高原农业气候条件有有利的一面，也有不利的因素，不利的因素影响着有利因素的发挥。要解决这些矛盾，必须强调农林牧协调发展，采取相应的管理措施，优化农业生态环境，走高原生态农业的道路。

1.3　西藏地区农田水利事业的发展

1.3.1　西藏农田水利历史

勤劳智慧的西藏人民，不但有悠久的民族文化历史，而且还有悠久开辟农田，引水灌溉，筑堤防洪的传统。

吐蕃时期农业灌溉及导引山泉技术的萌芽已见于元以来诸藏文典籍的追述，之后西藏的水利状况鲜见于载籍。清康熙以来，有关西藏民间争夺农田用水、治水及水磨的藏汉英亲历记载偶有所见。清代至新中国成立，西藏的水利一直由地方官统一管理。但在班禅、萨迦、拉甲日及康区各活佛或土司的辖地，又有独自的水利管理系统。西藏的水利设施集中在农业区，占地面积最大的牧区基本没有水利设施，而农业区主要分布在雅鲁藏布江流经的前后藏，尤以雅隆河谷、江孜及康区的水渠灌溉和水磨技术最为完善。另外在非法的麦克马洪线以南有至今被印度侵占的门隅、路瑜和下察隅地区，这里水资源极其丰富，也是西藏最大的水稻种植区，当地的门巴、路巴及橙人有着自己独特的引水灌溉等水利技术，十分古朴。

据《贤者喜宴》《西藏王统记》等藏文古籍记载：早在松赞干布前数代，吐蕃人民就掌握了引水灌溉。但其具体的水利设施无明文描述。在清代以来有关西藏的汉文典籍中也有西藏水利的零星记载。历史上西藏一直有所谓的水官"曲本"，还有所谓的灌溉督察，指旧时管理向农田放水的官员。关于西藏水渠灌溉的资料较多，如清光绪三十三年三月，查办大臣张荫棠提出在西藏设立农务局，其应办事宜包括：设"总办二员、帮办二员、文案二员、劝农官八员、植物园丁十余名，讲求……灌溉……之事。"并要求："山坡各地宜多掘土坑沟渠以储水。多种树木则雨水必多。"要"研究灌溉……之法"。清测绘官员陶思曾于光绪三十四年底来到江孜中心，发现："年楚河东西岸……平野夷旷，田亩纵横，土性钻固，空气干燥，故番农皆开渠引水以收灌溉之利。今年楚河东西岸均有长渠一道，各田庄又均有界沟旱溉潦泄，有裨农功。"[5]

1940年，德国人察绒提出一个岗厦至洛增杰参菜地和林卡的灌溉引水计划，得到了在这一带有菜地的尧西郎顿·贡噶旺秋和河坝林一带菜农的支持。当水渠修通一段后，由于地势高低相差很大的地段石料运输和人力不足的问题，只好半途停工。后来，摄政达扎（1941—1950年在任）传示译仓勒空：每年传召大会期间要耗用大量烧柴，为使今后供应无缺，必须营造燃料林基地，但应先修好水渠，以便灌溉林木。为此，译仓勒空的4位仲尼钦莫（四品大僧官）商定：从药王山下西南面的死水塘至聂当大佛山脚间新修一条水渠，请察绒指导施工。察绒经仔细勘察后，提出复修废弃的岗厦林卡旧渠至诺堆林卡的建议。4位仲尼钦莫采纳了他的建议。于是译仓勒空下令：凡拉萨居民，每人支差两天，由察绒负责施工和测量。察绒以"公务繁忙，不能分身"为由，要当时住在他家的两位德国人（即奥夫施内特尔和哈雷）代为料理。水渠修成通水后，人们称之为加尔曼水渠。

西藏和平解放后，进藏部队中的随军水利工作者首先在江孜县车仁坝进行了勘测设计，修建了车仁灌区，后来先后在澎波、林周、易贡、察隅、扎囊等地建农场。1959年后西藏的农田水利基本建设发展很快，在当时对农业生产的发展、产量的提高起到了很大的作用，到目前为止还有相当数量的水利工程仍在发挥其作用[6]。

1.3.2 西藏地区的农业水利工程

1.3.2.1 概况

截至2017年，西藏灌区共有6315座，包括满拉、墨达、雅砻、拉洛在内的76个万亩以上的大中型灌区，初步形成集中连片耕地灌溉用水的保障系统。

其中，灌区数最多的是日喀则地区（2416座），其次是山南地区（1957座），那曲地区最少（15座）。灌区规模在2000亩以上灌区数最多的也是日喀则地区（155座），其次是拉萨市（68座），那曲地区最少（3座）。林芝地区和昌都地区只有河湖引水闸（坝、堰），分别为17座和8座。具体情况详见表1.3.1。

目前，西藏总灌溉面积为504.12万亩，其中日喀则地区总灌溉面积最多（211.38万亩），其次是山南地区（131.51万亩），那曲最少，只有1.41万亩。西藏高效节水灌溉面积仅有1.26万亩，2011年实际灌溉面积488.15万亩。西藏各行政分区灌溉面积见表1.3.2。

表 1.3.1 西藏各行政分区灌区工程类型 单位：座

行政区划	主要水源工程类型						灌区规模			灌区数
	水库	塘坝	河湖泵站	河湖引水闸（坝、堰）	机电井	其他	≥2000 亩	<2000 亩	纯井灌区	
拉萨市	10	7	0	57	2	5	68	501	11	580
昌都地区	0	0	0	8	0	0	8	794	0	802
山南地区	4	4	0	39	39	0	47	1799	111	1957
日喀则地区	19	25	1	107	0	3	155	2239	22	2416
那曲地区	0	0	0	2	0	1	3	12	0	15
阿里地区	1	2	0	20	0	1	24	190	0	214
林芝地区	0	0	0	17	0	0	17	314	0	331
合计	34	38	1	250	41	10	322	5849	144	6315

表 1.3.2 西藏各行政分区灌溉面积 单位：万亩

行政区划	≥2000 亩	<2000 亩	纯井灌区	高效节水	2011 年实际面积	总灌溉面积
拉萨市	56.19	20.73	0.29	0	83.66	86.75
昌都地区	3.47	24.40	0	0.63	28.96	29.62
山南地区	55.16	67.83	2.74	0	131.01	131.51
日喀则地区	110.13	86.56	1.82	0.24	205.03	211.38
那曲地区	0.96	0.45	0	0.29	1.41	1.41
阿里地区	10.69	7.49	0	0	19.03	19.32
林芝地区	9.39	11.90	0	0.10	19.31	24.13
合计	245.99	219.36	4.85	1.26	488.41	504.12

西藏大型灌区（设计灌溉面积超过 30 万亩）占西藏总灌溉面积的 0.02%，中型灌区（设计灌溉面积 1 万～30 万亩的灌区）占西藏总灌溉面积的 0.97%，小型灌区占西藏总灌溉面积的 99.01%。其中，重要的灌区工程有拉萨市的墨达灌区、澎波灌区，山南地区的江北灌区、雅砻灌区和日喀则的满拉灌区等。西藏各行政区主要灌区工程见表 1.3.3。

表 1.3.3 西藏各行政分区主要灌溉工程

行政区	主 要 灌 溉 工 程
拉萨市	墨达灌区、城关-曲水灌区、彭波灌区、普松灌区、琼普灌区
昌都地区	吉塘灌区、莽错灌区、俄洛灌区、鲁仁灌区、扎西则灌区
山南地区	江北灌区、曲措灌区、雅砻灌区、江雄灌区
日喀则地区	多白灌区、满拉灌区、曲美灌区、恰央灌区、若错灌区
那曲地区	忠义乡灌区、班戈县灌区、尼玛县灌区
阿里地区	扎得灌区、香孜灌区、赤得灌区、胜利灌区、农发灌区
林芝地区	更百灌区、觉木灌区、玉倾灌区

西藏灌区灌溉渠道中流量为 $1.0m^3/s$ 及以上的渠段数共有 122 处，渠道总长度共有 1263.40km，衬砌长度 487.60km，渠系建筑物 2766 座。灌溉渠道流量为 $0.20\sim1.00m^3/s$ 的渠段数共有 864 处，渠道总长度共有 2178.90km，衬砌长度 1269.20km，渠系建筑物 4168 座。其中，流量为 $1.00m^3/s$ 及以上长度的渠段数，日喀则地区最多（53 处），昌都地区最少（1 处），流量为 $0.2\sim1.0m^3/s$ 规模的渠段数，拉萨市最多（238 处），那曲地区最少（3 处）。

西藏灌区灌排结合渠道中流量为 $1.0m^3/s$ 及以上长度的渠段数共有 12 处，渠道总长度 201.80km，衬砌长度 133.60km，渠系建筑物 630 座。灌排结合渠道中流量为 $0.20\sim1.00m^3/s$ 的渠段数共有 148 处，渠道总长度共有 234.60km，衬砌长度 43.80km，渠系建筑物 402 座。其中，流量为 $1.00m^3/s$ 及以上规模的渠段数，拉萨市的最多（6 处），占总数的一半，那曲和阿里为零。流量为 $0.20\sim1.00m^3/s$ 规模的渠段数，拉萨市的最多（74 处），占总数的一半，昌都、林芝和阿里为零[7]。

1.3.2.2　重要灌区

1. 满拉灌区

满拉灌区位于西藏日喀则境内，灌区受益范围涉及包括日喀则地区、白朗县和江孜县，属于年楚河流域，是满拉水库的配套工程，坝址距江孜县 28km。

灌区范围内有日喀则、江孜水文气象站。据统计，日喀则站多年平均降水量为 42mm。降水的年际变化较大，日喀则站最大降水量为 752.1mm。最小降水量为 210.5mm。降水的年内分布也极不均匀，主要降水量在汛期，6~9 月降水量占年降水量的 90% 左右。日喀则站多年平均气温 6.30℃，最高月平均气温 14.50℃，最低月平均气温 -3.80℃，极端最高气温为 28.20℃，极端最低气温为 -25.10℃，多年平均湿度为 42%。

灌区主体工程始建于 2002 年 9 月，完工于 2003 年 8 月。设计灌溉面积 34.60 万亩，总灌溉面积 19.71 万亩，其中耕地有效灌溉面积 16.49 万亩，园林草地等有效灌溉面积 3.22 万亩。灌区控制范围为满拉水库下游至年楚河河口两岸可自流及提水灌溉的土地，灌区总人口为 16.23 万人（其中农业人口 9.79 万人），灌区内耕地面积为 51.15 万亩，主要作物及播种面积为 47.00 万亩。

自满拉水库以下，依次有 6 条较大支流汇入年楚河，与满拉水库共同组成了满拉灌区的灌溉水源，满拉灌区设置帕贵、车仁、达孜、重孜、幸福、巴扎、团结、下觉、任钦岗、解放、联阿等 11 处取水口工程，对 11 条干渠进行供水，其中江孜 5 条、白朗 4 条、日喀则 2 条。其中，流量 $1m^3/s$ 以上的灌溉渠道 9 条，总长度 208.30km，其中，衬砌长度 78.0km，渠系建筑物 661 座。满拉灌区干支渠总长 279.30km，其中，渠道衬砌长度 135.60km。

满拉灌区最大取水流量为 $42.83m^3/s$，总用水量为 1.49 亿 m^3，综合毛灌溉定额为 $300m^3/$亩，灌溉用水量为 1.49 亿 m^3，灌溉水利用系数为 0.30~0.70。

2. 墨达灌区

墨达灌区东临林芝地区，南接山南地区，西至拉萨市，北与林周县相依，范围涉及拉萨市的墨竹工卡县、达孜县和城关区蔡公堂乡。属于拉萨河流域水系，位于东经 91°18′～

91°51′和北纬 29°38′~29°51′。

灌区属于独特的高原温带半干旱季风气候,具有太阳辐射强烈、日照时间长、气温偏低、日温差较大、干湿季分明等高原气候特征,年平均气温为 4~8℃,多年平均降水量为 448~544mm,多年平均水面蒸发量为 1400~1600mm。

灌区地形以高原山地为主,地貌属高山河谷平原,南北高山林立,中间河谷平坦宽阔,平均海拔 3850m 左右,相对高差 150~160m。灌区土壤类型大多是亚高山草甸土、土壤养分含量低、表层土黏粒含量低,砾石、砂粒含量高,抗旱能力弱。常年受旱面积占总耕地的 10%以上,干旱年份高达 50%,严重影响农作物的高产和稳产。

灌区主体工程始建于 2004 年 8 月,2010 年 10 月完工。规划设计灌溉面积为 29.40万亩,2011 年灌区实际有效灌溉面积达到 14.63 万亩,其中,耕地有效面积 11.21 万亩,园林草地的有效灌溉面积 3.42 万亩。续建配套与节水改造工程始建于 2007 年 5 月,完成于 2012 年 6 月。

灌区沿拉萨河下游直通至拉萨大桥以及支流墨竹玛曲扎西岗以下两岸皆呈条带状分布,受益范围涉及包括墨竹工卡县 3 个乡镇和达孜县 6 个乡镇,灌区总人口 3.79 万人,其中农业人口 3.49 万人。现有灌溉面积 14.52 万亩,其中耕地面积 10.20 万亩、林草4.32 万亩。灌区主要种植作物有冬小麦、青稞、油菜、豌豆等。

该工程水源取水于拉萨河-墨竹玛曲,渠首引水流量为 23.30m³/s,加大流量为30.10m³/s,包括格桑、劳东、青果岗、雪达、拉章、克日、邦堆、桑珠林、加吉、墨工等 10 处主要引水工程。灌区渠系灌排设计流量均小于 5m³/s,渠系及其建筑物按 5 级设计。灌区共布置干渠 10 条,长 177.66km。支渠 189 条,长度 214.82km,其中流量 1m³/s以上的灌溉渠道 8 条,长度 97.30km(衬砌长度 93.50km),渠系建筑物 388 座。流量1m³/s 以上的灌排结合渠道 2 条,长度 50.90km(衬砌长度 50.90km),渠系建筑物 245座。流量 3m³/s 以上的沟道长度 44.10km,沟道建筑物数量 69 座。

灌区年总用水量 7.29 万 m³,其中灌溉用水量 1.07 万 m³,灌溉水利用系数为 0.35。

3. 江北灌区

江北灌区位于西藏山南地区境内,灌区受益范围涉及贡嘎、扎囊、乃东、桑日 4 个县、37 个行政村,位于雅鲁藏布江北岸地区,东西长 170km,南北宽 10km,与拉萨仅一山之隔。灌区位于雅鲁藏布江北岸高山河谷地区,地势平坦海拔 3600~3800m,降水量370~498mm,蒸发量 2200~2400mm,年平均气温 8~12℃,年无霜期 150d 左右,自然条件、人类居住条件相对较好,适合粮油作物生产,主要自然灾害为旱灾和风沙灾害。

江北灌区工程总控制灌溉面积 52.40 万亩,林地灌溉面积 29.22 万亩,草地灌溉面积6.63 万亩。灌区内分布有 9 条雅鲁藏布江一级支流,地表水资源总量 6.34 亿 m³。灌区灌溉水源主要引用各子灌区新建水库中的蓄水。该灌区灌溉用水主要立足于灌区内各级支流的水资源利用,集水面积和水资源量相对较小。

工程主要由 10 个独立子灌区组成。工程主要建筑物包括结巴水库等 12 座小型水库工程,包括森步日、留琼、昌果、阿扎、松卡、桑耶、洛沟、多顾章、降乡引水枢纽工程,各灌区东、西干渠和干渠以下支(斗)渠以及相应渠系建筑物等。江北灌区灌溉总用水量2.87 亿 m³,综合毛灌溉定额 274m³/亩,灌溉水利用系数 0.30~0.60。农业灌溉保证率为 75%，林、草灌溉保证率为 50%。

4. 雅砻灌区

雅砻灌区工程位于雅鲁藏布江南岸的山南地区境内，雅砻河及支流琼结河贯穿整个工程区，工程受益范围涉及泽当镇、乃东县、琼结县等重要城镇、人口相对稠密，经济相对发达。

灌区于 2001 年 7 月开工建设。设计总灌溉面积 20.02 万亩，林草地有效面积 11.62 万亩。雅砻灌区工程如下：

（1）渠首工程：10 处渠道取水口工程，4 处截流工程，145 处机井（大口井）。

（2）渠系建筑物工程：干渠工程有 10 条即雅砻东、西干渠、琼果主干渠和琼果东、西干渠等，总长 89.80km，支渠 88 条，总长度 39.60km，另有干渠作为配套交叉建筑工程。

（3）田间工程：喷灌农田面积 1.50 万亩，林木草地灌溉面积 11.62 万亩，总计灌溉面积 31.64 万亩。

（4）水土保持工程、治理河道工程 40.00km。

1.3.3 西藏农田水利存在的主要问题

1. 水利工程建设缺少必要的整体和细部规划前期论证工作

西藏地区现有水利工程总体缺乏统筹规划，工程布局不尽合理，已建的引水工程，在渠系布置、水量分配和进水口设置等方面，相互干扰的现象较为普遍。在确定调蓄工程梯级选择、开发目标、建设时序和规模等方面则缺乏合理论证，也缺少必要的控制性调蓄工程。

由于水文测站的密度稀疏、观测系列较短，内容短缺，西藏地区的基础资料缺乏，不符合工程前期论证的要求。此外本区的各种地质地貌活动十分活跃，对水利工程的安全性与合理布局影响也非常显著，而针对这些现象的分布、活动强度和发展规律等方面的研究、评价和基本图件编制等工作则非常薄弱，从而使一些关键性的水利工程不能如期上马，增加了工程的风险性和不必要的建设投资。

2. 工程标准偏低

由于缺乏资金、缺少按应有的程序进行建设和经过必要的前期论证和设计工作，大部分农田水利工程的建设标准低，比较简陋，引水工程渠系建筑物的配套率较低。

蓄水工程的库区淤积严重，例如，林周县的虎头山水库，是拉萨市重要的中型水库，但由于渗漏和淤积。水库的效益仅及设计能力的 28.5%，以致不少水库、塘坝不能蓄水。

3. 水利机构不健全，工程缺乏管理

到目前为止，除极少数工程有专门人员管理外，多数工程处于谁用谁管，无偿使用的状态。由于无专门机构和专人管理，重修轻管的现象十分普遍。加之交通不便，工程的维修配套困难，不少工程完工不久，即陷入难以维系运行的状况。

农牧业在西藏经济社会发展中具有重要地位。但西藏仍有大量农田不能有效灌溉，截至 2014 年年底，有 39% 的农田缺乏灌溉设施。西藏农田灌溉田间工程配套率低，渠系建筑不配套，支渠以下渠道很多没有开通或仍然沿用老式土质渠道，渠道冻融破坏、淤积、破损、老化失修现象严重，现状灌溉水有效利用系数仅为 0.404。西藏节水灌溉发展缓慢，由于节水灌溉一次性投入大，目前仅大中型灌区有几个节水灌溉示范点，农牧业灌溉属于粗放模式，2014年西藏的农田灌溉用水占全社会用水总量的66%，而同期全国农田灌溉用水占全社会用水总量的55%。

西藏是全国五大牧区之一，有天然草地12.3亿亩，占全区国土总面积的68%，占全国天然草地总面积的1/5，其中可利用草地面积9.9亿亩。西藏牧区由于草场水利灌溉设施建设滞后等原因，实现灌溉的草地只有0.18%，水利配套灌溉的饲草料基地面积人均仅为0.05亩，载畜和抗灾能力比较弱，农牧业靠天吃饭的现状没有根本改变。

1.4 西藏地区农田水利学的研究对象和基本内容

"农田水利学"是一门研究农田水分状况和有关地区水情的变化规律及其调节措施、消除水旱灾害和利用水资源为发展农业生产而服务的科学。农田水利学的研究对象主要包括调节农田水分状况和改变和调节地区水情两方面。

1. 调节农田水分状况

农田水分状况一般是指农田土壤水、地面水和地下水的状况及其相关的养分，通气、热状况。农田水分的不足或过多，都会影响作物的正常生长和作物的产量。

（1）调节农田水分状况的水利措施如下：

1）灌溉措施。即按照作物的需要，通过灌溉系统有计划地将水量输送和分配到田间，以补充农田水分的不足。

2）排水措施。即通过修建排水系统将农田内多余的水分（包括地面水和地下水）排入容泄区（河流或湖泊等），使农田处于适宜的水分状况。

（2）在调节农田水分状况方面需要研究的问题如下：

1）研究西藏地区农田水、肥、气、热运动规律，西藏高原地区灌区普遍位于河谷阶地，田块面积很小，土壤层较薄（厚度普遍仅为40～60cm）且具有高渗透性，探求作物和土壤水肥气热之间的关系，促进和发展高产、优质、高效农业。

2）研究节水灌溉的技术和理论。灌溉节水是充分利用水资源、提高灌溉效益，促进农业进一步发展的重要措施，西藏水资源虽然很丰富，但水量浪费严重，部分地区也存在工农业争水、城乡争水的现象，节水灌溉逐步受到西藏各级政府的重视。由于西藏独特的自然条件和地理位置，其节水灌溉起步较晚，发展缓慢。"九五"以来，主要以渠道防渗为主，喷灌试点为辅。尽管渠道防渗技术的节水灌溉取得了一定的进步，衬砌渠道的灌溉水利用系数由以前的不足0.4提高到目前的0.55左右。然而由于管理跟不上和老百姓对新的先进技术接受能力有限以及工程建设、运行维护成本的制约，大部分节水灌溉技术，例如，喷灌技术难以推广。研究节水灌溉的技术和理论，通过发展节水灌溉，有力地促进和支持了农业种植结构调整，提高了农产品产量和质量，增加了农民收入势在必行[8]。

3）研究不同地区灌排系统的合理布置，做到山、水、田、林、路综合治理，既便于灌排和控制地下水位，又适应机耕。灌排工程是面广量大的水利工程，实现机械化施工，对加速灌排工程的兴建与配套具有重要的意义。研究发展适合于西藏地区农田水利工程建设的各种专用机械，逐步实现农田水利施工机械化，具有重要的意义。

4）提升灌区管理和规划水平。加强灌区管理工作是当前首要任务之一，管理好坏直接影响灌区工程效益的发挥，目前灌区管理体制改革滞后，缺乏良性运行机制。灌区管理方式责、权、利不分，产权主体缺位，运行成本高，缺乏维修费用，缺乏节水意识。西藏水利专业技术人员和项目管理人才等人力资源的储备不够，缺乏一大批水利高级技术人才和高级管理人才，急需引进和大力培养才能够满足未来西藏地区农村经济和农业综合开发发展规划要求的人才队伍。

2．改变和调节地区水情

随着农业生产的发展和需要，人类改造自然的范围越来越广，农田水利措施不仅限于改变和调节农田本身的水分状况，而且要求改变和调节更大范围的地区水情。

地区水情主要是指地区水资源的数量、分布情况及其动态。西藏地区幅员辽阔，水资源在不同地区以及不同年份和季节分配不均，供水与需水在时间和空间上也常不一致，这是影响农业高产稳产的一个重要原因，因此，发展农田水利，首先要根据水土资源条件，通过各种工程措施，改变和调节地区水情。

改变和调节地区水情的措施，一般可分为以下两种：

（1）蓄水保水措施。通过修建水库、河网和控制利用湖泊、地下水库以及大面积的水土保持和田间蓄水措施，拦蓄当地径流和河流来水，改变水量在时间上（季节或多年范围内）和地区上（河流上下游之间、高低地之间）的分布状况，通过蓄水措施可以减少汛期洪水流量，避免暴雨径流向低地汇集，可以增加枯水时期河水流量以及干旱年份地区水量储备。

（2）调水措施。主要是通过引水渠道，使地区之间或流域之间的水量互相调剂，从而改变水量在地区上的分布状况。用水时期借引水渠道及取水设备，自水源（河流、水库、河网、地下含水层等）引水，以供地区用水。

西藏地区已建工程可控制的地表水占地面水资源总量的比例很小，不少地区的地下水尚待开发，故水资源的潜力还很大。但是另一方面，灌溉、发电、航运、养殖、工矿企业等各部门所需要的工农业用水以及生活用水量也日益增长，因此，研究最有效地利用水资源的科学理论，合理调配水资源，最大限度地保证各部门用水要求，同时解决好洪涝等灾害，便成为我国水资源工程现代化的一个重要内容。在这方面需要研究以下一些问题：

1）在深入调查水量供、需情况的基础上，研究制定地区长远的水资源规划及水土资源平衡措施。

2）研究当地地面水、地下水和外来水的统一开发及联合运用，应用系统工程的理论与方法，寻求水资源系统的最优规划、扩建和运行方案。

3）研究水资源开发、利用和保护等方面的经济效益、生态环境和社会福利问题，探求符合农业水资源系统规划、管理的经济论证方法。

总之，无论是调节农田水分状况或是地区水情，都要认识自然规律，总结西藏地区水利建设的经验，坚持科学态度，讲究经济效益并从理论和技术上解决农田水利现代化中出现的新问题，把西藏地区农田水利科学技术不断推向前进。

第2章　农田水分状况和土壤水分运动

农田水分状况系指农田地面水、土壤水和地下水的多少及其在时间上的变化。一切农田水利措施，归根结底都是为了调节和控制农田土壤水分状况，以改善土壤中的气、热和养分状况，并影响农田小气候，达到促进农业增产的目的。研究农田土壤水分状况对于农田水利的规划、设计及管理工作都有十分重要的意义。

2.1　西藏地区的土壤

2.1.1　土壤类型及其分布

西藏是青藏高原的主体，拥有众多的自然生态环境和复杂多样的成土母质及成土过程，因而形成各种土壤类型。既有我国绝大部分山地森林土壤类型，也有我国乃至世界分布最集中、面积最大、类型最多的高山土壤类型。科学地对土壤进行分类，将有助于更好地认识自然，认识西藏土壤，科学地利用与改良土壤，更好地为农牧林业生产服务。

据西藏自治区土地管理局组织的全自治区土地资源调查结果：西藏有宜农耕地680.57万亩，占全自治区总土地面积的0.42％；净耕地面积523.43万亩，占0.3％；牧草地96934.8万亩，约占56.7％；林地10716万亩，占6.27％；居民点及工矿用地50.45万亩，占0.303％，水域面积8291.96万亩，占4.85％，未利用土地54354.8万亩，占31.8％；园地1.76万亩（以上数据均为实控区内的数据）。

根据西藏第二次土壤普查资料，西藏土壤分为高山土纲、半淋溶土纲、淋溶土纲、铁铝土纲、半水成土纲、水成土纲、盐碱土纲、人为土纲、初育土纲等9个土纲。各土纲又细分为28个土类，67个亚类，362个土属，2236个土种。山地灌丛草原土面积最大，占自治区耕种土壤的33.81％；其次为潮土和亚高山草原土，分别占12.83％和12.38％；耕种草甸土占9.51％；亚高山草甸土占9.47％；褐土占8.1％；灰褐土占7.99％；棕壤土占2.83％。上述8类耕种土壤合计占全自治区耕种面积的96.95％。其余8个土类耕种面积较小，合计只占8％左右[9]。

耕种土壤主要分布在冈底斯山-念青唐古拉山以南和三江流域河谷洪积扇、洪积台地、冲击阶地以及湖盆阶地。耕种土壤以海拔垂直高度来分：在海拔2500m以下的面积占5.6％；在海拔2500～3500m之间的面积占11.4％；在海拔3500～4100m之间的面积占60.8％；在海拔4100m以上的面积占22.2％。耕种土壤分布的海拔之高，垂直跨度之大（610～4795m）乃世界之最。

2.1.2　土壤的形成

西藏地质历史比较年轻，因而土壤的形成较为年轻。晚古生代之前，西藏地区曾是横贯欧亚大陆南部特提斯海的一部分，长期沉沦于古地中海之下。在二叠纪时期，特提斯海城自北向南退缩，西藏北部昆仑山和可可西里山开始露出海而成为陆地。中生代经过燕山早期和晚期两次强烈的地壳运动，整个藏北地区成为陆地，藏南地区也大部脱海成为陆地。始新世晚期的第一期喜马拉雅山造山运动，至第四纪第三期的喜马拉雅山造山运动，西藏高原发生了剧烈的地质变化，地壳由海拔几百米上升到四五千米。随着高原的抬升和地球上冷暖的变化，高原上发生了多次冰期和间断冰期，最早冰期的来临，喜马拉雅山少数高峰已伸入雪线以上，在喜马拉雅山北侧发育了小型冰川，雅鲁藏布江河谷谷底出现了冰水相的砾石层。第一间冰期的干热气候，形成了藏南山坡谷地普遍发育的绛红色土层和碎屑岩层。西藏高原冰川在第二次冰期普遍发育，中更新世后期，气候温暖，水流下蚀活跃，大河进一步深切石灰岩地区，形成了岩溶地貌。晚更新世中期末次间冰期在第四纪堆积物上发育了古土壤层。全新世时期，西藏高原不断加速抬升，气候变干变冷，寒冻风化和冰雪作用强烈，洪积物、坡积物、冰积物、湖积物和冰水沉积物是这一时期的主要沉积类型。在漫长的历史长河中，这些沉积物在气候、生物、物理、化学和人类活动的作用下不断演变，在不同的地形部位，形成多种类型的土壤，并具有鲜明的高原特色。

西藏地区土壤的形成包括了成土风化壳的形成过程以及成土过程两个阶段。

1. 成土风化壳的形成过程

成土风化壳是岩石在环境因素的作用下，经过物理、化学风化过程，在岩石表面形成的疏松物质，有的经过自然搬运，有的残留原处。由于风化壳所处的地形部位、气候、水热条件、岩石的性质不同，风化壳的种类各异，西藏境内大体有以下6种情况：

（1）碎屑状风化壳。碎屑状风化壳是岩石风化的最初阶段，以物理风化为主，化学风化微弱，由粗大的碎屑物质所组成，保留着母岩的基本特征。这类风化壳多见于雪线附近、海拔5000m以上的冰缘地带，发育的土壤都非常原始，如高山寒漠土，其细土和有机质都极少。

（2）碳酸盐风化壳。这类风化壳易溶盐遭淋失，游离出来的钙、镁等元素多以碳酸盐的形式淀积于风化壳中，呈碱性反应。因气候不同，风化壳中的碳酸盐的淋溶状况不同，在半干旱气候条件下，碳酸盐从表面向下淋移，在一定深度形成淀积，在干旱的气候条件下，碳酸盐会聚积在风化壳的表面。这类风化壳广泛分布于藏北、藏南、阿里、雅鲁藏布江、"三江流域"的半干旱或半湿润谷地，其上发育着高山草原土，亚高山草原土、山地灌丛草原土、褐土、灰褐土等土壤。

（3）硅铝风化壳。由于强烈的风化过程和淋溶作用，不仅风化壳中易溶盐淋失，连游离碳酸盐也基本淋失，唯独铝、硅等化合物相对增多。风化壳呈中性至酸性反应。硅铝风化壳主要分布于西藏东部。但是，不同的硅铝风化壳的分布和其上发育的土壤的大致规律是：拉萨市、那曲东部、日喀则、山南、昌都北部分布着饱和硅铝风化壳，发育的土壤有高山草甸土和亚高山草甸土；昌都南部和林芝地区大部分地区不饱和硅铝风化壳占优势，其上发育的土壤为亚高山灌丛草甸土和暗棕壤等。

（4）富铝风化壳。由于岩石分解相当彻底，淋溶作用十分强烈，这类风化壳中的硅酸盐大量被破坏，淋失的不仅是盐基，还包括全部硅酸，残留着以铁、铝为主的氧化物。富铝风化壳呈酸性反应，发育的土壤为黄壤、红壤和砖红壤，主要分布在喜马拉雅山南侧气候湿润的热带、亚热带山地。

（5）含盐风化壳。这类风化壳中的盐分主要是硫酸盐，部分地区是碳酸盐或硼酸盐。形成土壤是盐碱土，地表常出现盐霜、盐结皮或盐壳。这类风化壳广泛分布于藏北内流区与阿里干旱区，在藏南一些退缩的湖盆也有零星分布。

（6）还原系列风化壳。前述5种都是氧化系列风化壳。还原系列风化壳是在嫌气还原条件下，风化壳中铁、锰变成活动性较大的低价状态，磷的活动性也相应增加，硫和氮被还原，在季节性的氧化和还原条件下，部分低价铁、锰被氧化固定，形成锈色斑纹。这种风化壳分布在地势比较低洼，易受到地表水和地下水的长期浸润，如河谷冲积平原河、湖漫滩及洪积扇缘地带。

2. 成土过程

西藏境内成土条件的特殊和复杂多样，形成众多独特的成土过程，而每一种成土过程又不是单独孤立进行的，往往交织在一起，互相影响，互相作用，从而形成许多种土壤类型。按照土壤形成过程中的有机质积累、矿物分解及化学元素迁移与转化等特点，大致归纳为以下几种主要成土过程：

（1）原始土壤形成过程。这是土壤形成的初级阶段，物理风化起主导作用，母质特征明显，矿物分解微弱，无明显的有机质积累，石质土、粗骨土、新积土、风沙土都属此类土壤。

（2）有机质积累过程。在微生物的作用下，植物分解成有机质，在土壤中逐步聚集，这是土壤形成的必然过程，也是土壤肥力高低的主要标志。

（3）钙积过程。钙积过程是指碳酸钙在土壤中迁移和淀积的过程。由于季节性淋溶强度与区域差异的不同，土壤中钙积程度也不同，随着降水的增多和干旱程度的降低，依次表现为土壤表层碳酸钙聚积，剖面中下部碳酸钙相对聚积，以致出现明显的钙积层或碳酸盐新生体等不同情况。藏东河谷地区的褐土、灰褐土都不同程度地存在着钙化作用。

（4）盐碱化过程。因强烈的蒸发作用，使土壤中易溶盐类随水分上升，盐类积累于土壤表层，形成盐化层。该层内常混有白色粉粒状结晶盐体，表面结成壳，即为盐结皮。在藏北、藏南及阿里较干旱的洼地普遍存在着这种成土过程，在一些水成、半水成土壤形成过程中，常伴生一定的盐碱化过程，形成盐化沼泽土、盐化草甸土和碱化草甸土等。

（5）黏化过程。指土壤中的黏土矿物生成、淋移和聚积过程，通常包括两个方面：一是在较温暖气候条件下，土体内原生矿物分解形成次生黏土矿物；二是土壤表层黏粒随土壤水分向下淋移。由于两者的共同作用，结果是在土壤一定深度形成黏化层。藏东"三江流域"干旱谷地的褐土、灰褐土，雅鲁藏布江中游各地的灌丛草原土都有这种现象。棕壤、暗棕壤及黄棕壤等淋溶土则比较明显。

（6）漂灰化过程。西藏东南部的山地森林土壤，因土壤表层过度湿润，造成大量盐基淋失，在亚表层中被还原的铁、锰与有机酸（以富里酸为主）淋溶下移，二氧化硅残留于亚表层内，形成灰白色或淡白色的漂灰层，呈强酸性反应。这种漂灰化过程常见于暗棕壤、棕壤和亚高山灌丛草甸土的形成过程中。

（7）淋溶棕化过程。在盐基和游离态的碳酸钙被淋失的土壤中，亚铁化合物下移至心土被氧化淀积，形成棕色薄膜包于土粒表面，使土体呈棕色。这种酸性淋溶棕化过程是西藏东南山地棕壤、暗棕壤的主要成土特征。在亚高山灌丛草甸土的形成过程中，也存在着弱酸性淋溶棕化作用。

（8）富铝化过程。在喜马拉雅山南侧的湿热地区，土壤中的硅酸盐强烈水解，盐基和硅酸大量淋失，而铁、铝、锰等氧化物残留于土体，也使土体呈红黄色。西藏境内的黄壤、红壤及砖红壤普遍进行着富铝化过程。

（9）氧化还原过程。主要指水成、半水成土壤中，因地下水影响出现的还原或还原与氧化交替作用的过程。在地下水的长期淹没下，土层内因还原低价铁的存在，土壤形成青灰色的潜育层，随着水源季节性的升降，铁、锰不断地被还原氧化，形成锈斑层。一般在沼泽土中主要进行着还原潜育作用，在草甸土、潮土、水稻土中，氧化与还原两者都有不同程度的反映。

（10）耕种熟化过程。指自然土壤在人为耕作、施肥、灌溉等农业措施的影响下所发生的土壤熟化过程。可分为水耕熟化和旱耕熟化两种。水耕熟化反映水稻土的形成过程，旱耕熟化反映河谷类旱作土壤的形成过程。土壤熟化程度的高低，反映土壤耕种的历史和技术水平的高低。

2.1.3 土壤特点

西藏境内，除雅鲁藏布江、拉萨河、年楚河（简称"一江二河"）和金沙江、澜沧江、怒江河谷流域（简称"三江流域"）的河谷地带和藏东南地区地势较低外，80%以上的地区海拔在4000m以上，年平均气温在1℃左右，最冷月平均气温低于-6℃，最热月平均气温不超过10℃。此外，半数以上的地区气候干旱或半干旱。在高寒干旱气候条件下，土壤的形成过程物理作用显著，生物和化学作用微弱；反映土壤质地轻，砾石含量高，粗屑性强，矿物的化学分解程度低，接近母质的组成；土壤有机质的腐殖质化程度不高等特性。如高山寒漠土、高山漠土、高山草原土等。

高寒低温的气候条件，决定了西藏各类土壤有机质积累明显而分解缓慢的特点。即使在降水较少、土壤干旱、植物生长季节短的高山草原土、高山漠土地区，植被稀疏，覆盖度不超过40%，牧草年生长量8.2～17.3kg/亩，微生物活动微弱，阻碍有机质的分解与转化，有一定数量的有机质积累，一般含量0.5%～3%。

至于降水较丰富的半湿润高山土壤（高山草甸土、亚高山草甸土）与湿润山地温带森林土壤（棕壤、暗棕壤），气温相对较高，生长茂密的草甸及森林植被，每年有大量的植物残体进入土壤，冬季的寒冻低温和潮湿嫌气抑制微生物活动，有机质分解缓慢，积累增多，一般土壤表层有机质达10%以上，最高可达40%，与我国东北大、小兴安岭森林土壤有机质积累相当或偏高。喜马拉雅山南侧的黄壤和黄棕壤地带，生物产量较高，有机质积累多在15%以上，与我国江苏，浙江诸省山地同类土壤基本相当。

西藏高原的急剧隆起，使西藏土壤形成过程具有相对幼年性的特征。首先是矿物分解程度低，黏土矿物中氧化钾含量只占2%左右，处于脱钾阶段。二氧化硅与三氧化二铝的比率大于2.5，铁的游离度较低。其次是土壤剖面发育微弱，层次不明显。土体内Ca^{2+}、Mg^{2+}、Na^+等盐基离子移动较少，盐基饱和，有些土壤还保留着古土壤的残迹特征，如某些亚高山草原土、亚高山灌丛草甸土及漂灰化暗棕壤等土壤出现三水铝矿、埃洛石和蒙脱石等强风化作用产物。

2.1.4　农业耕地土壤

　　农业耕地是土壤资源的精华，是在自然土壤的基础上，经过长时期的人类耕作、灌溉、施肥等措施逐步演化而成的。由于各地气候、成土母质、成土条件、耕作方式、栽培历史等的不同，耕地的类型质量、肥力状况差异很大。

　　西藏地区耕种土壤包括耕种高山草原土、耕种亚高山草原土、耕种亚高山草甸土、耕种山地灌丛草原土、耕种暗棕壤、耕种灰褐土、耕种棕壤、耕种褐土、耕种新积土、耕种黄棕壤、耕种黄壤、耕种黄红壤、耕种草甸土、潮土、水稻土、灌淤土等 16 个土类（实控区），总面积 680.57 万亩。各类耕种土壤占宜农土壤的面积，以山地灌丛草原土比例为最大，占 33.81%，其次是潮土、亚高山草原土、亚高山草甸土、褐土、灰褐土，分别占宜农土地面积的 12.80%、12.38%、9.47%、8.11% 和 7.99%。水稻土、新积土、红壤、棕壤、灌淤土等 5 个土类耕种土壤较少，依次占宜农土地的比例为 0.33%、0.32%、0.36%、0.25% 和 0.19%。

　　耕地主要分布在"一江二河"和"三江流域"，共有耕地 478.2 万亩，占全区耕地总面积的 70.3%。拉萨、山南、日喀则河谷地带以耕种亚高山草原土、耕种山地灌丛草原土和耕种草甸土为最多。东南部地区及喜马拉雅山南侧，耕地土壤以棕壤、黄棕壤为最多，部分发育在亚高山草甸土上。日喀则、山南、昌都、那曲等地区以耕种草甸土和耕种灌丛草原土为最多，河谷地区有相当数量的潮土。

　　耕种亚高山草原土是西藏耕地土壤的主要类型之一，主要分布在日喀则、山南中西部，阿里西南部地区。潜在肥力和有效肥力均居中等水平，耕层养分中上水平，全磷和速效钾较丰富，但区域差异大，一般日喀则地区低于山南地区，相差 1~2 个等级。质地多为砂质壤土，通透性良好，持水能力较差，易受干旱、风沙危害。

　　耕种山地灌丛草原土是耕地土壤的又一主要类型，拉萨、山南、日喀则地区均有较大面积，"一江二河"地区更为集中。耕作层养分含量低，区域差异明显，西部比东部常低 2~3 个等级，机械组成类似亚高山草原土，易受风沙危害，但在耕地灌溉后耕作层熟化程度较高，保肥能力增强。

　　耕种亚高山草甸土主要分布在昌都地区北部，那曲东部，山南、日喀则的部分区域。潜在肥力上等，有效肥力偏低，是耕地土壤中保肥能力较强的类型之一，但土壤中砾石含量高，耕层中多达 20%~40%。耕地海拔部位较高，热量条件较差，限制了种植业的发展。

　　潮土是草甸土长期耕作后形成的，全自治区河谷地区均有分布。土层厚，质地好，砾石少，土地利用率和熟化程度较高，但由于开发强度过大以及对养地重视不够，致使土壤有机质和有效养分含量比较低，亟待采取人工措施予以补充。

　　耕种棕壤、黄棕壤、黄壤和淋溶褐土分布在日喀则、山南、林芝、昌都等地区的南部，其中耕种棕壤、黄棕壤多在林芝、日喀则地区。耕种黄壤林芝最多，耕种淋溶褐土林芝、山南最多。其共同特点是肥力较高，比草原类、草甸类土壤上发育的耕种土壤肥力高 2~3 个等级，有效肥力高 1~2 个等级，保肥性能也较好。土层较薄，机械组成中等，砾石含量较高，分布部位地形复杂，坡度大，雨水多，易引起严重的水土流失，对发展种植业有较大的限制。

　　水稻土、灌淤土、耕种棕壤、红壤是耕种土壤中面积最少的类型。水稻土集中分布在察隅、墨脱县。灌淤土分布在普兰县、札达县。棕壤、红壤分布在喜马拉雅山南侧湿润地区。

各行政区中，日喀则地区的耕地面积最大，为 203.3 万亩，占全自治区耕地面积的 38.84%。其余依次是昌都 107.7 万亩，占 20.53%；拉萨 83.3 万亩，占 15.91%；山南 80.5 万亩，占 15.39%；林芝 36.4 万亩，占 6.95%；那曲地区 9.03 万亩，占 1.72%；阿里地区耕地最少，仅有 3.4 万亩，占全自治区耕地面积的 0.66%。全自治区 63 个县（市、区）有耕地分布，占 74 个县（市、区）总数的 85.14%。受各种条件的限制，各县耕地面积差异很大，少者数千亩，多者可达数十万亩。耕地面积在 1 万亩以下的有 7 个县，占有耕地县数的 11.11%，拥有耕地 36668.2 亩，最少的改则县仅有 5 亩耕地。面积在 1 万~5 万亩之间的有 19 个县，占 30.1%，共有耕地 646942.2 亩。5 万~10 万亩之间的有 20 个县，占 31.75%，拥有耕地 1498884.8 亩。10 万~15 万亩之间的有 7 个县，占 11.11%，拥有耕地 832800.6 亩。15 万~20 万亩之间的有 3 个县，占 4.76%，拥有耕地 496958.1 亩。20 万~25 万亩之间的有 5 个县，占 7.94%，拥有耕地 1075631.9 亩。大于 25 万亩的有江孜县和日喀则市，占 3.17%，拥有耕地 646443.1 亩，其中日喀则市 375303.1 亩，在全区有耕地县中名列第一[10]。

2.2 土壤物理性质及土壤水分常数

2.2.1 土壤粒径与土壤分类

自然界的任何土壤，都是由许多大小不同的土粒，以不同比例组合而成的。这种不同粒级组合的相对比例，称为土壤机械组成。土壤质地则是根据不同机械组成所产生的特性而划分的土类。在生产实践中，土壤质地常常是作为认土、用土和改土的重要依据。

尽管土壤中可能含有一些直径非常大的砾石，然而这些砾石并不是土壤。土壤定义为直径小于 2mm 的微粒。

世界上对于土壤分级的标准有较大的差异。我国常用的分级标准分为 8 级：2~1mm 极粗砂；1~0.5mm 粗砂；0.5~0.25mm 中砂；0.25~0.10mm 细砂；0.10~0.05mm 极细砂；0.05~0.02mm 粗粉粒；0.02~0.002mm 细粉粒；小于 0.002mm 黏粒。石砾：主要成分是各种岩屑，砂粒：主要成分是原生矿物如石英，比表面积小，通透性强。黏粒：主要成分是黏土矿物，比表面积大，但通透性差。粉粒：性质介于砂粒和黏粒之间。

根据美国农业部的标准，土壤的最大组成部分是砂粒（sand），其直径为 50~2000μm（2mm）的颗粒（USDA 分类）或 20~2000μm（ISSS 分类）。砂粒往往又被进一步细分为亚类，如粗砂、中砂和细砂。土壤中另一个成分是粉粒（silt），粉粒由大小处于砂粒和黏粒之间的颗粒组成。而黏粒（clay）是土壤中最小尺寸的成分。在矿物学和物理学中。粉粒与砂粒性质相似。但由于粉粒较小并且有较大的比表面积，因而其表面往往有较强的黏性，并在一定程度上表现有黏土的理化属性。

黏粒的粒径小于 2μm，黏粒在形状上表现为片状或针状，一般是由次生矿物（如硅铝酸盐）组成。这些次生矿物是由原来的岩石中的主要矿物在土壤发育过程中形成的。在某些情况下，黏粒可能包括相当数量的不属于硅铝酸盐类矿物的细颗粒，例如，氧化铁、碳酸钙等。由于黏粒有更大的比表面积和由此产生的物理化学活性，所以黏粒对于土壤的物理和化学性质起到了决定性的因素，对于土壤行为的影响也最为显著。

　　美国 USDA－SCS 土壤分类标准以等边三角形的三个边分别表示砂粒、粉粒、黏粒的含量（图 2.2.1 和表 2.2.1）。根据土壤中砂粒、粉粒、黏粒的含量，在图 2.2.1 中查出其点位再分别对应其底边做平行线，三条平行线的交点即为该土壤的质地，将土壤分为砂土、粉土、砂质壤土以及黏土等 11 种类型。

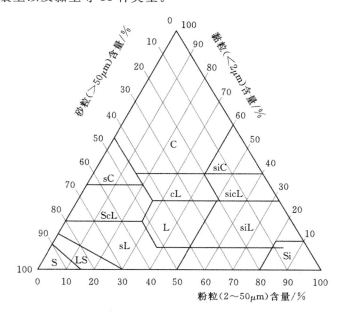

图 2.2.1　土壤粒径分布三角形（USDA－SCS）

S—砂土（sand）；cL—黏质壤土（clay loam）；LS—壤质砂土（loamy sand）；sL—砂质壤土（sandy loam）；
L—壤土（loam）；ScL—砂质黏壤土（sandy clay loam）；sicL—粉质黏壤土（silty clay loam）；
Si—粉土（silt）；sC—砂质黏土（sandy clay）；siL—粉质壤土（silt loam）；C—黏土（clay）

表 2.2.1　　　　　　　　　　美国 USDASCS 标准对于土壤定义标准

土壤质地名称	黏粒（<0.002mm）/%	粉砂（0.02～0.002mm）/%	砂粒（2～0.02mm）/%
壤质砂土	0～15	0～15	85～100
砂质壤土	0～15	0～45	55～85
壤土	0～15	30～45	40～55
粉砂质壤土	0～15	45～100	0～55
砂质黏壤土	15～25	0～30	55～85
黏壤土	15～25	20～45	30～55
粉砂质黏壤土	15～25	45～85	0～40
砂质黏土	25～45	0～20	55～75
壤质黏土	25～45	0～45	10～55
粉砂质黏土	25～45	45～75	0～30
黏土	45～65	0～55	0～55

设某一种土壤由 50％的砂土，20％的粉土，30％的黏土组成。土壤粒径分布三角形坐标的左下顶点代表 100％的砂土，而右下角为 0。在三角形的底边找到含砂量 50％的点并从这一点斜向左做平行于砂粒含量 0 的平行线。然后，找到粉粒含量为 20％的线，同样地平行于粉粒含量 0 的平行线，也就是三角形的左边线，这两条线相交于一点，该点在对应于黏土含量 30％的线上，落入砂壤土界限内[11]。

2.2.2 土壤物理性质参数

1. 土壤相对密度

土壤相对密度为单位体积的土壤固体物质重量与同体积水的重量之比。由于相对密度和密度在数值上接近，故有时不严格区分。土壤矿物质的种类、数量以及有机质（腐殖质较小，在 1.25～1.40 之间）对于土壤相对密度都有影响。一般土壤平均相对密度为 2.65（2.6～2.7）左右。

2. 土壤容重

土壤容重为单位原状土壤体积的烘干土重，其单位为 g/cm³。土壤矿物质、土壤有机质含量和孔隙状况都对土壤容重产生影响。一般矿质土壤的容重为 1.33g/cm³。

3. 土壤孔隙度

土壤孔隙度为单位原状土壤体积中土壤孔隙体积所占的百分率。总孔隙度不直接测定，而是计算出来。总孔隙度＝（1－容重/相对密度）×100％。孔隙的真实直径是很难测定的，土壤学所说的直径是指与一定土壤吸力相当的孔径，与孔隙的形状和均匀度无关。

4. 土壤水势

土壤水势是一种衡量土壤水能量的指标，是在土壤和水的平衡系统中，单位数量的水在恒温条件下，移动到参照状况的纯自由水体所能做的功。参照状况一般使用标准状态，即在大气压下，与土壤水具有相同温度的情况下（或某一特定温度下）以及在某一固定高度的假想的纯自由水体。在饱和土壤中，土水势大于参照状态的水势；在非饱和土壤中，土壤水受毛细作用和吸附力的限制，土壤水势低于参照状态的水势。土壤水势组成可表示为

$$\varphi_w = \varphi_P + \varphi_S + \varphi_g \qquad (2.2.1)$$

式中：φ_w 为土壤水势，即土壤水的总势能；φ_P 为压力势，包括基质势（φ_m）和气压势（φ_a）；φ_S 为溶质势（渗透压势）；φ_g 为重力势。

以上各种势能，如用单位重量土壤水的势能表示时，其单位为 Pa。

（1）重力势。物体从基准面移至某一高于基准面的位置时，需要克服由于地球引力而产生的重力作用，因而必须对物体做功，这种功以重力势能的形式储存于物体中。土壤水与其他物体一样，在基准面以上 z 的单位重量的水所具有的势能 $\varphi_g = z$；反之，在基准面以下 z 时，重力势能为 $\varphi_g = -z$。

单位重量的土壤水包含的重力势能具有长度单位，一般称为水头。重力水头又称为位置水头，仅与计算点和参照基准面的相对位置有关，与土质条件无关。

（2）基质势。相对于大气压力所存在的势能差为压力势。在地下水面处，土壤水的压力势为零，地下水面以下饱和区的静水压为正值；地下水面以上非饱和区土壤水的压力势为负值，常被称为"毛管势"或"基质势"。这是由于土壤基膜引起的毛管力和吸附力造成的。这种力将水吸引和束缚在土壤中，使土壤水的势能低于自由水。

此外，还有一种压力势为气压势。是由于邻近空气的气压变化而引起的。在一般情况下，大气中压力变化较小，气压势可以忽略。

（3）溶质势（渗透压势）。溶质势的产生是由于可溶性物质（例如盐类），溶解于土壤溶液中，降低了土壤溶液的势能所致。当土-水系统中，存在半透膜（只允许水流通过而不允许盐类等溶质通过的材料）时，水将通过半透膜扩散到溶液中去，这种溶液与纯水之间存在的势能差为溶质势。也常称为渗透压势。当不存在半透膜时，这一现象并不明显影响整个土壤水的流动，一般可以不考虑。但在植物根系吸水时，水分吸入根内要通过半透性的根膜，土壤溶液的势能必须高于根内势能，否则植物根系将不能吸水，甚至根茎内水分还被土壤吸取。所以，土壤含盐量较大时，例如，土壤溶液的溶质势达到-14.5×10^5Pa，即使土壤湿度较高（基质势为-0.5×10^5Pa），植物根系无法从土壤水中吸取到足够的水分，产生根系吸水的抑制作用。

除以上各种势能形态外，还存在温度势（土壤中各点温度与以热力学确定的标准参照状态的温度之差所决定的）。目前在分析土壤水分运动时，温度势作用常被忽略。

上述各种土壤水势能中，研究液态水在土壤中运动时，溶质势和温度势一般可不考虑，主要考虑压力势和重力势。在饱和土壤中，土壤水具有的压力势是静水压力，为正值。其总水势以总水头 H 表示可写为

$$H=h+z \tag{2.2.2}$$

式中：h 为静水压力水头，为地下水面以下深度；z 为相对于基准面的位置水头。

对于非饱和土壤水，在不考虑气压势的情况下，总水势由基质势和重力势组成，即

$$\varphi=\varphi_m+z \tag{2.2.3}$$

式中：φ_m 为土壤基质势，若以负压水头 h 表示则式（2.2.2）可写成与式（2.2.3）相同形式。

2.2.3　土壤含水率

不同尺寸的固体颗粒组成土壤的骨架。在这些土壤颗粒之间是相互连接的孔隙，这些孔隙在形状及体积上都大不相同（图 2.2.2）。在完全干燥的土壤中，所有的孔隙都被空气填充，而在完全湿润的土壤中，所有的空隙均被水填充。在大多数田间情况下，土壤孔隙被水及空气填充。所以在这里定量地描述土壤中固-液-气的关系。

土壤的物理属性，包括储水能力，都与土壤中水和空气的体积百分数有很大的关系。为了植物的种植以及正常生长，必须实现孔隙中水与空气的平衡。如果土壤中水分含量不够，植物生长将受到水分胁迫的抑制。如果空气含量不够，常常会含有过量的水，植物将会因为曝气不足而受到限制。

1. 质量含水率

土壤的质量含水率 θ_m 定义为

$$\theta_m=\frac{\text{水的质量}}{\text{干土的质量}}=\frac{m_w}{m_s}=\frac{\rho_w bA}{\rho_p cA}=\frac{\rho_w b}{\rho_p c} \tag{2.2.4}$$

式中：ρ_w 为水的密度；b 为土壤中水的等效深度（图 2.2.3）。

实际上，θ_m 可以通过测量在田间土样在烘干前后的质量变化确定，烘干前后的质量差即为水的质量，烘干后的土样的质量即为干土的质量。

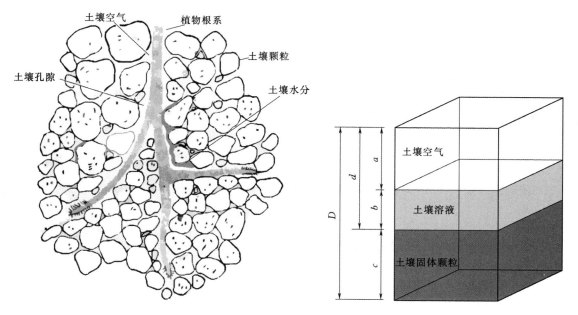

图 2.2.2　土壤剖面　　　　　　　　图 2.2.3　土壤三相物质比例示意图

2. 体积含水率

体积含水率 θ_v 定义为

$$\theta_v = \frac{\text{水的体积}}{\text{土壤的体积}} = \frac{bA}{DA} = \frac{b}{D} \tag{2.2.5}$$

对于砂质土壤，饱和体积含水率为 $40\% \sim 50\%$，中等质地的砂土饱和体积含水率一般为 50%；黏质土壤饱和体积含水率能达到 60%。黏土饱和时的体积含水率可能超过干燥的土壤孔隙度，这就是黏质土壤发生湿润膨胀的结果。用 θ_v 来表示土壤体积含水率，提及含水率相比质量含水率的使用，因为质量含水率可以直接用来计算灌溉或者降雨使土壤增加的水量或者通量，也可以计算由于蒸发或者排水从土壤中流失的水量。另外 θ_v 还可以表示土壤水分深度，例如，单位土壤深度中的水深。对于膨胀性土壤，土壤的孔隙度会随着湿度发生显著性变化，这样也会改变土壤总体积。所以用土壤水分体积与土壤颗粒体积的比值表示会比较好。

水量比 v_w 定义为

$$v_w = \frac{V_w}{V_s} \tag{2.2.6}$$

即可以简单地用水的等效深度与土壤深度（D）的比值表示土壤中水分的数量。比如，在 $1000mm$ 的土壤中水的等效深度是 $260mm$，则土壤中水的体积含量是 $\theta_v = 0.26$。土壤水分体积含量是土壤含水率最有效的表现方式，土壤中水的等效深度，通常定义如下：

$$b = \theta_v D \tag{2.2.7}$$

这些概念也让土壤孔隙率的表达更简单，土壤中总的孔隙率定义为

$$PE = \frac{\text{总的孔隙的体积}}{\text{土壤的体积}} = \frac{(a+b)A}{DA} = \frac{a+b}{D} \tag{2.2.8}$$

3. 饱和度

饱和度 s 定义为

$$s = \frac{V_w}{V_f} = \frac{V_w}{V_a + V_w} \qquad (2.2.9)$$

这个指标是用土壤中孔隙度表示水分体积含量，干土时为 0，完全饱和时达到 100％。完全饱和状态很难达到，因为即使在非常湿润的土壤中也会有空气包裹在水中。

土壤中孔隙中的空气含量定义为

$$PE_a = \frac{空气的体积}{土壤的体积} = \frac{aA}{DA} = \frac{a}{D} \qquad (2.2.10)$$

相对饱和度 θ_{vf}，定义为体积含水率 θ_v 和饱和含水率 θ_s 的比值：

$$\theta_{vf} = \frac{bA}{(a+b)A} = \frac{b}{a+b} = \frac{\theta_v}{PE} \qquad (2.2.11)$$

土壤质量含水率 θ_m 和体积含水率 θ_v 之间的关系为

$$\theta_v = \frac{\rho_b}{\rho_w} \theta_m \qquad (2.2.12)$$

式中：ρ_b 为土壤的容重。

由于 ρ_b 一般比 ρ_w 大，所以体积含水率一般大于质量含水率。

4. 空气孔隙度（空气含量百分比）

空气孔隙度是衡量土壤中空气含量的指标，定义为

$$f_a = \frac{V_a}{V_t} = \frac{V_a}{V_a + V_s + V_w} \qquad (2.2.13)$$

空气孔隙度是土壤通风性的重要指标，与饱和度 s 成反比（$f_a = f - s$）。

5. 含水率概念之间的相互关系

由上述所给的定义，可以推出不同土壤含水率概念之间的相互关系，下述是几种常用的相互关系：

孔隙度 f 与孔隙率 e 的关系：

$$e = \frac{f}{1-f} \qquad (2.2.14)$$

$$f = \frac{e}{1+e} \qquad (2.2.15)$$

体积含水率 θ_v 与饱和度 s_e 的关系：

$$\theta_v = s_e f \qquad (2.2.16)$$

$$s_e = \frac{\theta_v}{f} \qquad (2.2.17)$$

孔隙度 f 与土壤密度 ρ_s 的关系：

$$f = \frac{\rho_s - \rho_b}{\rho_s} = 1 - \frac{\rho_b}{\rho_s} \qquad (2.2.18)$$

$$\rho_b = (1-f)\rho_s \qquad (2.2.19)$$

θ_v 是体积含水率，液态水的体积与土壤体积的比值（美国土壤科学协会公认的国际单位制中认为 θ_v 的量纲是 cm^3/cm^3），重量含水率 θ_m 的量纲是 g/g。

体积含水率、空气含量 f_a 与饱和度的关系：

$$f_a = f - \theta_v = f(1 - s_e) \qquad (2.2.20)$$

$$\theta_v = f - f_a \qquad (2.2.21)$$

上述定义的几种参数，用来表述土壤物理属性最常用的是几个参数是孔隙度 f，土壤密度 ρ_b，体积含水量 θ_v，质量含水率 θ_s。

2.2.4 土壤水分常数及有效性

1. 土壤水分常数

按照土壤水分的形态概念，土壤中各种类型的水分都可以用数量来表示，而在一定条件下每种土壤各种类型水分的最大含量又经常保持相对稳定的数量。因此，可将每种土壤各种类型水分达到最大量时的含水量称为土壤水分常数。

吸湿系数：干燥的土粒能吸收空气中的水汽而成为吸湿水，当空气相对湿度接近饱和时，土壤的吸湿水达到最大量时的土壤含水量称为土壤的吸湿系数，又称为最大吸湿量。处于吸湿系数范围内的水分因被土粒牢固吸持而不能被作物吸收。

凋萎系数：是指作物产生永久凋萎时的土壤含水量，包括全部吸湿水和部分膜状水。由于此时的土壤水分处于不能补偿作物耗水量的状况，故通常把凋萎系数作为作物可利用水量的下限。凋萎系数一般可用 $1.0 \sim 2.0$ 倍的吸湿系数代替，也可通过实测求得。凋萎系数主要取决于土壤属性，只是轻微受植物的影响，通常凋萎系数被认为是土壤特性。

最大分子持水量：是指当膜状水的水膜达到最大厚度时的土壤含水量，包括全部吸湿水和膜状水。一般土壤的最大分子持水量约为最大吸湿量的 $2 \sim 4$ 倍。

田间持水率：是指土壤中悬着毛管水达到最大量时的土壤含水量。包括全部吸湿水、膜状水和悬着毛管水。田间持水量是土壤在不受地下水影响的情况下所能保持水分的最大数量指标。当进入土壤的水分超过田间持水量时，一般只能逐渐加深土壤的湿润深度，而不能再增加土壤含水量的百分数。因此，田间持水率是土壤中对作物有效水的上限，常用作计算灌水定额的依据。

也有定义认为：当表层土壤完全湿润后，水分开始向比较干燥的土壤移动，直到发生移动的水量与植物根系的吸收的水量相比可以忽略不计时土壤中

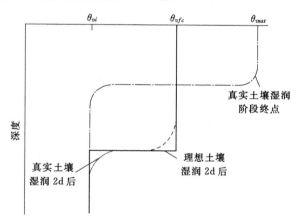

图 2.2.4 降雨或灌溉 2d 后理想土壤及真实土壤的剖面水分含量

的水分含量为田间持水率。田间持水率的概念可以通过图 2.2.4 描述为理想化土壤与真实土壤含水率（从凋萎系数到近饱和状态）与时间的函数关系，其中理想化土壤在 1.5d 达到田间持水率。凋萎点含水率 θ_{vpw} 与田间持水率 θ_{vfc} 之间的差值称为土壤的可利用水，这个差值是植物从土壤中所能够吸收利用的水量。当土壤最初含水量处于即将凋萎时而要恢复至田间持水能力需要的水量是

$$M = H(\theta_{vfc} - \theta_{vpw}) \tag{2.2.22}$$

式中：H 为湿润层深度。

田间持水率是一个非常重要的水分参数。对作物吸收利用而言，田间持水率是其有效水的上限，是确定各种灌水技术下灌溉定额的重要参数。

需要指出，田间持水率的概念并不适合于膨胀土，在湿润时，膨胀土极大地扩展；干燥时随之而来的收缩将产生巨大的深裂隙。当水通过灌溉或降雨重新进入土中，膨胀使裂隙合拢使土壤以不同的方式湿润到比田间持水能力深的深度。因此田间持水率的概念并不适用于膨胀土。

毛管持水量：又称为最大毛管水量，是指土壤所有毛管孔隙都充满水分时的含水量，毛管持水量包括吸湿水，膜状水和上升毛管水三者的总和。

2. 土壤水分的有效性

土壤水分有效性是指土壤水分是否能被作物利用及其被利用的难易程度。土壤水分有效性的高低，主要取决于其存在的形态、性质和数量以及作物吸水力与土壤持水力之差。

当土壤中的水分不能满足作物的需要时，作物便会呈现凋萎状态。作物因缺水从开始凋萎到枯死要经历一个过程。夏季光照强、气温高，作物蒸腾作用大于吸水作用，叶子会卷缩下垂，呈现凋萎，但当气温下降，蒸腾减弱时，又可恢复正常，作物的这种凋萎称为暂时凋萎。当作物呈现凋萎后，即使灌水也不能使其恢复生命活动，这种凋萎称为永久凋萎。所谓凋萎系数就是当作物呈现永久凋萎时的土壤含水量。当土壤水分处于凋萎系数时，土壤的持水力与作物的吸水力基本相等（约 1.5MPa），作物吸收不到水分，因此，凋萎系数是土壤有效水分的下限。

在旱地土壤中，土壤所能保持水分的最大量是田间持水量。当水分超过田间持水量时，便会出现重力水下渗流失的现象。因此，田间持水量是旱地土壤有效水分的上限，对作物而言，土壤中所有的有效水都是能够被吸收利用的，但是，由于土壤水的形态、所受的吸力和移动的难易有所不同，因此，其有效程度也有差异，如图 2.2.5 所示。

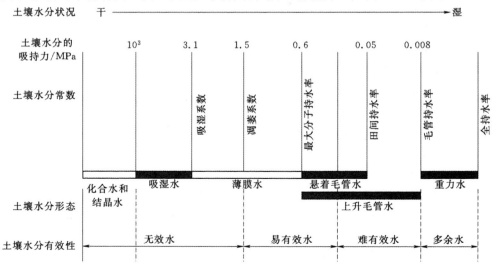

图 2.2.5　土壤水分常数与土壤水分有效性的关系

2.3 农田水分状况

西藏地区以旱作农业为主。旱作地区的各种形式的水分，并非全部能被作物所直接利用。如地面水和地下水必须适时适量地转化成为作物根系吸水层（可供根系吸水的土层，略大于根系集中层）中的土壤水，才能被作物吸收利用。地下水一般不允许上升至根系吸水层以内，以免造成渍害，因此，地下水只应通过毛细管作用上升至根系吸水层，供作物利用。这样，地下水必须维持在根系吸水层以下一定距离处。

当地下水位埋深较大和土壤上层干燥时，如果降雨（或灌水），地面水逐渐向土中入渗，在入渗过程中，土壤水分的动态如图 2.3.1 所示。降雨（灌水）开始时，水自地面进入表层土壤，使其接近饱和，但其下层土壤含水率仍未增加。此时含水率的分布如曲线 1；降雨停止时土壤含水率分布如曲线 2；雨停后，达到土层田间持水率后的多余水量，则将在重力

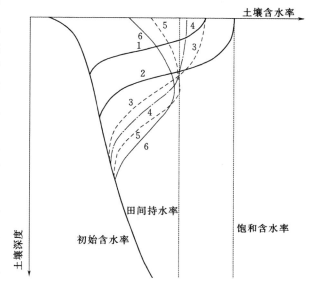

图 2.3.1 降雨（或灌水）后不同深度土层的湿润过程示意图

（主要的）及毛管力的作用下，逐渐向下移动，由于西藏地区普遍土壤厚度较薄（40～60cm），这部分水通常进入岩石裂隙（孔隙），形成深层渗漏。经过一定时期后，各层土壤含水率分布的变化情况如曲线 3；再过一定时期，在土层中水分向下移动趋于缓慢，此时水分分布情况如曲线 4；上部各土层中的含水率均接近于田间持水率。

在土壤水分重新分布的过程中，由于植物根系吸水和土壤蒸发，表层土壤水分逐渐减少，其变化情况如图 2.3.1 中曲线 5 及曲线 6 所示。

旱作物田间（根系吸水层）允许平均最大含水率不应超过田间持水率，最小含水率不应小于凋萎系数。为了保证旱作物丰产所必需的田间适宜含水率范围，应在研究水分状况与其他生活要素之间最适关系的基础上，总结实践经验，并与先进的农业增产措施相结合来加以确定。

2.4 土壤水分运动

土壤水分运动的研究一般有两种途径：一种是水量均衡法，另一种是势能理论。

2.4.1 水量均衡法

水量均衡法基于质量平衡原理分析土壤中均衡要素的变化规律：即土壤层的水量变化

量等于进入和流出土壤的质量差。水量平衡公式包括降水（P）、灌溉（I）、地表径流（R）、腾发量（ET）、土壤含水量 ΔM 的变化量和深层渗流量（P_r）：

$$\Delta M = P + I - ET - R - P_r \tag{2.4.1}$$

一些情况下，将土壤分为若干层，如图 2.4.1 所示，对于相邻的两层，其进出边界条件相同。这样，就能够通过对一些水均衡要素，例如，边界层通量（如降雨，灌溉量，深层渗漏量），或者土壤含水率的变化量，了解其他水均衡要素的变化规律。

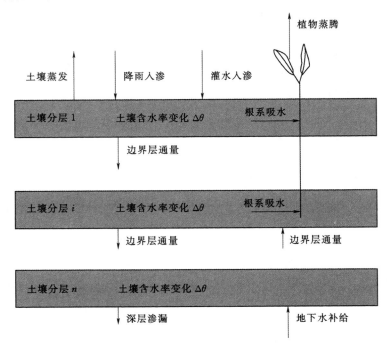

图 2.4.1　土壤水量均衡分析示意图

2.4.2　基于势能理论的土壤水分运动方程

1. 土壤水分运动方程

在一般情况下，达西定律同样适用于非饱和土壤水分运动。在水平和垂直方向的渗透速度 v_x、v_z 可分别写成

$$\left.\begin{array}{l} v_x = -K(\theta)\dfrac{\partial \varphi}{\partial x} \\[2mm] v_z = -K(\theta)\dfrac{\partial \varphi}{\partial z} \\[2mm] \varphi = h + z \end{array}\right\} \tag{2.4.2}$$

式中：φ 为土壤水总势能，以总水头表示；h 为压力水头，在饱和土壤（地下水）的情况下压力水头为正值，在非饱和土壤中 h 为毛管势（或基质势）水头，为负值；z 为位置水头（重力势水头），坐标 z 向上为正时，位置水头取正值，坐标 z 向下为正时，位置水头取负值；K 为水力传导度，为土壤体积含水率 θ 的函数 $K(\theta)$ 或土壤负压水头 h 的函数 $K(h)$。

设土壤水在垂直平面上发生二维运动，取微小体积 $\Delta x \cdot \Delta z \cdot 1$（垂直 xz 平面厚度为 1），如图 2.4.2 所示，则在 x、z 方向进入和流出比体积的差值为

$$-\left(\frac{\partial v_x}{\partial x}+\frac{\partial v_z}{\partial z}\right)\mathrm{d}x\mathrm{d}z \qquad (2.4.3)$$

单位时间土壤体积中储水量的变化率为

$$\frac{\partial\theta}{\partial t}\mathrm{d}x\mathrm{d}z \qquad (2.4.4)$$

式中：θ 为体积含水率。

根据质量守恒的原则，式（2.4.3）和式（2.4.4）应相等，从而可得到土壤水流连续方程式：

$$\frac{\partial\theta}{\partial t}=-\left(\frac{\partial v_x}{\partial x}+\frac{\partial v_z}{\partial z}\right) \qquad (2.4.5)$$

将 v_x、v_z 代入水流连续方程式（2.4.5）后，可得

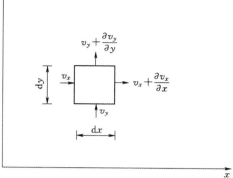

图 2.4.2　微小土体内土壤水运动示意图

$$\frac{\partial\theta}{\partial t}=\frac{\partial}{\partial x}\left[K(\theta)\frac{\partial\varphi}{\partial x}\right]+\frac{\partial}{\partial z}\left[K(\theta)\frac{\partial\varphi}{\partial z}\right] \qquad (2.4.6)$$

土壤水在垂直方向运动需要克服重力做功，而在水平方向移动，则不需要克服重力做功，则 $\varphi=h+z$，$\dfrac{\partial\varphi}{\partial x}=\dfrac{\partial h}{\partial x}$，$\dfrac{\partial\varphi}{\partial z}=\dfrac{\partial h}{\partial z}+1$。

代入式（2.4.6），得

$$\frac{\partial\theta}{\partial t}=\frac{\partial\left[K(\theta)\frac{\partial h}{\partial x}\right]}{\partial x}+\frac{\partial\left[K(\theta)\frac{\partial h}{\partial z}\right]}{\partial z}+\frac{\partial K(\theta)}{\partial z} \qquad (2.4.7)$$

$\dfrac{\partial h}{\partial x}$ 和 $\dfrac{\partial h}{\partial z}$ 可分别表示为

$$\frac{\partial h}{\partial x}=\frac{\partial h}{\partial\theta}\frac{\partial\theta}{\partial x}, \quad \frac{\partial h}{\partial z}=\frac{\partial h}{\partial\theta}\frac{\partial\theta}{\partial z}$$

令 $D(\theta)=K(\theta)\dfrac{\partial h}{\partial\theta}$

代入式（2.4.7），得

$$\frac{\partial\theta}{\partial t}=\frac{\partial\left[D(\theta)\frac{\partial\theta}{\partial x}\right]}{\partial x}+\frac{\partial\left[D(\theta)\frac{\partial\theta}{\partial z}\right]}{\partial z}+\frac{\partial K(\theta)}{\partial z} \qquad (2.4.8)$$

式中：$D(\theta)$ 为扩散度，表示单位含水率梯度下通过单位面积的土壤水流量，其值为土壤含水率的函数。

由于土壤含水率与土壤压力水头 h 之间存在着函数关系，渗透系数 K 也可写成压力水头 h（非饱和土壤中 h 为负值）的函数，因此，土壤水运动基本方程也可写成另一种以 h 为变量的形式。

土壤水在 x、z 方向的渗透速度为

$$v_x = -K(h)\frac{\partial \varphi}{\partial x} = -K(h)\frac{\partial h}{\partial x} \\ v_z = -K(h)\frac{\partial \varphi}{\partial z} = -K(h)\left(\frac{\partial h}{\partial z}+1\right) \Bigg\}$$
(2.4.9)

将以上各式代入水流连续方程（2.4.7），得

$$\frac{\partial \theta}{\partial t} = \frac{\partial \left[K(h)\frac{\partial h}{\partial x}\right]}{\partial x} + \frac{\partial \left[K(h)\frac{\partial h}{\partial z}\right]}{\partial z} + \frac{\partial K(h)}{\partial z}$$
(2.4.10)

考虑到 $\dfrac{\partial \theta}{\partial t} = \dfrac{\partial \theta}{\partial h}\dfrac{\partial h}{\partial t} = C(h)\dfrac{\partial h}{\partial t}$，将式（2.4.10）代入式（2.4.9），得

$$C(h)\frac{\partial h}{\partial t} = \frac{\partial \left[K(h)\frac{\partial h}{\partial x}\right]}{\partial x} + \frac{\partial \left[K(h)\frac{\partial h}{\partial z}\right]}{\partial z} + \frac{\partial K(h)}{\partial z}$$
(2.4.11)

式中：$C(h)=\dfrac{\mathrm{d}\theta}{\mathrm{d}h}$ 表示压力水头减小一个单位时，自单位体积土壤中所能释放出来的水体积，其量纲是 L^{-1}，$C(h)$ 称为土壤的容水度。

在土壤中有根系吸水的存在，土壤水运动的基本方程中应增加根系吸水项 S_r，在这种情况下一维水流方程式（2.4.8）和式（2.4.11）变为

$$\frac{\partial \theta}{\partial t} = \frac{\partial}{\partial z}\left[D(\theta)\frac{\partial \theta}{\partial z}\right] - \frac{\partial K(\theta)}{\partial z} - S_r$$
(2.4.12)

$$C(h)\frac{\partial h}{\partial t} = \frac{\partial}{\partial z}\left[K(h)\left(\frac{\partial h}{\partial z}-1\right)\right] - S_r$$
(2.4.13)

不同边界条件下土壤剖面上各点含水率的分布，表层入渗量和蒸发量可以通过数值计算求解。

在初始条件和边界条件已知的情况下，可根据这些定解条件求解式（2.4.12）或式（2.4.13），求得各点土壤含水率或土壤负压和土壤水流量的计算公式，或用数值计算法直接计算各点土壤含水率（或负压）和土壤水的流量。

2. 定解条件

定解条件包括初始条件和边界条件，对于农田土壤水分运动，主要的定解条件如下：

（1）初始条件。降雨或灌水条件下的入渗过程的初始条件一般为初始剖面含水率或土壤基质势分布已知的条件，即

$$\theta(z,0)=\theta_i(z) \quad t=\theta, z>0 \\ h(z,0)=h_i(z) \quad t=\theta, z>0 \Bigg\}$$
(2.4.14)

（2）边界条件。

1）通过降雨或灌水使地表湿润，但不形成积水，表土达到某一接近饱和的含水率，即含水率或者基质势为已知的边界条件（第一类边界条件）：

$$\theta(z,0)=\theta \quad t>\theta, z>0$$
(2.4.15)

2）降雨和喷灌强度已知，且不超过土壤入渗强度，地表不形成积水，即通量已知的条件（第二类边界条件）：

$$-D(\theta)\frac{\partial \theta}{\partial z} - k(\theta) = R(t)\theta \quad t>0, z=0$$
(2.4.16)

或
$$-k(\theta)\left(\frac{\partial\theta}{\partial z}+1\right)=R(t)\theta \quad t>0,z=0$$

式中：$R(t)$ 为降雨或灌水入渗强度。

3）当降雨或灌水强度大于土壤入渗强度，地表形成积水，成为压力入渗。即梯度已知的边界条件（第三类边界条件）：

$$h(0,t)=H(t) \quad t>0,z=0 \tag{2.4.17}$$

式中：$H(t)$ 为地表积水深度。

当地表积水而没有产生径流时，地表水深为 $H(t)$；若产生地表径流，积水深度 $H(t)$ 可根据来水强度 $R(t)$、土壤入渗强度 $i(t)$ 及地表径流量 $Q(t)$ 求得。

3. 方程求解

现以降雨或灌水后蒸发条件下的土壤水分运动（下边界为地下水位）为例，说明土壤水分方程求解过程。在所研究的土壤剖面深度内，采用以水头 h 为变量的方程式来进行土壤水运动的分析计算。取纵坐标 z 向下为正时，一维垂直土壤水运动方程及其定解条件为

$$C(h)\frac{\partial h}{\partial t}=\frac{\partial\left[K(h)\frac{\partial h}{\partial z}\right]}{\partial z}-\frac{\partial K(h)}{\partial z} \tag{2.4.18}$$

初始条件：
$$h(z,0)=h_0(z) \tag{2.4.19}$$

上边界 $z=0$ 位置，蒸发通量为 ε，则边界条件为

有蒸发时，

$$-\varepsilon=-K(h)\left(\frac{\partial h}{\partial z}-1\right)=\varepsilon_0[\alpha\theta(h+b)] \tag{2.4.20}$$

式中：a 和 b 为描述土壤水分亏缺情况下的实际蒸发通量。

下边界条件：$z=L$（z 自地表算起，L 为控制的地下水埋深）时
$$h(L,t)=0 \tag{2.4.21}$$

采用隐格式有限差分法时，首先将地表至地下水面之间的土层，划分为 N 个空间步长 Δz，然后再按时间 t 划分为 M 个时间步长 Δt，最后再将式（2.4.18）中各项微商近似地用差商代替，即

$$C(h)\frac{\partial h}{\partial t}\approx C_i^{j+\frac{1}{2}}\frac{h_i^{j+1}-h_i^j}{\Delta t} \tag{2.4.22a}$$

$$\frac{\partial\left[K(h)\frac{\partial h}{\partial z}\right]}{\partial z}\approx\frac{K_{i+\frac{1}{2}}^{j+\frac{1}{2}}\frac{h_{i+1}^{j+1}-h_i^{j+1}}{\Delta z}-K_{i-\frac{1}{2}}^{j+\frac{1}{2}}\frac{h_i^{j+1}-h_{i-1}^{j+1}}{\Delta z}}{\Delta z} \tag{2.4.22b}$$

$$\frac{\partial K}{\partial z}\approx\frac{K_{i+\frac{1}{2}}^{j+\frac{1}{2}}-K_{i-\frac{1}{2}}^{j+\frac{1}{2}}}{\Delta z} \tag{2.4.22c}$$

代入式（2.4.18）得任何一时段 $j\Delta t\sim(j+1)\Delta t$ 内，剖面上围绕任一点 i 的土壤水运动差分方程为

$$C_i^{j+\frac{1}{2}}\frac{h_i^{j+1}-h_i^j}{\Delta t}=K_{i+\frac{1}{2}}^{j+\frac{1}{2}}\frac{(h_{i+1}^{j+1}-h_i^{j+1})}{\Delta z^2}-K_{i-\frac{1}{2}}^{j+\frac{1}{2}}\frac{h_i^{j+1}-h_{i-1}^{j+1}}{\Delta z^2}-\frac{K_{i+\frac{1}{2}}^{j+\frac{1}{2}}-K_{i-\frac{1}{2}}^{j+\frac{1}{2}}}{\Delta z} \tag{2.4.23}$$

式中：i 为在剖面上结点的序号，自表层数起，$i=1,2,\cdots,N$；j 为在时间上结点的序号，$j=1,2,\cdots,M$。

$$C_i^{j+\frac{1}{2}}=\left[C(h_i^{j+1})+C(h_i^j)\right]/2$$

$$K_{i+\frac{1}{2}}^{j+\frac{1}{2}}=\left[K(h_{i+1}^{j+\frac{1}{2}})+K(h_i^{j+\frac{1}{2}})\right]/2$$

$$K_{i-\frac{1}{2}}^{j+\frac{1}{2}}=\left[K(h_i^{j+\frac{1}{2}})+K(h_{i-1}^{j+\frac{1}{2}})\right]/2$$

$$h_i^{j+\frac{1}{2}}=(h_i^{j+1}+h_i^j)/2$$

经整理后式 (2.4.23) 可以写为

$$E_i h_{i-1}^{j+1}+F_i h_i^{j+1}+G_i h_{i+1}^{j+1}=H_i \tag{2.4.24}$$

式中

$$E_i=-K_{i-\frac{1}{2}}^{j+\frac{1}{2}}；\quad G_i=-K_{i+\frac{1}{2}}^{j+\frac{1}{2}}$$

$$F_i=K_{i+\frac{1}{2}}^{j+\frac{1}{2}}+K_{i-\frac{1}{2}}^{j+\frac{1}{2}}+rC_i^{j+\frac{1}{2}}$$

$$H_i=rC_i^{j+\frac{1}{2}}h_i^j+\Delta z\left(K_{i-\frac{1}{2}}^{j+\frac{1}{2}}-K_{i+\frac{1}{2}}^{j+\frac{1}{2}}\right)$$

$$r=\frac{\Delta z^2}{\Delta t}$$

式 (2.4.24) 为三对角线方程，在考虑边界条件后，可用追赶法求解。

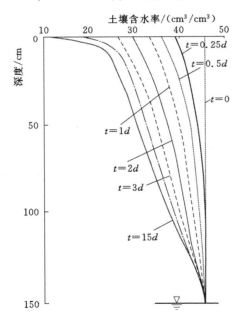

图 2.4.3　土壤水分模拟结果

现以某地区土壤为例，计算在地下水位自地表迅速下降 1.5m，并保持在这一水位时的土壤水运动及土壤水出流情况。土壤的水力传导度与土壤压力水头的关系式为

$$h\geqslant 0,\ K(h)=7\text{(cm/d)}$$

$$h\leqslant 0,\ K(h)=7e^{0.0255h}\text{(cm/d)}$$

土壤含水率与负压关系为

$$h\geqslant 0,\ \theta=\theta_s=0.452$$

$$h\leqslant -50\text{cm},\ \theta=0.7333-0.090074L_n|h|$$

$$0>h>-50\text{cm},\ \theta=0.452e^{0.00342h}$$

容水度与负压关系式为

$$h\geqslant 0,\ C(h)=0$$

$$h\leqslant -50\text{cm},\ C(h)=-0.090074/h$$

$$0>h>-50\text{cm},\ C(h)=0.00155e^{0.00342h}$$

表土蒸发强度，采用

$$h>h_c=-213.917\text{cm},\ \varepsilon=0.65\text{(cm/d)}$$

$$h\leqslant -213.917\text{cm},\ \varepsilon=3.25\theta-0.1625\text{(cm/d)}$$

根据以上参数和边界条件，通过数值方法计算求得各时间土壤水分模拟结果如图 2.4.3 所示。

第 3 章　土壤-植物-大气连续体与作物需水量

农田水分消耗的途径主要有植株蒸腾、株间蒸发和深层渗漏。植株蒸腾是指作物根系从土壤中吸入体内的水分,通过叶片的气孔扩散到大气中的现象。试验证明,植株蒸腾要消耗大量水分,作物根系吸入体内的水分有 99% 以上是消耗于蒸腾,只有不足 1% 的水量是留在植物体内,成为植物体的组成部分。株间蒸发是指植株间土壤或田面的水分蒸发。株间蒸发和植株蒸腾都受气象因素的影响,但蒸腾因植株的繁茂而增加,株间蒸发因植株造成的地面覆盖率加大而减小,所以蒸腾与株间蒸发二者互为消长。一般作物生育初期植株小,地面裸露大,以株间蒸发为主;随着植株增大,叶面覆盖率增大,植株蒸腾逐渐大于株间蒸发,到作物生育后期,作物生理活动减弱,蒸腾耗水又逐渐减小,株间蒸发又相对增加。深层渗漏是指旱田中由于降雨量或灌溉水量太多,使土壤水分超过了田间持水量,向根系活动层以下的土层产生渗漏的现象。深层渗漏一般是无益的,且会造成水分和养分的流失。

在上述几项水量消耗中,植株蒸腾和株间蒸发合称为腾发,两者消耗的水量合称为腾发量(evapotranspiration),通常又把腾发量称为作物需水量(water requirement of crops)。腾发量的大小及其变化规律,主要决定于气象条件、作物特性、土壤性质和农业技术措施等,而渗漏量的大小与土壤性质、水文地质条件等因素有关,与腾发量的性质完全不同。因此,一般都是将腾发量与深层渗漏量分别进行计算。

作物需水量是农业用水的主要组成部分,也是整个国民经济中消耗水分的最主要部分。因此,作物需水量是水资源开发利用时的必需资料,同时也是灌排工程规划、设计、管理的基本依据。目前西藏农业用水量不断增长,对作物需水量的研究和估算,已成为一个重要研究课题。

3.1　土壤-植物-大气连续体系统

在有作物覆盖的农田中,植物的蒸腾是田间水分循环的重要组成部分。由于水势梯度的存在土壤中水分通过根系吸收进入植物体,除部分消耗于植物生长和代谢作用外,大部分又由植物体通过叶面向大气扩散。因此,在研究有作物生长条件下农田水分运动时,不仅需要分析农田水分状况和水分在土壤中的运动,还需要考虑土壤水分向根系的运动和植物体中液态水分的运动以及自植物叶面和土层向大气的水汽扩散运动等。田间水分运动是在水势梯度的作用下产生的,各环节之间是相互影响和相互制约的,为了完整地解决农田水分运动问题,必须将土壤-植物-大气看作一个连续体统一考虑。近代文献中将这一连续体称为 SPAC(soil - plant - atmosphere continum) 系统。

SPAC 系统是一个物质和能量连续的系统。在这个系统中,不论在土壤还是在植物体

中水分的运动，都受到势能的支配，水流总是从水势高的地方向水势低的地方移动。植物的根系从土壤中吸取水分，经根、茎运移到叶部，在叶部细胞间的空隙中蒸发，水汽穿过气孔腔进入与叶面相接触的空气层，再穿过这一空气层进入湍流边界层，最后再转移到大气层中去，形成一个连续的过程，如图 3.1.1 所示。

植物由根系从土壤中吸收水分，极少量用于各种代谢作用，主要消耗于蒸腾作用。在土壤充分供水条件下，如外界蒸发条件基本保持不变，则可假定流经植物体内的水流为稳定流。即植物叶面的蒸腾强度与植物体内输水速度相等，也与植物根部对土壤水分的吸收速度相等，可表示为

图 3.1.1　土壤和植物体中水流及水势分布示意图

$$q=-\frac{\Delta\varphi_1}{R_1}=-\frac{\Delta\varphi_2}{R_2}=-\frac{\Delta\varphi_3}{R_3}=-\frac{\Delta\varphi_4}{R_4} \qquad (3.1.1)$$

式中：q 为水分流动的通量；$\Delta\varphi_1$、$\Delta\varphi_2$、$\Delta\varphi_3$、$\Delta\varphi_4$ 分别为水分由土壤向根表面、由根表面向根导管、由根导管向叶面、由叶面向大气的水势差；R_1、R_2、R_3、R_4 分别为以上各流段的阻抗。

显然，发生稳定流时，阻抗越大，其水势降也越大，总水势差达数百巴❶，在干燥条件下，甚至达 10^8 Pa，总水势差中叶面到大气的水势差最大，所以阻抗也大。

植物体中水流仅属于整个土壤-植物-大气连接系统中的一部分，其水流状态除取决于植物体本身的特性外，还取决于土壤特性和土壤水分状况以及大气可能的蒸发力和根系从土壤中吸水的性能。

图 3.1.2 为不同条件下，SPAC 系统中的水势分布，其中 A 为土壤较

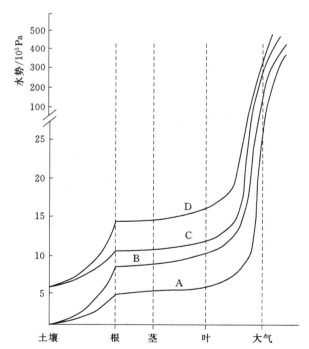

图 3.1.2　土壤-植物-大气连续体系统中，不同土壤水分和大气蒸发力条件下水势分布

❶　巴（bar），1bar=10^5Pa。

湿，但蒸发强度一般的情况：B 为土壤较湿，蒸发强度较大的情况：C 为土壤较干，蒸发强度一般的情况：D 为土壤较干，蒸发强度较大的情况。叶水势越低，说明水分越少，当低于某临界值时（如 $3×10^6 \text{Pa}$ 左右），会导致作物凋萎。图 3.1.2 所示叶水势表面 A 线较高，高于临界值，D 线叶水势较低，低于临界值，B、C 两种情况是接近临界值。当叶部水势低于临界值，植物就凋萎了。

SPAC 系统能量平衡理论被用于植物计算蒸腾量和土壤蒸发量的计算。SPAC 系统可以被概化为三个层面：位于参照高度（百叶箱高度）的大气层，位于动量汇处的植物冠层和土壤表层。图 3.1.3 为 SPAC 三个层面的能量分配与转换及传输阻力关系图。

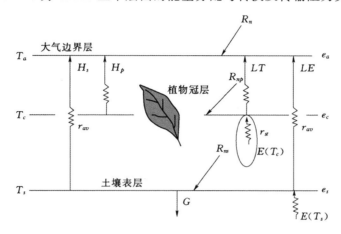

图 3.1.3 SPAC 系统能量分配与转换及传输阻力关系图

R_n—到达大气边界层净辐射能；R_{np} 和 R_{ns}—分别为植物冠层截留和到达土壤的净辐射能；LT—植物冠层内用于蒸腾作用的潜热消耗；H_p—植物冠层温度变化的显热消耗；LE—用于地表土壤水蒸发的潜热消耗；H_s—用于地表温度增加的显热消耗；G—热量向深层土壤运动的土壤热通量；T_a、T_c 和 T_s—分别为大气温度，植物冠层温度和土壤地表温度；e_a、e_c 和 e_s—分别为大气层水气压，植物冠层水气压和土壤表层水气压

作物腾发耗水是通过土壤-植物-大气系统的连续传输过程，大气、土壤、作物 3 个组成部分中的任何一部分的有关因素都影响需水量的大小。根据理论分析和试验结果，在土壤水分充分的条件下，大气因素是影响需水量的主要因素，其余因素的影响不显著。在土壤水分不足的条件下，大气因素和其余因素对需水量都有重要影响。目前对需水量的研究主要是研究在土壤水分充足条件下的各项大气因素与需水量之间的关系。普遍采用的方法是通过计算参照作物的需水量来计算实际需水量。相对来说理论上比较完善。

3.2 参照作物需水量

所谓参照作物需水量 ET_0（reference crop evapotranspiration）是指土壤水分充足、地面完全覆盖、生长正常、高矮整齐的开阔（地块的长度和宽度都大于 200m）矮草地（草高 8～15cm）上的蒸发量，一般是指在这种条件下的苜蓿草的需水量而言。因为这种参照作物需水量主要受气象条件的影响，所以都是根据当地的气象条件分阶段（月和旬）

计算。

作物腾发过程中，无论是体内液态水的输送或是田间腾发面上水分的汽化和扩散，均需克服一定阻力。这种阻力越大，需要消耗的能量也越大。由此可见，作物需水量的大小，与腾发消耗能量有较密切的关系。腾发过程中的能量消耗，主要是以热能形式进行的。例如，气温为 25℃时，每腾发 1g 水大约需消耗 2468.6J 的热量。如果能在农田中测算出腾发消耗的总热量，便能由此推算出相应的作物需水量数值。

作物腾发所需的热能，主要是由太阳辐射供给。所以能量平衡原理，实质上是计算土壤-植物-大气连续系统中的热量平衡。根据这一理论以及水汽扩散等理论，在国外曾研究有许多计算参照作物需水量的公式。其中最有名的、应用最广的是英国的彭曼（Penman）公式。公式是 1948 年提出来的，后来经过多次的修正。1998 年，联合国世界粮农组织对彭曼公式又做了进一步修正，并正式认可向各国推荐作为计算参照作物需水量的通用公式，其基本形式如下：

$$ET_0 = \frac{0.408(R_n - G) + \gamma \dfrac{900}{273 + T_a} u_2 (e_a - e_d)}{\Delta + \gamma(1 + 0.34 u_2)} \tag{3.2.1}$$

式中：ET_0 为参考作物蒸发蒸腾量，mm/d；Δ 为温度-饱和水汽压关系曲线在温度 T_a 处的切线斜率，kPa/℃；u_2 为 2m 高处风速，m/s。

$$\Delta = \frac{4098 e_a}{(T_a + 273.2)^2} \tag{3.2.2}$$

式中：T_a 为日平均气温，℃；e_a 为饱和水汽压，kPa。

$$e_a = 0.611 \exp\left(\frac{17.27 T_a}{T_a + 273.3}\right) \tag{3.2.3}$$

$$R_n = R_{ns} - R_{nl} \tag{3.2.4}$$

式中：R_n 为净辐射，MJ/(m·d)；R_{ns}、R_{nl} 分别为净短波辐射和净长波辐射，MJ/(m² · d)。

$$R_{ns} = 0.77(0.19 + 0.38 n/N) R_a \tag{3.2.5}$$

$$R_{nl} = 2.45 \times 10^{-9} (0.9 n/N + 0.1)(0.34 - 0.14\sqrt{e_d}) \tag{3.2.6}$$

式中：n 为实际日照时数，h；N 为最大可能日照时数，h。

$$N = 7.64 W_s \tag{3.2.7}$$

式中：W_s 为日照时角数，rad。

$$W_s = \arccos(-\tan\Psi \tan\delta) \tag{3.2.8}$$

式中：Ψ 为地理纬度，rad；δ 为日倾角，rad。

$$\delta = 0.409 \sin(0.0172 J - 1.39) \tag{3.2.9}$$

式中：J 为日序数（元月 1 日为 1，逐日累加）。

$$R_a = 37.6 d_r (W_s \sin\Psi + \cos\Psi \cos\delta \sin W_s) \tag{3.2.10}$$

式中：R_a 为大气边缘太阳辐射，MJ/m²；d_r 为日地相对距离。

$$d_r = 1 + 0.033 \cos(0.0172 J) \tag{3.2.11}$$

$$e_d = \frac{e_{d(Tmin)} + e_{d(Tmax)}}{2} \tag{3.2.12}$$

$$RH_{mean} = \frac{RH_{max} + RH_{min}}{2} \tag{3.2.13}$$

式中：e_d 为实际水汽压，kPa；RH_{max} 为日最大相对湿度，%；T_{min} 为日最低温度℃；$e_{d(Tmin)}$ 为 T_{min} 时的实际水汽压，kPa；RH_{min} 为日最小相对湿度，%；T_{max} 为日最高温度，℃；$e_{d(Tmax)}$ 为 T_{max} 时的实际水汽压，kPa；RH_{mean} 为平均相对湿度，%。

$$T_{kr} = T_{max} + 273 \tag{3.2.14}$$

$$T_{kn} = T_{min} + 273 \tag{3.2.15}$$

式中：T_{kr} 为最高绝对温度，K；T_{kn} 为最低绝对温度，K。

对于逐日估算 ET_0，则第 d 日土壤热通量为

$$G = 0.38(T_d - T_{d-1}) \tag{3.2.16}$$

式中：G 为土壤热通量，MJ/m^2；T_d、T_{d-1} 分别为第 d 日和前一日（第 $d-1$ 日）的气温，℃。

$$\gamma = \frac{0.00163P}{\lambda} \tag{3.2.17}$$

式中：γ 为湿度表常数，kPa/℃；P 为气压，kPa；λ 为潜热，MJ/kg。

$$\lambda = 2.501 - (2.361 \times 10^{-3}) T_a \tag{3.2.18}$$

【算例分析】

选择林芝站 2008 年 5 月 2 日气象资料，说明参照作物需水量计算过程，当日实测气象基本数据以及林芝站进基本参数见表 3.2.1。

表 3.2.1　　　　　　　　　林芝站 2009 年 5 月 2 日气象数据

序号	指　标	测　量　值	单　位
1	日平均气压	99.28	kPa
2	日最高气压	99.52	kPa
3	日最低气压	98.96	kPa
4	平均气温	16.5	℃
5	前一天日平均气温	16	℃
6	日最高气温	23.5	℃
7	日最低气温	10	℃
8	平均相对湿度	63	%
9	最小相对湿度	20	%
10	20—20 时降水量	0	mm
11	平均风速	4.5	m/s
12	日照时数	11.8	h
13	饱和水汽压	1.88	kPa
14	地理纬度	45°14′	
	地理纬度	(45+14/60)/180×3.14=0.789	rad
15	日序数	122	

根据表 3.2.1 气象资料，计算参照作物需水量见表 3.2.2。

表 3.2.2　　　　　　　　　　　参照作物需水量计算算例分析

参数	公式	计算过程	计算值	单位
饱和水汽压 e_a	3.2.3	$0.611\exp[17.27T_a/(T_a+273.3)]$	1.878	kPa
日倾角 δ	3.2.9	$0.409\sin(0.0172J-1.39)$	0.266	rad
日照时角数 W_s	3.2.8	$\arccos(-\tan\Psi\tan\delta)$	1.849	rad
最大可能日照时数 N	3.2.7	$7.64W_s$	13.795	h
日地相对距离 d_r	3.2.11	$1+0.033\cos(0.0172J)$	0.983	—
大气边缘太阳辐射 R_a	3.2.10	$37.6d_r(W_s\sin\Psi+\cos\Psi\cos\delta\sin W_s)$	36.921	MJ/(m²·d)
$T_{\min}$ 时的饱和水汽压 e_a	3.2.3	$0.611\exp[17.27T_{\max}/(T_{\max}+273.3)]$	1.749	kPa
$T_{\max}$ 时的饱和水汽压 e_a	3.2.3	$0.611\exp[17.27T_{\min}/(T_{\min}+273.3)]$	2.677	kPa
实际水汽压 e_d	3.2.12	$RH_{mean}\times(e_{aT_{\max}}+e_{aT_{\min}})/2=63\%\times(1.749+2.677)/2$	1.299	kPa
最高绝对温度 T_{kx}	3.2.12	$T_{\max}+273$	296.5	K
最低绝对温度 T_{kn}	3.2.15	$T_{\min}+273$	289.5	K
净短波辐射 R_{ns}	3.2.5	$0.77\times(0.19+0.38n/N)R_a$ $=0.77\times(0.19+0.38\times11.8/13.795)\times36.921$	14.642	MJ/(m²·d)
净长波辐射 R_{nl}	3.2.6	$2.45\times10^{-9}\times(0.9n/N+0.1)\times(0.34-0.14\sqrt{e_d})(T_{kx}^4+T_{kn}^4)$	5.438	MJ/(m²·d)
净辐射 R_n	2.2.4	$R_{ns}-R_{nl}$	9.205	MJ/(m²·d)
土壤热通量 G	2.2.16	$0.38(T_d-T_{d-1})=0.38\times(16.5-16)$	0.19	MJ/(m²·d)
潜热 λ		$2.501-(2.361\times10^{-3})T_a=2.501-(2.361\times10^{-3})\times16.5$	2.462	MJ/kg
湿度计常数 γ		$0.00163P/\lambda=0.00163\times99.28/2.462$	0.066	kPa/℃
Δ	3.2.17	$4098e_a/(T+273.2)^2=4098\times1.878/(16.5+273.2)^2$	0.119	kPa/℃
$0.408(R_n-G)\Delta/$ $[\Delta+\gamma(1+0.34u_2)]$	3.2.1	$0.408\times(9.205-0.19)\times0.119/[0.119+0.066(1+0.34\times4.5)]$	1.538	mm
$900/(T+273)u_2(e_a-e_d)\gamma$ $/[\Delta+\gamma(1+0.34u_2)]$	3.2.1	$900/(16.5+273)\times4.5(1.878-1.299)\times0.066/$ $[0.119+0.066\times(1+0.34u_2)]$	1.861	mm
ET_0		$1.538+1.861$	3.399	mm

3.3　作物需水量

已知参照作物需水量 ET_0 后，则采用作物系数 K_c 对 ET_0 进行修正，计算作物实际需水量 ET，即

$$ET=K_c(ET_0) \tag{3.3.1}$$

式中的 ET 与 ET_0 单位相同。

将全区西藏地区青稞的主要产地按照热量作为一级因子，水分为二级因子，以具有明确农业意义的 4 个区划为依据，划分为 4 个区域：高原温带半湿润区、高原温带半干旱区、高原温凉半湿润区、高原温带干旱区[12]，西藏地区青稞的主要产地分区见表 3.3.1。

表 3.3.1   西藏地区青稞的主要产地分区

区域	青稞区名称	典型站点	地　点
I	高原温带半湿润区	林芝	林芝、米林、加查、波密
II	高原温带半干旱区	日喀则	南木林、日喀则、江孜、尼木、拉萨、贡嘎、泽当、昌都、洛隆、左贡、聂拉木
III	高原温凉半湿润区	索县	丁青、索县、嘉黎、比如、类乌齐、墨竹工卡
IV	高原温带干旱区	普兰	普兰、狮泉河、定日、江孜、隆子、八宿

对大多数一年生作物（例如青稞），作物系数的变化过程可概化为 4 个生长阶段：初始生长期（从播种到作物覆盖率接近 10%）、快速发育期（大田作物覆盖率达到 70%～80%）、生育中期（从充分灌浆到成熟期开始）、成熟期（叶片开始变黄到生理成熟或收获）。由此确定各阶段长短以及对应 3 个作物系数（K_c）（K_{cini}、K_{cmid}、K_{cend}）。因各地的海拔、地形、气候、灌溉等条件不同，西藏各地区青稞生育期不尽相同。海拔 2600～3000m 地区在 3 月中旬播种，海拔 3000～3400m 地区于 4 月上旬播种。西藏地区青稞生育时段见表 3.3.2。

表 3.3.2   西藏地区青稞生育时段

区域	典型站	各 生 育 期 日 期							生育期时间/d				
		播种	出苗	分蘖	拔节	抽穗	乳熟	成熟	初始生长期	快速发育期	生育中期	成熟期	全生育期
I	林芝	3月26日	4月3日	4月23日	6月4日	6月13日	6月19日	7月18日	17	34	44	22	117
II	日喀则	4月11日	4月20日	5月26日	6月26日	7月10日	7月27日	8月25日	20	35	45	24	124
III	索县	4月23日	5月1日	6月13日	7月7日	7月17日	8月14日	9月9日	23	34	53	26	136
IV	普兰	5月10日	5月18日	6月23日	7月17日	7月27日	8月24日	10月2日	25	40	52	28	145

鉴于西藏不同地区的气象及土壤资料存在差异，灌溉试验站点少，无法获得每个站点的数据。因此，需要分区计算作物系数（K_c），使每个区对应一个典型站，概化土壤和青稞生育期数据，便于作物系数计算。用联合国粮农组织 FAO 推荐的分段单值平均法计算作物系数。

青稞的作物系数以拉萨站提供的灌溉试验资料为基础。由于西藏地区特殊的气候，根据拉萨站试验结果，麦类作物（春青稞）K_c 以播种—抽穗为 0.3～1.2 线性递增，抽穗—成熟期为 1.2～0.65 线性递减为标准状态，修正其他地区青稞作物系数。$K_{cini(Tab)}=0.3$；$K_{cmid(Tab)}=1.2$；$K_{cend(Tab)}=0.65^{[13]}$。

考虑气候条件的条件对 K_{cmid} 和 K_{cend} 进行修正：

$$K_{cmid}=K_{cmid(Tab)}+\left[0.04(u_2-2)-0.004(RH_{min}-45)\right]\left(\frac{h}{3}\right)^{0.3} \qquad (3.3.2)$$

$$K_{cend}=K_{cend(Tab)}+\left[0.04(u_2-2)-0.004(RH_{min}-45)\right]\left(\frac{h}{3}\right)^{0.3}; \quad K_{cend(Tab)}\geqslant0.45$$

$$K_{cend}=K_{cend(Tab)}; \quad K_{cend(Tab)}<0.45 \qquad (3.3.3)$$

式中：u_2 为该生育阶段内 2m 高度处的日平均风速，m/s；h 为该生育阶段内作物的平均高度，m；RH_{min}为该生育阶段内日最低相对湿度的平均值，%。资料收集较困难情况下，RH_{min}可用日最高气温 T_{max} 推算。

综合考虑土壤、气象、作物的影响，采用 FAO 的单值法修正西藏地区 28 个站点青稞作物系数，结果如表 3.3.3 所示，可以看出西藏地区 28 个站点青稞全生育期的作物系数从西向南递减，随海拔递减而减小，其变化范围为 0.67～0.81，变异系数为 5%。生育初期作物系数 K_{cini} 在 0.12～0.33 之间变化，从西向南递减且趋势明显，变异性最大，为 23%，其他阶段变异值不超过 6%。生育中期作物系数 K_{cmid} 在 1.18～1.33 之间变化，最高值在普兰（1.33），该区也是全区 ET_0 的高值区，最低值在类乌齐、昌都（均为 1.18），主要是由于该地区地处三江源，气候湿润多雨、年气温低。成熟期作物系数 K_{cend} 介于 0.61～0.81 之间[14]。

表 3.3.3　　　　　　　　　　　　　西藏地区青稞的作物系数

站点	K_{cini}	K_{cmid}	K_{cend}	K_c	站点	K_{cini}	K_{cmid}	K_{cend}	K_c
狮泉河	0.32	1.29	0.74	0.78	比如	0.33	1.26	0.71	0.77
普兰	0.33	1.33	0.78	0.81	丁青	0.24	1.24	0.69	0.72
拉孜	0.24	1.27	0.73	0.75	类乌齐	0.23	1.18	0.61	0.67
南木林	0.12	1.27	0.71	0.70	昌都	0.22	1.18	0.61	0.67
日喀则	0.33	1.24	0.68	0.75	洛隆	0.24	1.23	0.66	0.71
尼木	0.25	1.26	0.70	0.74	波密	0.13	1.22	0.65	0.67
贡嘎	0.26	1.28	0.71	0.75	巴宿	0.27	1.29	0.71	0.76
拉萨	0.31	1.25	0.69	0.75	加查	0.29	1.26	0.69	0.75
墨竹工卡	0.29	1.31	0.74	0.78	林芝	0.19	1.22	0.68	0.69
泽当	0.25	1.27	0.72	0.75	米林	0.13	1.24	0.68	0.68
聂拉木	0.25	1.33	0.77	0.78	左贡	0.25	1.22	0.66	0.71
定日	0.25	1.25	0.71	0.74	芒康	0.23	1.22	0.66	0.70
江孜	0.29	1.25	0.70	0.75	平均值	0.25	1.26	0.70	0.73
隆子	0.28	1.29	0.72	0.76	标准差	0.06	0.04	0.04	0.04
索县	0.22	1.24	0.69	0.72	C_V/%	23	3	6	5

根据表 3.3.3，取各站点 3 个生育阶段作物系数的平均值作为各分区的作物系数 K_c，见表 3.3.4。

表 3.3.4　　　　　　　　　　　　　青稞分区作物系数

区域	典型站	K_{cini}	生 育 中 期				成 熟 期			
			u_2/(m/s)	RH_{min}/%	h/m	K_{cmid}	u_2/(m/s)	RH_{min}/%	h/m	K_{cmid}
Ⅰ	林芝	0.19	1.22	27.09	0.85	1.22	1.02	30.04	0.75	0.65
Ⅱ	日喀则	0.33	1.16	16.92	0.85	1.24	0.86	18.06	0.75	0.68
Ⅲ	索县	0.22	1.2	17.49	0.85	1.24	1.18	17.59	0.75	0.69
Ⅳ	普兰	0.33	2.71	9.21	0.85	1.24	2.79	8.53	0.75	0.78

第4章 作物灌溉制度

西藏地区在海拔2300m以下的地区，主要种植水稻、玉米、大豆、黍、稷、鸡爪谷等喜温作物，并有冬小麦、冬春青稞、油菜、豌豆等喜凉的作物，实行一年两熟制；海拔2300~3000m的地区，主要种植冬春小麦、冬春青稞、油菜、豌豆，实行一年两熟或两年三熟制；海拔3000~3800m的地区，主要种植春青稞、冬春小麦（以冬小麦为主）、豌豆、油菜，实行一年一熟制；海拔3800~4100m的地区，主要农作物包括春青稞、冬春小麦（以春小麦为主）、豌豆、油菜，实行一年一熟制；海拔4100~4300m的地区，主要种植春青稞、春小麦、豌豆、油菜，要求早熟品种，实行一年一熟制；海拔4300m以上的绝大部分地区是纯牧区[15]。

4.1 旱作物灌溉制度的推求

4.1.1 旱作物灌溉制度的推求方法

农作物的灌溉制度是指作物播种前及全生育期内的灌水次数、每次的灌水日期和灌水定额以及灌溉定额。灌水定额是指一次灌水单位灌溉面积上的灌水量，各次灌水定额之和，叫灌溉定额。灌水定额和灌溉定额常以 m^3/亩或 mm 表示，是灌区规划及管理的重要依据。

充分灌溉条件下的灌溉制度，是指灌溉供水能够充分满足作物各生育阶段的需水量要求而设计制定的灌溉制度。长期以来，人们都是按充分灌溉条件下的灌溉制度来规划、设计灌溉工程。当灌溉水源充足时，也是按照这种灌溉制度来进行灌水。因此，研究制定充分灌溉条件下的灌溉制度有重要意义。常采用以下三种方法来确定灌溉制度[16]。

（1）总结群众丰产灌水经验。多年来进行灌水的实践经验是制定灌溉制度的重要依据。灌溉制度调查应根据设计要求的干旱年份，调查这些年份的不同生育期的作物田间耗水强度（mm/d）及灌水次数、灌水时间间距、灌水定额及灌溉定额。根据调查资料，可以分析确定这些年份的灌溉制度。

（2）根据灌溉试验资料制定灌溉制度。许多灌区设置了灌溉试验站，试验项目一般包括作物需水量、灌溉制度、灌水技术等。试验站积累的试验资料，是制定灌溉制度的主要依据。但是，由于西藏地区影响作物耗水过程的因子的差异性显著，在选用试验资料时，必须注意原试验的条件，不能一概照搬。

（3）按水量平衡原理分析制定作物灌溉制度。根据农田水量平衡原理分析制定作物灌溉制度时，一定要参考群众丰产灌水经验和田间试验资料。将这三种方法结合起来，所制定的灌溉制度才比较完善。

4.1.2 水量平衡法推求旱作物灌溉制度

用水量平衡分析法制定旱作物的灌溉制度时，通常以作物主要根系吸水层作为灌水时的土壤计划湿润层，并要求该土层内的储水量能保持在作物所要求的范围内。

1. 水量平衡方程

对于旱作物，在整个生育期中任何一个时段 t，土壤计划湿润层（H）内储水量的变化可以用下列水量平衡方程表示（图 4.1.1）：

$$W_t - W_0 = W_r + P_0 + K + M - ET \tag{4.1.1}$$

式中：W_0、W_t 分别为时段初和任一时间 t 时的土壤计划湿润层内的储水量；W_r 为由于计划湿润层增加而增加的水量，如计划湿润层在时段内无变化则无此项；P_0 为进入土壤计划湿润层内的有效雨量；K 为时段 t 内的地下水补给量；M 为时段 t 内的灌溉水量；ET 为时段 t 内的作物田间需水量。以上各值可以用 mm 或 m³/亩计。

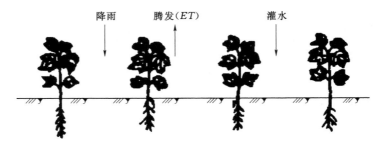

计划湿润层储水量变化

图 4.1.1 土壤计划湿润层水量平衡示意图

为了满足农作物正常生长的需要，任一时段内土壤计划湿润层内的储水量必须经常保持在一定的适宜范围以内，即通常要求不小于作物允许的最小储水量（$W_{\min}$）和不超过作物允许的最大储水量（$W_{\max}$）。自然条件下，由于各时段内需水量是一种经常的消耗，而降雨则是间断的补给。因此，当在某些时段内降雨很小或没有降雨量时，往往使土壤计划湿润层内的储水量很快降低到或接近于作物允许的最小储水量，此时需进行灌溉，补充土层中消耗掉的水量。

例如，某时段内没有降雨，则这一时段的水量平衡方程可写为

$$W_{\min} = W_0 - ET + K \tag{4.1.2}$$

式中：$W_{\min}$ 为土壤计划湿润层内允许最小储水量；其余符号意义同前。

土壤计划湿润层内储水量变化如图 4.1.2 所示，设时段初土壤允许水量为 W_0，则由式（4.1.2）可推算出开始进行灌水时的时间间距为

$$t = \frac{W_0 - W_{\min}}{e - k} \tag{4.1.3}$$

而这一时段末灌水定额 m 为

$$m = W_{max} - W_{min} = 667H(\theta_{max} - \theta_{min}) \tag{4.1.4}$$

$$m = W_{max} - W_{min} = 667\gamma H(\theta'_{max} - \theta'_{min}) \tag{4.1.5}$$

式中：m 为灌水定额，m³/亩；H 为该时段内土壤计划湿润层的深度，m；θ_{max}、θ_{min} 分别为该时段内允许的土壤最大含水率和最小含水率（体积含水率）；γ 为计划湿润层内土壤的干容重，g/cm³；θ'_{max}、θ'_{min} 分别为该时段内允许的土壤最大含水率和最小含水率（重量含水率）。

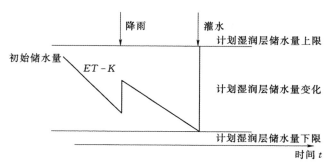

图 4.1.2　土壤计划湿润层内储水量变化

同理，可以求出其他时段在不同情况下的灌水时距与灌水定额，从而确定出作物全生育期内的灌溉制度。

2. 基本资料

拟定的灌溉制度是否正确，关键在于方程中各项数据如土壤计划湿润层深度、作物允许的土壤含水量变化范围以及有效降雨量等选用是否合理。

土壤计划湿润层深度 H。土壤计划湿润层深度系指在旱田进行灌溉时，计划调节控制土壤水分状况的土层深度。土壤计划湿润层深度随作物根系活动层深度、土壤性质、地下水埋深等因素而变。在作物生长初期，根系虽然很浅，但为了维持土壤微生物活动，并为以后根系生长创造条件，需要在一定土层深度内有适当的含水量，在西藏地区土层深度一般采用 30～40cm；随着作物的成长和根系的发育，需水量增多，计划湿润层也应逐渐增加，至生长末期，由于作物根系停止发育，需水量减少，计划层深度不宜继续加大。

土壤最适宜含水率及允许的最大、最小含水率。土壤最适宜含水率 $\theta_{适}$ 随作物种类、生育阶段的需水特点、施肥情况和土壤性质等因素而异，一般应通过试验或调查总结群众经验确定。

由于作物需水的持续性与农田灌溉或降雨的间歇性、土壤计划湿润层的含水率不可能经常保持某一最适宜含水率数值而不变。为了保证作物正常生长，土壤含水率应控制在允许最大和允许最小含水率之间变化。允许最大含水率 θ_{max} 一般以不致造成深层渗漏为原则，所以采用 $\theta_{max} = \theta_{田}$，$\theta_{田}$ 为土壤田间持水率。作物允许最小含水率 θ_{min} 应大于凋萎系数。具体数值可根据试验确定。表 4.1.1 为林芝、日喀则、索县和普兰 4 个地区土壤的基本情况与含水率指标。

降雨入渗量 P_0 指降雨量 P 减去地面径流损失 $P_{地}$ 后的水量，用以代表有效降雨量：

$$P_0 = P - P_{地} \tag{4.1.6}$$

表 4.1.1 土 壤 水 分 物 理 性 质

站点	土壤类型	田间持水量 /(cm³/cm³)	凋萎系数 /(cm³/cm³)	砂粒 /%	黏粒 /%
林芝	棕壤	0.31	0.12	31	12
日喀则	草甸土	0.27	0.10	27	10
索县	灌丛草原土	0.27	0.11	27	11
普兰	亚高山草甸土	0.31	0.13	31	13

降雨人渗量也可用降雨人渗系数来表示:

$$P_0 = \alpha P \tag{4.1.7}$$

式中:α 为降雨人渗系数,其值与一次降雨量、降雨强度、降雨延续时间、土壤性质、地面覆盖及地形等因素有关,一般认为一次降雨量小于 5mm 时,α 为 0;当一次降雨量在 5～50mm 时,α 约为 0.8～1.0;当次降雨量大于 50mm 时,$\alpha = 0.7～0.8$。

地下水补给量 K。地下水补给量系指地下水借土壤毛细管作用上升至作物根系吸水层而被作物利用的水量,其大小与地下水埋藏深度、土壤性质、作物种类、作物需水强度、计划湿润土层含水量等有关[17]。

由于计划湿润层增加而增加的水量 W_T 在作物生育期内计划湿润层是变化的,由于计划湿润层增加,可利用一部分深层土壤的原有储水量,W_T 可按下式计算:

$$W_T = 667(H_2 - H_1)\bar{\theta} \tag{4.1.8}$$

或

$$W_T = 667(H_2 - H_1)\frac{\gamma}{\gamma_水}\bar{\theta}' \quad (\text{m}^3/\text{亩}) \tag{4.1.9}$$

式中:H_1 为计划时段初计划湿润层深度,m;H_2 为计划时段末计划湿润层深度,m;$\bar{\theta}$ 为 $(H_2 - H_1)$ 深度的土层中的平均含水率,$\bar{\theta}'$ 同 $\bar{\theta}$,但以占干土重的百分数计;γ、$\gamma_水$ 分别为土壤干容重和水的容重,g/cm³。

当确定了以上各项设计依据后,即可分别计算旱作物的播前灌水定额和生育期的灌溉制度。

3. 旱作物播前的灌水定额 W_1 的确定

播前灌水的目的在于保证作物种子发芽和出苗所必需的土壤含水量或储水于土壤中以供作物生育后期之用。播前灌水往往只进行一次。一般可按下式计算:

$$W_1 = 667(\theta_{\max} - \theta_0)H \tag{4.1.10}$$

$$W_1 = 667(\theta'_{\max} - \theta'_0)\frac{\gamma}{\gamma_水}H \quad (\text{m}^3/\text{亩}) \tag{4.1.11}$$

式中:H 为土壤计划湿润层深度,m,应根据播前灌水要求决定;$\theta_{\max}$ 一般为田间持水率;θ_0 为播前 H 土层内的平均含水率;$\theta'_{\max}$、θ'_0 为重量含水率,含义同 $\theta_{\max}$、θ_0。

4. 基于水量平衡法推求作物灌溉制度

整个青稞生育期内,计划湿润层为 50cm(土壤层厚度为 50cm,整个作物生育期计划湿润层深度不变),由于地下水埋深较大,因此不考虑地下水补给量,根据 2015 年林芝市气象资料,逐日推求青稞灌溉制度过程见表 4.1.2。

表 4.1.2　　　　　　　　　　　　**青 稞 灌 溉 制 度 推 求**　　　　　　　　　　单位：mm

日期		耗水量 ET	降雨量	计划湿润层 储水量	灌水量
月	日				
(1)		(2)	(3)	(4)	(5)
					100（播前灌）
4	11	0	0	135.00	
	12	0	0	134.97	
	13	0	0	134.93	
	14	0.1	0.8	135.66	
	15	0.1	0	135.58	
	16	0.1	0	135.44	
	17	0.1	0	135.33	
	18	0.2	0	135.15	
	19	0.2	0.7	135.67	
	20	0.1	0	135.53	
	21	0.2	0	135.34	
	22	0.4	0	134.95	
	23	0.3	0	134.66	
	24	0.2	0.2	134.64	
	25	0.3	0	134.36	
	26	0.4	0.3	134.22	
	27	0.3	0	133.94	
	28	0.5	0	133.39	
	29	0.4	0	133.00	
	30	0.5	6.7	135.00	
5	1	0.4	0	134.58	
	2	0.5	0	134.05	
	3	0.6	0	133.44	
	4	0.6	0	132.85	
	5	0.4	0	132.40	
	6	0.7	0	131.71	
	7	0.7	0	130.98	
	8	0.5	0	130.44	
	9	0.7	0	129.75	
	10	0.9	0	128.86	
	11	1.0	0	127.87	
	12	0.7	7.7	135.00	

续表

日期		耗水量 ET	降雨量	计划湿润层 储水量	灌水量
月	日				
(1)		(2)	(3)	(4)	(5)
	13	0.7	0.4	134.67	
	14	1.0	0	133.63	
	15	1.1	0	132.54	
	16	1.0	0	131.56	
	17	1.3	0.4	130.71	
	18	0.7	0	129.99	
	19	1.1	0	128.85	
	20	1.8	0	127.07	
	21	1.1	0.7	126.66	
5	22	1.9	0	124.80	
	23	1.8	0	123.03	
	24	1.8	0	121.28	
	25	1.6	0	119.72	
	26	1.1	0.3	118.96	
	27	1.3	0	117.69	
	28	2.4	0.1	115.39	
	29	2.4	0	112.94	
	30	2.0	0	110.95	
	31	2.6	0	108.37	
	1	2.8	0	105.57	
	2	3.5	0	102.06	
	3	3.8	0	98.22	
	4	5.1	0	93.15	
	5	3.2	0	89.94	
	6	5.5	0	84.44	
6	7	4.3	0	80.11	
	8	5.9	0	74.21	
	9	4.6	2	71.63	
	10	5.9	0	65.72	
	11	4.9	5.7	66.50	
	12	3.7	28	90.76	
	13	6.4	0	84.32	

续表

日期		耗水量 ET	降雨量	计划湿润层 储水量	灌水量
月	日				
(1)		(2)	(3)	(4)	(5)
6	14	5.1	0.7	79.92	
	15	5.9	0	74.06	
	16	6.6	0	67.50	
	17	8.0	0	59.47	
	18	6.8	0	132.71	80
	19	9.3	5.6	128.98	
	20	6.0	2.5	125.44	
	21	6.8	10.4	129.07	
	22	9.5	0	119.60	
	23	8.0	0	111.63	
	24	8.3	0.6	103.93	
	25	6.4	3.4	100.92	
	26	6.5	0	94.42	
	27	5.4	0	89.04	
	28	8.8	1.6	81.86	
	29	8.3	0	73.53	
	30	10.9	0	62.61	
7	1	5.9	0	136.71	80
	2	8.8	0	127.91	
	3	11.5	0.4	116.79	
	4	8.6	4.1	112.24	
	5	9.7	0	102.58	
	6	5.8	0	96.82	
	7	8.5	0	88.29	
	8	6.8	33.4	114.90	
	9	5.6	14	120.74	
	10	6.7	0	114.03	
	11	6.2	0	107.87	
	12	11.2	3.2	99.83	
	13	10.6	0	89.26	

日期		耗水量 ET	降雨量	计划湿润层 储水量	灌水量
月	日				
(1)		(2)	(3)	(4)	(5)
7	14	5.3	7.5	91.43	
	15	6.7	0	84.70	
	16	10.2	0	74.54	
	17	8.0	0	66.57	
	18	5.8	0	60.75	
	19	9.0	0	131.76	80
	20	10.1	0.9	122.52	
	21	6.1	0	116.44	
	22	7.1	0	109.39	
	23	7.8	0	101.61	
	24	11.0	0	90.65	
	25	8.9	0	81.73	
	26	12.0	0	69.71	
	27	9.8	0	59.92	
	28	7.5	0	52.43	
	29	7.8	0	124.64	80
	30	9.4	0	115.28	
	31	8.4	0.3	107.14	
8	1	7.7	0.4	99.80	
	2	5.8	1.7	95.71	
	3	5.3	0	90.46	
	4	5.8	0	84.63	
	5	4.6	39.2	119.20	
	6	4.5	7.4	122.10	
	7	5.3	10.9	127.71	
	8	6.9	0	120.80	
	9	5.4	0	115.37	
	10	5.8	0	109.56	
	11	4.4	1.4	106.61	
	12	4.2	0	102.38	
	13	3.9	0	98.45	
	14	3.2	2.7	97.90	

日期		耗水量 *ET*	降雨量	计划湿润层储水量	灌水量
月	日				
(1)		(2)	(3)	(4)	(5)
8	15	4.5	1.9	95.33	
	16	4.9	4.6	95.07	
	17	3.6	4.5	96.02	
	18	3.3	7	99.70	
	19	3.8	24.8	120.68	
	20	3.4	0	117.32	
	21	2.9	0	114.38	
	22	3.3	7.3	118.34	
	23	2.3	9.2	125.19	
	24	2.4	1.5	124.29	
	25	3.1	0	121.20	

基于水量均衡法推求作物灌溉制度的步骤如下：

根据计划湿润层深度 H 和作物所要求的计划湿润层内土壤含水率的上限 θ_{max} 和下限 θ_{min}，求出 H 土层内允许储水量上限 W_{max} 及下限 W_{min}，$W_{max} = H\theta_{max}$，$W_{min} = H\theta_{min}$，本例中计划湿润层储水量的下限和上限分别为 50mm 和 135mm。

根据气象资料，计算参照作物需水量 ET_0，确定作物系数后，计算作物实际需水量 ET，根据设计年雨量，求出渗入土壤的降雨量 P_0，根据水量平衡方程，计算计划湿润层土壤储水量 W 的变化，当 W 曲线接近于 W_{min} 时，即进行灌水。灌水时期除考虑水量盈亏的因素外，还应考虑作物各发育阶段的生理要求，与灌水相关的农业技术措施以及灌水和耕作的劳动组织等。灌水定额的大小要适当，不应使灌水后土壤储水量超过 W_{max}，也不宜给灌水技术的实施造成困难。逐日进行水量平衡过程计算，即可得到全生育期的各次灌水定额、灌水时间和灌水次数。

生育期灌溉定额 $M_2 = \sum m$，m 为各次灌水定额。

把播前灌水定额加上生育期灌溉定额，即得旱作物的总灌溉定额 M，即

$$M = W_1 + M_2 \tag{4.1.12}$$

按水量平衡方法估算灌溉制度，如果作物耗水量和降雨量资料比较精确，其计算结果比较接近实际情况。对于比较大的灌区，由于自然地理条件差别较大，应分区制定灌溉制度，并与前面调查和试验结果相互核对，以求比较切合实际。

西藏高原的灌区农作物种植结构比较单一，一般以青稞、小麦、油菜为主，西藏目前正在运行的规模较大灌区（日喀则的满拉灌区、山南的江北灌区和拉萨市的墨达灌区）的初步研究表明，在耕地设计灌溉保证率 75% 的情况下，青稞灌水 4~5 次/年，灌溉定额为 220~250m³/亩；春小麦灌水 3~5 次/年，灌溉定额为 250~290m³/亩；冬小麦灌水

6～7 次/年，灌溉定额为 $270 \sim 310 \text{m}^3$/亩；油菜灌水 4～5 次/年，灌溉定额为 $225 \sim 275 \text{m}^3$/亩。

应当指出，这里所讲的灌溉制度是指某一具体年份一种作物的灌溉制度，如果需要求出多年的灌溉用水系列，还须求出每年各种作物的灌溉制度。

必须强调指出，在本节中所讨论的作物需水量是指根据充分供水条件下的作物腾发量所确定的。如果在非充分供水条件下，则作物的需水量的推求需要考虑土壤含水率亏缺的影响。

4.2　灌区农业用水量

灌溉用水量是指灌溉土地需从水源取用的水量而言，根据灌溉面积、作物种植情况、土壤、水文地质和气象条件等因素而定。灌溉用水量的大小直接影响着灌溉工程的规模。

4.2.1　灌溉用水量

1. 设计典型年的选择

从上述灌溉制度的分析中可知，农作物需要消耗的水量主要来自灌溉、降雨和地下水补给。对一个灌区来说，地下水补给量是比较稳定的，而降雨量在年际之间变化很大。因此，各年的灌溉用水量就有很大的差异。在规划设计灌溉工程时，首先要确定一个特定的水文年份，作为规划设计的依据。通常把这个特定的水文年份称为"设计典型年"。根据设计典型年的气象资料计算出来的灌溉制度被称为"设计典型年的灌溉制度"，简称为"设计灌溉制度"，相应的灌溉用水量称为"设计灌溉用水量"。根据历年降雨量资料，可以用频率方法进行统计分析，确定几种不同干旱程度的典型年份，如中等年（降雨量频率为 50%）、中等干旱年（降雨量频率为 75%）以及干旱年（降雨量频率为 85%～90%）等，以这些典型年的降雨量资料作为计算设计灌溉制度和灌溉用水量的依据。

2. 典型年灌溉用水量及用水过程线

对于任何一种作物的某一次灌水，需供水到田间的灌水量（净灌溉用水量）$W_{净}$ 可用下式求得

$$W_{净} = mA \tag{4.2.1}$$

式中：m 为该作物某次灌水的灌水定额，m^3/亩；A 为该作物的灌溉面积，亩。

对于任何一种作物，在典型年内的灌溉面积、灌溉制度确定后，并可用式（4.2.1）推算出各次灌水的净灌溉用水量。由于灌溉制度本身已确定了各次灌水的时期，因此在计算各种作物每次灌水的净灌溉用水量的同时，也就确定了某年内各种作物的灌溉用水量过程线。全灌区任何一个时段内的净灌溉用水量是该时段内各种作物净灌溉用水量之和，按此可求得典型年全灌区净灌溉用水量过程。

灌溉水由水源经各级渠道输送到田间，有部分水量损失掉了（主要是渠道渗漏损失）。故要求水源供给的灌溉水量（称毛灌溉用水量）为净灌溉用水量与损失水量之和，这样才能满足田间得到净灌溉水量之要求。通常用净灌溉用水量 $W_{净}$ 与毛灌溉用水量 $W_{毛}$ 之比值 $\eta_水$ 作为衡量灌溉水量损失情况的指标 $\eta_水 = \dfrac{W_{净}}{W_{毛}}$，称灌溉水利用系数。已知净灌溉用水

量 $W_净$ 后，可用 $W_毛 = \dfrac{W_净}{\eta_水}$，求得毛灌溉用水量。

$\eta_水$ 的大小与各级渠道的长度、流量、沿渠土壤、水文地质条件、渠道工程状况和灌溉管理水平等有关。我国农业水资源利用效率不高，全国平均渠系利用系数为 0.4～0.6，灌区田间水利用系数为 0.7～0.8，灌溉水利用系数为 0.3～0.5 左右。而西藏地区的农业水资源利用率则更低，渠系水利用系数只有 0.3～0.5，灌区田间水利用系数为 0.4～0.6，灌溉水利用系数为 0.2～0.4 左右。

某年灌溉用水量过程线还可用综合灌水定额 $m_综$ 求得，任何时段内全灌区的综合灌水定额，是该时段内各种作物灌水定额的面积加权平均值，即

$$m_{综,净} = a_1 m_1 + a_2 m_2 + a_3 m_3 + \cdots \qquad (4.2.2)$$

式中：$m_{综,净}$ 为某时段内综合净灌水定额，$\mathrm{m^3/亩}$；m_1、m_2、m_3、$\cdots$ 分别为第 1 种、第 2 种、$\cdots$作物在该时段内灌水定额，$\mathrm{m^3/亩}$；a_1、a_2、a_3、$\cdots$ 分别为各种作物灌溉面积占全灌区的灌溉面积的比值。

全灌区某时段内的净灌溉用水量 $W_净$，为

$$W_净 = m_{综,净} A \quad (\mathrm{m^3}) \qquad (4.2.3)$$

式中：A 为全灌区的灌溉面积，亩。

计入水量损失，则综合毛灌水定额

$$m_{综,毛} = \dfrac{m_{综,净}}{\eta_水} \quad (\mathrm{m^3/亩}) \qquad (4.2.4)$$

全灌区任何时段毛灌溉用水量为

$$W_毛 = m_{综,毛} A \quad (\mathrm{m^3}) \qquad (4.2.5)$$

以林芝市米林县才巴灌区为例，灌区建成后总灌溉面积为 6530 亩，其中耕地面积 1130 亩，经济林地 4880 亩，林草地 520 亩。主要粮食作物有冬小麦、青稞等，主要经济作物有油菜、核桃等。根据米林县国民经济的发展战略，灌区作物、林草种植面积及比例见表 4.2.1，灌区农作物及林草地灌溉制度见表 4.2.2。

表 4.2.1 才巴灌区作物、林草种植面积及比例

项　目	种植面积/亩	种植比例/%	项　目	种植面积/亩	种植比例/%
青稞	395.5	6	林草地	520	8
小麦	452	7	经济林	4880	75
油菜	282.5	4	合计	6530	100

表 4.2.2 才巴灌区农作物及林草地灌溉制度表 单位：$\mathrm{m^3/亩}$

时　间		冬小麦	青稞	油菜	经济林	林草地
2月	上旬					
	中旬	45	45			
	下旬					35

续表

时　间		冬小麦	青稞	油菜	经济林	林草地
3 月	上旬			50	45	
	中旬	50				
	下旬		45			30
4 月	上旬			50	45	
	中旬		50			
	下旬	55				
5 月	上旬		45			35
	中旬			50	50	
	下旬	45	45			
10 月	上旬	50				
	中旬					
	下旬					
11 月	上旬	50				
	中旬					
	下旬					
合计		295	230	150	150	100

灌区渠道为干渠和支渠两级渠道，渠道水利用系数为干渠：$\eta_干 = 0.75$，支渠 $\eta_支 = 0.9$。则渠系水利用系数：$\eta_渠系 = \eta_干 \eta_支 = 0.75 \times 0.9 = 0.675$，田间水利用系数 $\eta_田$ 为 0.9，则灌溉水利用系数：$\eta_水 = \eta_渠系 \times \eta_田 = 0.675 \times 0.9 = 0.60$。灌区毛灌溉用水量见表 4.2.3。

表 4.2.3　　　　　　　　　　灌区毛灌溉用水量

作物名称	灌溉面积/亩	项　目	2 月	3 月	4 月	5 月	10 月	11 月	合计
冬小麦	452	灌溉定额/(m³/亩)	45	50	55	45	50	50	295
		毛需水量/万 m³	3.39	3.77	4.14	3.39	3.77	3.77	22.22
青稞	395.5	灌溉定额/(m³/亩)	45	45	50	90			230
		毛需水量/万 m³	2.97	2.97	3.30	5.93			15.16
油菜	282.5	灌溉定额/(m³/亩)		50	50	50			150
		毛需水量/万 m³		2.35	2.35	2.35			7.06
经济林	4880	灌溉定额/(m³/亩)	50	50	50				150
		毛需水量/万 m³	40.67	40.67	40.67				122.00
林草地	520	灌溉定额/(m³/亩)	35	30		35			100
		毛需水量/万 m³	3.03	2.60		3.03			8.67
合计	6530	毛需水量/万 m³	50.06	52.35	50.46	14.71	3.77	3.77	175.11

3. 长系列多年灌溉用水量的确定和灌溉用水频率曲线

长系列灌溉制度推求已成功运用于西藏大型水利枢纽及配套灌区工程的设计中，随着水利水电工程设计新规范的不断出现及设计要求的逐步提高，该方法将越来越广泛地应用于大中型水利工程的规划设计当中。运用该方法优点主要表现在：相比典型年法，长系列灌溉制度推求计算出的灌区需水量精度更高，更能合理地反映灌区的缺水过程，更能科学地确定灌区的设计灌水率、设计引用流量、输水建筑物尺寸、调蓄水库规模等重要参数，从而更经济地确定工程的投资，可为水库及电站更科学合理地运行调度、持续稳定地发挥效益提供支撑。

在利用长系列灌溉制度推求法确定大中型灌区的灌溉制度时，应着重注意：要充分收集区域土壤水分特性指标、长系列降雨量、作物需水量等基础资料；根据区域气候生态田间条件，合理地确定凋萎系数、作物关键生育期适宜水分下限指标等重要参数。

以拉洛灌区为例，说明长系列多年灌溉用水量确定和灌溉用水频率曲线的方法。西藏拉洛水利枢纽及配套灌区工程位于西藏自治区日喀则市西部、雅鲁藏布江以南，萨迦县及桑珠孜区境内，拉洛灌区包括萨迦县的申格孜、扯休、桑珠孜区的曲美、聂日雄等四大配套灌区。灌区设计灌溉面积 3.026 万 hm^2，其中耕地 1.418 万 hm^2、人工饲草料地 0.222 万 hm^2，抗灾饲草料地 0.8787 万 hm^2，林地 0.5073 万 hm^2。总干渠设计流量为 19.4 m^3/s。灌区种植青稞、春小麦、冬小麦等 3 种作物，3 种作物需水量分别见表 4.2.4～表 4.2.6。

表 4.2.4　　　　　　　　　　　　拉洛灌区青稞需水量表

生育期	生育阶段	ET /(mm/d)	需水量 /[$m^3/(hm^2 \cdot$ 旬)]
4 月 21 日—8 月 31 日	苗期	4.2	420.21
	分蘖	5.45	545.27
	拔节	1.9	190.09
	孕穗	3.6	360.18
	抽穗	3.8	380.19
合计 133d			5687.82m^3/hm^2

表 4.2.5　　　　　　　　　　　　拉洛灌区春小麦需水量表

生育期	生育阶段	ET /(mm/d)	需水量 /[$m^3/(hm^2 \cdot$ 旬)]
4 月 11 日—8 月 31 日	播种—出苗	0.98	98.05
	出苗—拔节	2.68	268.13
	拔节—抽穗	5.01	501.25
	抽穗—成熟	3.46	346.17
合计 143d			3640.8m^3/hm^2

人工草地在生育期内需水量为 4500m^3/hm^2。采用水量平衡法，根据青稞、冬小麦、春小麦、人工草地 4 种作物灌溉制度，对在整个生育期中任何一个时段土壤计划湿润层内储水量的变化进行平衡计算，计算灌水定额。1956—2010 年共 55 年青稞、春小麦、冬小麦、人工草地的灌溉制度进行推求结果见表 4.2.7。

表 4.2.6 拉洛灌区冬小麦需水量表

生育期	生育阶段	ET /(mm/d)	需水量 /[m³/(hm²·旬)]
9月21日—8月31日	播种—越冬	0.32	32.01
	越冬—返青	0.21	21.01
	返青—拔节	1.45	145.07
	拔节—抽穗	4.06	406.20
	抽穗—成熟	3.57	357.18
合计 345d			2884.44m³/hm²

表 4.2.7 拉洛灌区长系列灌溉制度推算表

序号	年份	降水量 /mm	有效降水量 /mm	灌溉定额/m³			
				青稞	春小麦	冬小麦	人工草地
1	1956	220.9	64.0	280	290	320	310
2	1957	105.6	47.9	300	300	330	330
3	1958	211.4	81.5	270	280	310	290
4	1959	304.9	88.8	260	270	305	290
5	1960	469.4	89.6	260	270	300	290
6	1961	356.9	93.3	250	270	300	280
7	1962	622.8	107.1	240	250	280	270
8	1963	385.7	100.9	240	260	290	280
9	1964	301.4	82.6	260	270	310	290
10	1965	134.0	34.9	305	325	360	340
11	1966	367.9	134.9	215	230	260	240
12	1967	156.2	76.7	260	280	310	300
13	1968	353.4	80.2	270	280	310	290
14	1969	235.2	60.2	290	290	330	310
15	1970	354.4	133.8	220	230	260	240
16	1971	333.9	75.7	270	280	310	300
17	1972	205.1	59.4	290	290	320	320
18	1973	288.8	79.2	270	280	310	295
19	1974	338.9	128.0	225	240	270	240
20	1975	253.0	68.0	280	290	310	310
21	1976	210.5	72.7	280	280	320	300
22	1977	465.2	88.8	260	270	290	290
23	1978	410.6	107.4	235	250	280	270
24	1979	272.5	74.7	270	280	310	300
25	1980	347.0	96.8	250	260	300	280

续表

序号	年份	降水量/mm	有效降水量/mm	灌溉定额/m³			
				青稞	春小麦	冬小麦	人工草地
26	1981	225.4	67.3	280	290	320	310
27	1982	106.6	48.4	300	310	330	330
28	1983	94.2	22.5	330	335	370	350
29	1984	366.6	94.5	250	265	300	280
30	1985	324.6	84.9	270	270	300	290
31	1986	252.4	67.9	280	290	310	310
32	1987	301.6	82.7	270	265	300	290
33	1988	439.8	93.9	245	270	290	280
34	1989	232.4	67.3	280	290	320	310
35	1990	406.3	130.4	215	230	260	240
36	1991	406.3	130.4	215	230	260	240
37	1992	237.4	71.5	280	280	310	310
38	1993	239.9	109.6	240	240	270	270
39	1994	154.7	76.0	270	280	310	310
40	1995	178.7	59.3	290	300	320	320
41	1996	392.9	119.3	230	230	260	260
42	1997	302.8	83.0	260	270	300	290
43	1998	445.8	104.2	240	250	260	270
44	1999	466.9	89.2	250	270	300	290
45	2000	596.5	151.9	200	210	240	225
46	2001	382.5	123.0	225	230	270	260
47	2002	327.5	85.1	250	265	300	290
48	2003	316.1	92.0	250	270	300	290.0
49	2004	562.9	118.4	230	230	260	240.0
50	2005	279.3	99.4	250	260	300	290.0
51	2006	321.9	132.6	210	230	270	260.0
52	2007	436.4	96.0	240	260	300	270.0
53	2008	442.4	131.4	220	220	260	240.0
54	2009	259.3	76.1	250	280	310	290.0
55	2010	381.5	92.5	240	270	300	290.0

通过对各种作物灌溉制度的排频，选择与灌溉设计保证率（青稞、春小麦、冬小麦等农作物灌溉保证率为 $P=75\%$，人工草地灌溉保证率为 $P=50\%$）相近年份的灌溉制度作为设计灌溉制度。青稞、春小麦、冬小麦等农作物灌溉保证率为 75% 的设计代表年为 1975 年，人工草地灌溉保证率为 50% 的设计代表年为 1985 年。以青稞为例，生育期灌溉制度推算见表 4.2.8。

表 4.2.8

设计典型年青稞灌溉制度推算表

生育期	出苗期	幼苗期		分蘖期		拔节期		孕穗期		抽穗期		成熟期		播前水
月	4月	5月	5月	5月	6月	6月	6月	7月	7月	7月	8月	8月	8月	
旬	下	上	中	下	上	中	下	上	中	下	上	中	下	
计划湿润层深度/cm	30	30	30	40	40	40	40	50	50	50	50	60	60	
计划湿润上限储水量/(m³/hm²)	1170	1171	1171	1561	1561	1561	1561	1951	1951	1951	1951	2341	2341	
计划湿润下限储水量/(m³/hm²)	375	375	375	499	499	499	499	624	624	624	624	749	749	
时段初计划湿润层含水量/(m³/hm²)	796	976	556	885	661	1016	881	874	961	1393	1094	1358	1470	
田间需水量 ET/(m³/hm²)	420	420	420	545	545	190	190	360	360	380	380	380	380	
有效降水量/mm	0	0	0	56	0	56	183	183	192	82	43	227	0	
计划层加深水量/(m³/hm²)	0	0	0	265		0	0	265	0	0	0	265	0	
地下水补给量														
时段来水合计/(m³/hm²)	0	0	0	321	0	56	183	448	192	82	43	493	0	
来需水量平衡差/(m³/hm²)	−420	−420	−420	−224	−545	−135	−8	88	−168	−299	−337	113	−380	
灌水定额/(m³/hm²)	600	0	750	0	900	0	0	0	600	0	600	0	0	750
时段末计划层蓄水量/(m³/hm²)	976	556	885	661	1016	881	874	961	1393	1094	1358	1470	1090	
灌水日期	4月下旬		5月中旬		6月上旬				7月中旬		8月上旬			4月上旬

有了多年的灌溉用水量系列，与年径流频率曲线一样，也可以应用数理统计原理求得年灌溉用水量的理论频率曲线。灌溉用水量频率曲线也可采用 P-Ⅲ 曲线，经其统计参数亦有一定的规律性，一般 C_v 为 0.15～0.45，C_s 为 C_v 的 1～3 倍。

灌溉用水量频率曲线可用于推求代表年灌溉用水量；在采用数理统计法进行多年调节计算时，可用其与来水频率曲线进行组合去推求多年调节兴利库容或用于其他水文水利计算问题。

4.2.2 乡镇供水量

乡镇供水主要包括农村人畜用水、乡镇企业和工业用水等。根据统计，农业灌溉用水是农村用水中的大户，约占总用水量的 93%，其余 7% 左右为农村人畜用水、乡镇企业和工业用水等。随着国民经济的全面发展，人民生活水平普遍提高，特别是改革开放以来，乡镇企业蓬勃发展，建设乡镇供水已成为广大农村生产生活的迫切需要，也是实现国民经济发展第二步战略目标，农村走上小康的必要条件。在灌区内开展乡镇供水也是水利部门开展全方位服务的主要内容之一，不仅促进了国民经济的发展和人民生活水平的提高，而且也为水利部门自身增加了经济效益。

为此，在新建灌区设计渠道和建筑物时，必须考虑乡镇供水的问题，加大渠道的供水能力。对于已建灌区，一般来说，过去都没有考虑乡镇供水问题，或者是考虑很不够，灌区渠道都是按灌溉用水量要求设计。为了满足乡镇供水的要求，通常采用两种方式：一是在工程许可条件下，扩大渠道的供水能力；二是压缩农业用水的比例，增加乡镇供水量。如有的灌区是开展农业节水灌溉，或是调整作物种植结构，即减少需水量大的作物种植面积，改种需水量少的作物等。

居民生活用水包括城镇居民生活用水、农村居民生活用水。其中，城区是指市辖区和不设区的市、区、市政府驻地的实际建设连接到的居民委员会和其他区域。镇区是指城区以外的县人民政府驻地和其他镇政府驻地的实际建设连接到的居民委员会和其他区域。与政府驻地的实际建设不连接，且常住人口在 3000 人以上的独立的工矿区、开发区、科研单位、大专院校等特殊区域及农村、林场的场部驻地视为镇区。村是指城镇以外的区域。居民生活用水主要是指居民日常生活用水，包括引用、洗涤等方面用水，城镇居民生活用水未包括公共用水部门（含服务业、餐饮业、货运、邮电业及建筑业等用水），农村居民生活用水中还包括牲畜用水在内。随着西藏地区社会经济水平的发展，供水措施不断完善，供水方式由原来分散的河道及钻井取水逐渐过渡到集中供水方式。目前城镇居民用水基本实现了城镇自来水管网供给，区内大部分农村已建立、完善了人畜引水工程，生活用水基本得到保障。生活用水计量主要考虑人口和用水指标两个方面。其中，人口数量以《西藏统计年鉴》发布的数据为准，用水指标以水利普查结果计。

据《西藏统计年鉴》统计的西藏历年人口数量见表 4.2.9。从 2000—2011 年人口总趋势是增加的，城镇人口增加最快，增长率为 37.16%，与 2000 年相比净增 18.66 万人，其中还未包括流动人口，随着近年来西藏旅游业的进一步发展，城镇人口增长远不止此数。农村人口增长了 24.81 万人，增长率为 11.84%，牲畜为负增长，2011 年比 2000 减少了 80.79 万只，减少率为 3.57%，主要是保护草原生态，实现草畜牧平衡。

表 4.2.9 西藏居民常住人口数量及牲畜统计

年份	总人口 /万人	城镇 /万人	农村 /万人	人口自然增长率 /‰	牲畜 /万头
2000	259.83	50.22	209.61	12.9	2266
2001	262.95	51.54	211.41	12.1	2360
2002	266.88	53.85	214.04	12.7	2439
2003	270.17	53.49	216.68	11.1	2451
2004	273.68	54.24	219.44	11.2	2509
2005	277.00	54.93	222.07	10.8	2415
2006	281.00	55.72	225.28	11.7	2438
2007	284.15	60.52	223.63	11.3	2407
2008	287.08	64.90	222.18	10.3	2405
2009	290.03	69.03	221.00	10.2	2324
2010	300.22	68.06	232.16	9.96	2321
2011	303.33	68.88	234.42	10.26	2185.21

注 表中未统计流动人口数量。

据水利普查结果，全区城镇居民生活用水量指标（含公共用水）为 276.5L/(d·人)，不含公共用水指标为 150.2L/(d·人)，农村居民生活用水量指标为 42.4L/(d·人)。各行政区居民生活用水人均用水量指标（不含公共用水）及地区分布见图 4.2.1。因受人口密度、经济结构、作物组成、节水水平、气候因素和水资源条件等多种因素的影响，各行政区的用水指标值差别较大。其中拉萨、昌都、林芝城镇居民生活用水量人均用水指标（不含公共用水）明显高于其他地区，以拉萨市居首，达到 166.4L/(d·人)，山南、日喀则、那曲地区受气候因素影响，用水指标较低且基本接近，阿里地区为 43L/(d·人)，处于全区最低水平。

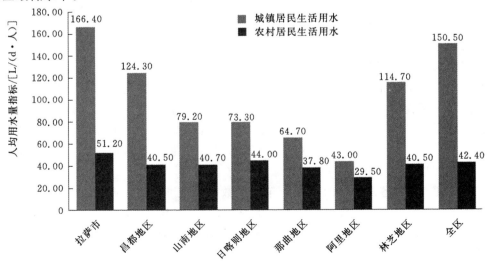

图 4.2.1 西藏居民生活用水指标地区分布

农村居民生活用水指标拉萨市最大，达到 51.2L/（d·人），阿里地区最低，仅 29.5L/（d·人）。

水利行业标准 SL 367—2006《城市综合用水量标准》对西藏区域内城市用水量规定为 65～110m³/（a·人），折合为日均用水量为 178～301L/（d·人）。另外，《2011 年水资源公报》公布的全国城镇人均生活用水量（含公共用水）为 198L/（d·人），农村居民人均生活用水量为 82L/（d·人）。对比普查分析结果可以看出，因受气候因素、水资源条件等因素影响，农村居民用水量远远低于全国平均水平，但各地市城市居民用水指标接近城市综合用水量标准上限，且高于全国平均水平，故应积极探寻城镇居民生活节水措施，提高水资源利用效率。由水利普查结果，2011 年西藏城镇居民生活用水量及农村居民生活用水量按行政分区见表 4.2.10，按水资源分区见表 4.2.11。居民生活用水主要集中在人口集中、经济发达的拉萨市和雅鲁藏布江中游地区。

表 4.2.10　　　　　**2011 年西藏城镇居民生活用水量（按行政区划）**　　　单位：万 m³

行政区	城镇居民生活毛用水量	农村居民生活毛用水量	小计
拉萨市	2383.16	547.70	2930.86
昌都地区	404.90	901.34	1306.24
山南地区	143.63	430.11	573.74
日喀则地区	407.32	913.70	1321.02
那曲地区	82.78	542.73	625.51
阿里地区	33.38	82.60	115.98
林芝地区	260.73	192.32	453.05
合计	3715.90	3610.50	7326.40

表 4.2.11　　　　　**2011 年西藏城镇居民生活毛用水量（按水资源分区）**　　　单位：万 m³

水资源二级分区	水资源三级分区	城镇居民生活毛用水量	农村居民生活毛用水量	小计
金沙江石鼓以上	通天河	0	0	0
	直门达至石鼓	33.67	219.54	253.21
澜沧江	沘江口以上	307.42	356.55	663.97
怒江及伊洛瓦底江	怒江勐古以上	86.12	564.73	650.85
	伊洛瓦底江	0	0	0
雅鲁藏布江	拉孜以上	31.60	110.21	141.81
	拉孜至派乡	3023.50	1559.51	4583.01
	派乡以下	56.52	63.22	119.74
藏南诸河	藏南诸河	91.43	321.23	412.66
藏西诸河	奇普恰普河	0	0.42	0.42
	藏西诸河	15.45	22.45	37.90
塔里木河源流	和田河	0	0.01	0.01
昆仑山北麓小河	克里亚河诸小河	0	0.17	0.17
羌塘高原内陆区	羌塘高原区	70.19	392.46	462.65
合　计		3715.90	3610.50	7326.40

4.2.3 农业用水

农业用水包括农业灌溉用水和规模化畜禽养殖用水。20 世纪 80 年代以后，西藏农牧业机械化、电气化、化学化、水利化、良种化及精耕细作水平逐渐提高，给西藏传统农牧业注入了现代化活力。目前，西藏农牧业总产值约占工农业总产值的 80％以上，农牧业是西藏国民经济的基础和支柱产业。水利是农牧业的命脉，农牧业的发展离不开灌区水利的发展，农牧业作为西藏主要支柱产业是主要生产用水对象。多年来，西藏以农田水利基础设施建设为重点，加快灌区改造和扩建，大力兴建骨干水利工程，提高水利工程运营效率和效益，使有效灌溉面积得到大幅度增长。

根据《西藏统计年鉴》，2000 年末全区实有耕地面积 $230.83 \times 10^3 hm^2$（346.25 万亩），有效灌溉面积 $157.03 \times 10^3 hm^2$（235.55 万亩），至 2011 年年末全区实有耕地面积达到 $231.57 \times 10^3 hm^2$（347.36 万亩），有效灌溉面积达到 $169.03 \times 10^3 hm^2$（253.55 万亩），比 2000 年增加 $0.74 \times 10^3 hm^2$（1.11 万亩），有效灌溉面积增加 $12 \times 10^3 hm^2$（18 万亩），有效灌溉面积比例由 68.02％提高到 72.99％，提高了 4.97％，草场灌溉面积达到 $426.92 \times 10^3 hm^2$（640.38 万亩），主要农作物播种面积 $241.43 \times 10^3 hm^2$（362.14 万亩），主要农作物有小麦、青稞、豆类、薯类、油料、蔬菜、青饲料等作物，其中青稞播种面积占 49％，小麦播种面积占 15.57％，油料播种面积占 9.95％，蔬菜占 9.28％，青饲料占 9.88％。区内有效灌溉面积和草场灌溉面积变化如图 4.2.2 所示。

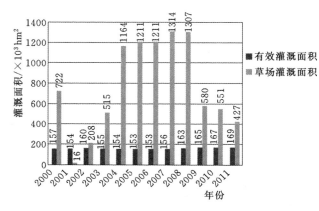

图 4.2.2 区内有效灌溉面积和草场灌溉面积变化

如果按流域来分，全区耕地面积分布大致为：雅鲁藏布江流域约占 59％，东部金沙江、澜沧江、怒江流域约占 26％，朋曲流域约占 7％，其他河流和湖滨地区约占 8％。

从水分条件及需要灌溉的迫切程度来看，西藏由东向西可分为以下 4 个区。

(1) 湿润区，湿润区的界限基本上与热带-亚热带相同，因而这个地区是藏东南热带-亚热带湿润区，降水量大于 1000mm，无旱象，农作物产量较稳定，旱作不需要灌溉。但是，由于该区种植有水稻，耗水量大，因而也需要补充灌溉。

(2) 半湿润区，半湿润区在湿润区的北面。其东界为金沙江，西界在索县-嘉黎-林芝-朗县-隆子一线的西面，大致为 550～1000mm 降水等值线所包括的范围。该区西北为高原亚寒带半湿润区，南为高原温带半湿润区。农区种植旱作小麦、青稞。降水已感不足，产量不太稳定，也需要补充灌溉。由于西藏水热条件有明显的垂直差异，在高原温带半湿润区东部的三江峡谷，则十分需要进行灌溉。

(3) 半干旱区，半干旱区东与半湿润区相接，其西界在普兰-改则-尼玛一线之东，大致为 200～550mm 降水等值线所包括的范围。该区北为高原寒带半干旱区和高原亚寒带半干旱区，南为广阔的高原温带半干旱区。在高原温带半干旱区的东部，农区比较集中。农区种植小麦、青稞，降水很感不足，产量很不稳定，十分需要进行灌溉，灌溉对农作物有显著增产效果。

（4）干旱区，干旱区在半干旱区之西，大致从200mm降水等值线向西、北方向延伸至西藏边界。该区从东北向西南分别为高原寒带干旱区和高原温带干旱区。

前两者为牧区，后者有少量农田分布。在农区种植小麦、青稞，降水量已不足。灌溉对农作物的生长起着决定性的作用。

由此，西藏农田可分为3个灌溉区：湿润、半湿润补充灌溉区，半干旱需要灌溉区以及干旱必需灌溉区。西藏大约有370余万亩农田集中分布在高原温带。而在高原温带的农田中，只有极少数（约6万多亩）是分布在高原温带干旱区，小部分（约120万亩）是分布在高原温带半湿润区，而大部分（约250万亩）是分布在高原温带半干旱区。高原温带半湿润区的农田仅为半干旱区的一半，而且带有补充灌溉性质。因此，发展高原温带半干旱区和半湿润的农田灌溉就显得更重要。据《西藏统计年鉴》统计数据，截至2011年年末，各地市灌溉面积见表4.2.12。

表4.2.12   西藏各地市2011年年末灌溉面积

行政区	农作物播种面积 /×10³hm²	耕地面积 /×10³hm²	有效灌溉面积占播种面积比重/%	有效灌溉面积 /×10³hm²	有效灌溉面积占耕地面积比重/%	草场灌溉面积 /×10³hm²
拉萨市	37.93	35.11	86.13	32.67	93.05	17.49
昌都地区	53.44	48.62	37.87	20.24	41.63	3.64
山南地区	31.02	30.64	89.13	27.64	90.74	133.28
日喀则地区	85.85	89.94	83.45	71.64	79.65	260.02
那曲地区	4.44	5.01	4.95	0.22	4.39	0.63
阿里地区	6.50	2.77	20.15	1.31	47.12	8.24
林芝地区	22.25	19.66	19.66	15.30	77.87	3.62
合计	241.43	231.75	—	169.02	—	426.92

从河谷的形态来看，西藏农田多集中分布在宽谷型河滩和各级阶段地上。各级阶地据水面的高差不等，低阶地一般距水面3～5m或5～10m，而高阶地可达30～50m或更高。从干流引水灌溉，往往只能灌溉高程较低的一部分农田，对高程较高而干流引水不能灌溉的部分农田，在其支流水源有保证的时候，则可考虑从支流自流引水解决。但是在大多数情况下，支流水源是没有保障的。因此，在干流自流水渠道的基础上，还必须用提水的办法来解决。发展自流引水灌溉就需要修建抬高水位的堰坝和引水渠道，而且，渠道往往是环山绕行，这就存在工程施工艰难的问题，而且有的地方，农田很少且分散。因此，鉴于需修建较长的引水渠道来代替自流引水灌溉，即利用就近的水源，分散建站提水，分散解决零星分布的农田灌溉问题。不仅如此，提水还可以同引水、蓄水结合起来，即直接从引水渠道比较集中的渠道工程上或水库提水来灌溉自流引水渠道控制不到的农田。当然，在

灌溉比较集中，修建渠道的工程地质条件不复杂和工程量不艰巨的地方，还是要先考虑发展自流引水灌溉。

2011年西藏农业用水指标分布见表4.2.13。

表 4.2.13　　　　　　　　2011 年西藏农业用水指标（按行政区划）

行政区	实际耕地灌溉亩均用水量 /(m³/亩)	实际非耕地灌溉亩均用水量 /(m³/亩)
拉萨市	558.90	406.90
昌都地区	1231.60	887.60
山南地区	648.40	294.50
日喀则地区	560.80	343.30
那曲地区	239.90	384.60
阿里地区	568.40	346.30
林芝地区	509.30	182.80
西藏自治区	640.90	359.80

注　西藏自治区数据按面积的加权平均值计算得出。

全区实际耕地灌溉亩均用水量 640.90m³/亩，实际非耕地灌溉亩均用水量 359.80m³/亩。由 2011 年全国水资源公报统计结果，2011 年全国农田实际灌溉亩均用水量为 415m³/亩，西部地区农田实际灌溉亩均用水量 522m³/亩。从用水指标里看，除那曲地区外，其他地区实际耕地灌溉亩用水量大于全国平均用水量，拉萨、昌都、山南、日喀则、阿里地区均大于西部地区水平，说明水资源利用率浪费较大，应采取必要的田间节水措施和工程措施，以提高水资源利用率。那曲地区以牧业为主，耕地面积及水利工程较少，工程便于维修补漏，相对来说其实际耕地面积灌溉亩均用水量较低。

西藏农业灌溉用水量及畜禽养殖用水量见表4.2.14和表4.2.15。全区农业用水量总计 277798.63 万 m³，其中耕地灌溉用水量 65312.76 万 m³，畜禽用水量 16502.54 万 m³。日喀则地区农业发达，灌溉用水量据全区第一，农业用水量占全区耕地灌溉用水量的 37.09%，其次是昌都地区和山南地区，那曲地区以牧业为主，农业灌溉用水量最少。其中农业用水量主要是集中在雅鲁藏布江流域，占全区农业用水总量的 64.42%。该地区也是区内农牧业最发达的区域，因此对雅鲁藏布江流域水资源的开发利用显得尤为重要。

表 4.2.14　　　　　　　2011 年西藏农业用水量统计（按行政区划）　　　　　单位：万 m³

行政区	耕地灌溉	非耕地灌溉	畜禽	小计
拉萨市	29367.85	12288.74	1222.06	42878.65
昌都地区	40606.23	2160.24	3428.56	46195.03
山南地区	37935.20	20974.66	1377.97	60287.83
日喀则地区	75784.79	23623.09	3614.55	103022.43
那曲地区	180.31	259.83	4743.87	5184.01
阿里地区	2828.27	4970.74	1304.57	9103.58
林芝地区	9280.67	1035.47	810.96	11127.10
合计	195983.32	65312.77	16502.54	277798.63

表 4.2.15   **2011 年西藏农业用水量统计（按水资源分区）**   单位：万 m³

水资源二级分区	水资源三级分区	耕地灌溉	非耕地灌溉	畜禽	小计
金沙江石鼓以上	通天河	0	0	0	0
	直门达至石鼓	9295.24	447.71	801.45	10544.40
澜沧江	沘江口以上	10771.73	880.03	1426.15	13077.91
怒江及伊洛瓦底江	怒江勐古以上	19619.06	654.67	2084.91	22358.64
	伊洛瓦底江	0	0	0	0
雅鲁藏布江	拉孜以上	5145.00	1599.81	807.24	7552.05
	拉孜至派乡	120426.08	42694.31	4156.27	167276.66
	派乡以下	3644.16	211.61	265.18	4120.95
藏南诸河	藏南诸河	24825.81	13931.84	1575.02	40332.67
藏西诸河	奇普恰普河	9.38	66.03	10.88	86.29
	藏西诸河	1249.75	2401.12	199.60	3850.47
塔里木河源流	和田河	0	0	0	0
昆仑山北麓小河	科里亚河诸小河	0	0	0	0
羌塘高原内陆区	羌塘高原	997.11	2425.64	5175.84	8598.59
合 计		195983.32	65312.77	16502.54	277798.63

4.3 灌水率

灌水率是指灌区单位面积（例如以万亩计）上所需灌溉的净流量 $q_{净}$，又称灌水模数，根据灌溉制度确定的灌水率是计算灌区渠首的引水流量和灌溉渠道的设计流量的直接依据。

灌水率 $q_{净}$ 应分别根据灌区各种作物的每次灌水定额，逐一进行计算，如某灌区的面积为 A（亩），种有甲，乙，……等各种作物，面积各为 a_1A，a_2A，…；a_1，a_2，…分别为各种作物种植面积占灌区面积的百分数。如作物甲的各次灌水定额分别为 m_1，m_2，…（m³/亩），要求各次灌水在 T_1，T_2，…昼夜内完成，则对于这一作物，各次灌水所要求的灌水率为

$$\left.\begin{aligned}
\text{第一灌水时} \quad q_{1,净} &= \frac{am_1}{8.64T_1} \quad [\text{m}^3/(\text{s·万亩})] \\
\text{第二灌水时} \quad q_{2,净} &= \frac{am_2}{8.64T_2} \quad [\text{m}^3/(\text{s·万亩})] \\
\vdots \qquad\qquad & \qquad\quad \vdots
\end{aligned}\right\} \tag{4.3.1}$$

式中：T_1 和 T_2 均为灌水延续时间，d。

对于自流灌区，每天灌水延续时间一般以 24h 计；对于抽水灌区，则每天抽灌时间以 20～22h 计，式（4.3.1）中系数 8.64 应相应改为 7.2～7.92。

同理，可求出灌区各种作物每次灌水的灌水率，才巴灌区各种农作物及林草地月、旬

灌水率修正前计算成果见表 4.3.1。

表 4.3.1　　　　才巴灌区各种农作物及林草地月、旬灌水率修正前计算成果

项　目		冬小麦	青稞	油菜	经济林	林草地	合计
种植面积/亩		452	395.5	282.5	4880	520	6530
种植比例/%		7	6	4	75	8	100
灌水率 /(m³/万亩)	2 月 上旬						
	中旬	0.036	0.031				0.067
	下旬					0.032	0.032
	3 月 上旬			0.023	0.39		0.414
	中旬	0.041					0.041
	下旬		0.031			0.028	0.059
	4 月 上旬			0.023	0.39		0.413
	中旬		0.035				0.035
	下旬	0.045					0.045
	5 月 上旬		0.031			0.032	0.063
	中旬			0.023	0.43		0.453
	下旬	0.036	0.031				0.067
	10 月 上旬	0.041					0.041
	中旬						
	下旬						
	11 月 上旬	0.041					0.041
	中旬						
	下旬						

由式 (4.3.1) 可见，灌水延续时间直接影响着灌水率的大小，从而在设计渠道时，也影响着渠道的设计流量以及渠道和渠系建筑物的造价，因此必须慎重选定。灌水延续时间与作物种类，灌区面积大小及农业生产劳动计划等有关。灌水延续时间越短，作物对水分的要求越容易得到及时满足，但这将加大渠道的设计流量，并造成灌水时劳动力的过分紧张。不同作物允许的灌水延续时间也不同。对主要作物的关键性的灌水，灌水延续时间不宜过长；次要作物可以延长一些。如灌区面积较大，劳动条件较差，则灌水时间亦可较长。但延长灌水时间应在农业技术条件许可和不降低作物产量的条件下进行。

为了确定设计灌水率、推算渠首引水流量或灌溉渠道设计流量，通常可先对某一设计代表年计算出灌区各种作物每次灌水的灌水率（表 4.3.1），并将所得灌水率绘在方格纸上，如图 4.3.1 所示，称为初步灌水率图。从图 4.3.1 可见，各时期的灌水率大小相差悬殊，渠道输水断断续续，不利于管理。如以其中最大的灌水率计算渠道流量，势必偏大，不经济。因此，必须对初步算得的灌水率图进行必要的修正，尽可能消除灌水率高峰和短期停水现象。

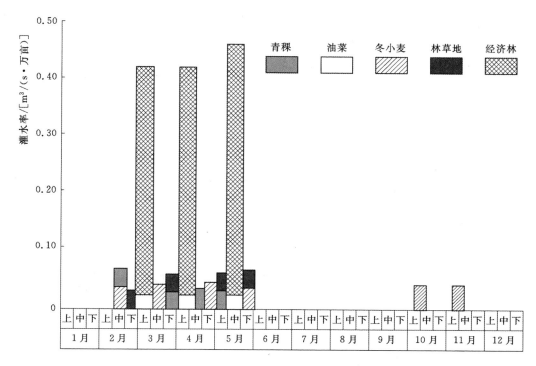

图 4.3.1 初步灌水率图

在修正初步灌水率图时,要以不影响作物要求为原则,尽量不要改变主要作物关键用水期的各次灌水时间,若必须调整移动,以往前移动为主,前后移动不超过三天;调整其他各次灌水时,要使修正后的灌水率图比较均匀、连续。此外,为了减少输水损失,并使渠道工作制度比较平稳,在调整时不应使灌水率数值相差悬殊。一般最小灌水率不应小于最大灌水率的 40%。修正后的灌水率见表 4.3.2 和图 4.3.2 所示。

表 4.3.2　　　　灌区各种农作物及林草地月、旬灌水率修正后计算成果

项　目			冬小麦	青稞	油菜	经济林	林草地	合计
种植面积/亩			452	395.5	282.5	4880	520	6530
种植比例/%			7	6	4	75	8	100
灌水率 /(m³/万亩)	2月	上旬						
		中旬	0.036	0.031				0.067
		下旬					0.046	0.046
	3月	上旬			0.018	0.30		0.318
		中旬	0.041					0.041
		下旬		0.031			0.028	0.059
	4月	上旬			0.018	0.30		0.318
		中旬		0.05				0.05
		下旬	0.045					0.045

续表

项 目			冬小麦	青稞	油菜	经济林	林草地	合计
灌水率 /(m³/万亩)	5 月	上旬		0.045			0.046	0.091
		中旬			0.018	0.33		0.348
		下旬	0.036	0.031				0.067
	10 月	上旬	0.041					0.041
		中旬						
		下旬						
	11 月	上旬	0.041					0.041
		中旬						
		下旬						

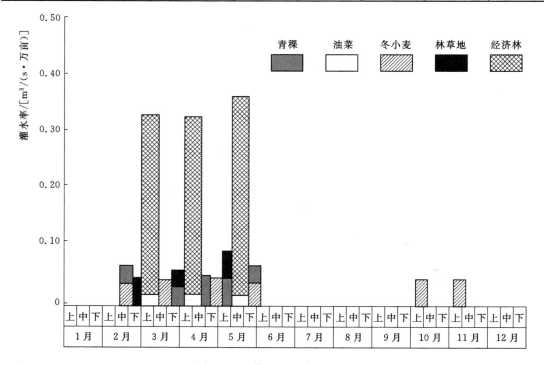

图 4.3.2 修正后的灌水率图

作为设计渠道用的设计灌水率，应从图 4.3.2 中选取延续时间较长（例如达到 20～30d）的最大灌水率值，如图中所示灌水率值，而不是短暂的高峰值，这样不致使设计的渠道断面过大，增加渠道工程量。在渠道运用过程中，对短暂的大流量，可由渠堤超高部分的断面去满足。

上面已经指出，随着乡镇企业的发展和农村人民生活水平的提高，每个灌区都应考虑乡镇工业和人民生活用水的需要。为此，在修正后的灌水率图上还应加上乡镇和其他供水量，以满足实际需要。

第5章 灌溉渠道系统

灌溉渠道系统是指从水源取水、通过渠道及其附属建筑物向农田供水、经由田间工程进行农田灌水的工程系统，包括渠首工程、输配水工程和田间工程三大部分，本章主要介绍输配水工程和田间工程的规划方法。

5.1 灌溉渠系规划

在现代灌区建设中，灌溉渠道系统和排水沟道系统是并存的，两者互相配合，协调运行，共同构成完整的灌区水利工程系统。在西藏地区，由于地形条件的限制，灌溉工程的规模普遍较小，以小型灌区为主。图5.1.1为林芝县鲁朗镇东久沟内东久林场药材种植基地灌渠工程。灌区普遍位于阶地，土壤厚度较薄，土壤渗透性较高，下层为松散岩石形成的孔隙和裂隙介质，透水性良好。排水条件较好。灌溉系统通常仅包括1～2级灌溉工程，较少有地表排水沟道工程。

5.1.1 灌溉渠系概述

1. 灌溉渠系的组成

灌溉渠系由各级灌溉渠道和退（泄）水渠道组成。灌溉渠道按其使用寿命分为固定渠道和临时渠道两种：多年使用的永久性渠道称为固定渠道；使用寿命小于一年的季节性渠道称为临时渠道。按控制面积大小和水量分配层次又可把灌溉渠道分为若干等级：大、中型灌区的固定渠道一般分为干渠、支渠、斗渠、农渠4级，如图5.1.1所示；在地形复杂的大型灌区，固定渠道的级数往往多于4级，干渠可分成总干渠和分干渠，支渠可下设分支渠，甚至斗渠也可下设分斗渠；在灌溉面积较小的灌区，固定渠道的级数较少；如灌区呈狭长的带状地形，固定渠道的级数也较少，干渠的下一级渠道很短，可称为斗渠，这种灌区的固定渠道就分为干、斗、农3级。农渠以下的小渠道一般为季节性的临时渠道。

退（泄）水渠道包括渠首排沙渠、中途泄水渠和渠尾退水渠，其主要作用是定期冲刷和排放渠首段的淤沙、排泄入渠洪水、退泄渠道剩余水量及下游出现工程事故时断流排水等，达到调节渠道流量、保证渠道及建筑物安全运行的目的。中途退水设施一般布置在重要建筑物和险工渠段的上游。干、支渠道的末端应设退水渠道。

2. 灌溉渠道的规划原则

（1）干渠应布置在灌区的较高地带，以便自流控制较大的灌溉面积。其他各级渠道亦应布置在各自控制范围内的较高地带。对面积很小的局部高地宜采用提水灌溉的方式，不必据此抬高渠道高程。

（2）使工程量和工程费用最小。一般来说，渠线应尽可能短直，以减少占地和工程

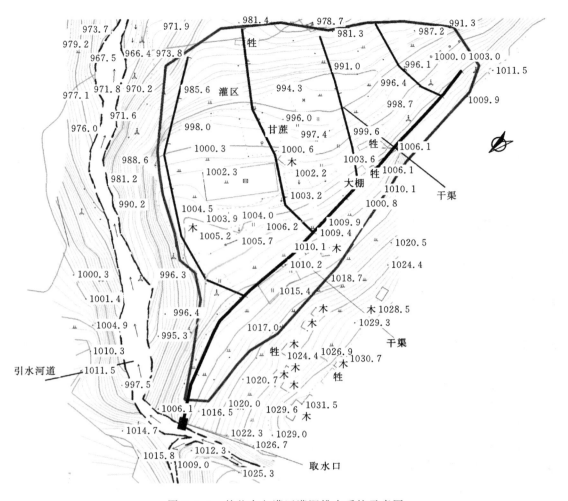

图 5.1.1　林芝东久灌区灌溉排水系统示意图

量。但在山区、丘陵地区，岗、冲、溪、谷等地形障碍较多，地质条件比较复杂，若渠道沿等高线绕岗穿谷，可减少建筑物的数量或减小建筑物的规模，但渠线较长，土方量较大，占地较多；如果渠道直穿岗、谷，则渠线短直，工程量和占地较少，但建筑物投资较大。采用的布置方案需要通过经济比较确定。

（3）灌溉渠道的位置应参照行政区划确定，尽可能使各用水单位都有独立的用水渠道，以利管理。

（4）斗、农渠的布置要满足机耕要求。渠道线路要直，上、下级渠道尽可能垂直，斗、农渠的间距要有利于机械耕作。

（5）要考虑综合利用。山区、丘陵区的渠道布置应集中落差，以便发电和进行农副业加工。

（6）灌溉渠系规划应和排水系统规划结合进行。在多数地区，必须有灌有排，以便有效地调节农田水分状况。通常先以天然河沟作为骨干排水沟道，布置排水系统，在此基础上，布置灌溉渠系。应避免沟、渠交叉，以减少交叉建筑物。

（7）灌溉渠系布置应和土地利用规划（如耕作区、道路、林带、居民点等规划）相配合，以提高土地利用率，方便生产和生活。

5.1.2 干、支渠的规划布置形式

干、支渠的布置形式主要取决于地形条件，西藏地区地形比较复杂，岗冲交错，起伏剧烈，坡度较陡，河床切割较深，比降较大，耕地分散，位置较高。一般需要从河流上游引水灌溉，输水距离较长。所以，这类灌区干、支渠道的特点是：渠道高程较高，比降平缓，渠线较长而且弯曲较多，深挖、高填渠段较多，沿渠交叉建筑物较多。

干渠一般沿灌区上部边缘布置，大体上和等高线平行，支渠沿两溪间的分水岭布置，如图 5.1.2 所示。如灌区内有主要岗岭横贯中部，干渠可布置在岗脊上，大体和等高线垂直，干渠比降视地面坡度而定，支渠自干渠两侧分出，控制岗岭两侧的坡地。

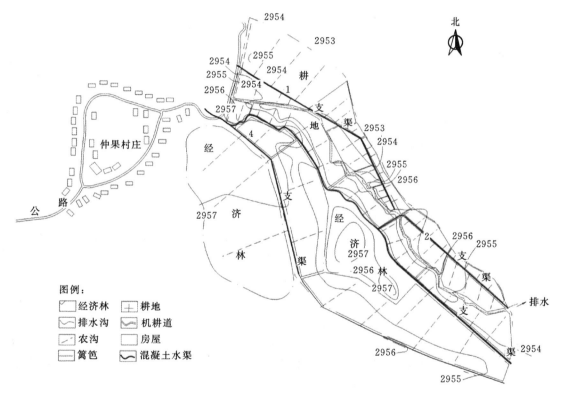

图 5.1.2　西藏地区典型灌区灌溉系统布置

（林芝县仲果村土地治理及灌溉工程，图中高程单位：m）

5.1.3 渠系建筑物的规划布置

渠系建筑物系指各级渠道上的建筑物，按其作用的不同，可分为以下几种类型。

1. 引水建筑物

从河流无坝引水灌溉时的引水建筑物就是渠首进水闸，其作用是调节引入干渠的流量；有坝引水时的引水建筑物是由拦河坝、冲沙闸、进水闸等组成的灌溉引水枢纽，其作用是壅高水位、冲刷进水闸前的淤沙、调节干渠的进水流量、满足灌溉对水位、流量的要

求。需要提水灌溉时修筑在渠首的水泵站和需要调节河道流量满足灌溉要求时修建的水库，也均属于引水建筑物。图 5.1.3 为仲达镇巴布塘灌区工程和仲达灌溉工程取水口的布置图。

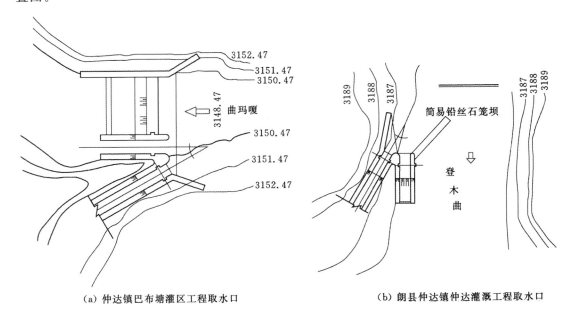

（a）仲达镇巴布塘灌区工程取水口　　　　　（b）朗县仲达镇仲达灌溉工程取水口

图 5.1.3　渠首引水工程（高程单位：m；其余尺寸单位：mm）

2. 配水建筑物

配水建筑物主要包括分水闸和节制闸，如图 5.1.4 所示。

（1）分水闸。分水闸建在上级渠道向下级渠道分水的地方。上级渠道的分水闸就是下级渠道的进水闸。斗、农渠的进水闸惯称为斗门、农门。分水闸的作用是控制和调节向下级渠道的配水流量，其结构形式有开敞式和涵洞式两种。

（2）节制闸。节制闸垂直渠道中心线布置，其作用是根据需要抬高上游渠道的水位或阻止渠水继续流向下游。在下列情况下需要设置节制闸：

在下级渠道中，个别渠道进水口处的设计水位和渠底高程较高，当上级渠道的工作流量小于设计流量时，就进水困难，为了保证该渠道能正常引水灌溉，就要在分水口的下游设一节制闸，壅高上游水位，满足下级渠道的引水要求。

下级渠道实行轮灌时，需在轮灌组的分界处设置节制闸，在上游渠道轮灌供水期间，用节制闸拦断水流，把全部水量分配给上游轮灌组中的各条下级渠道。

（3）为了保护渠道上的重要建筑物或险工渠段，退泄降雨期间汇入上游渠段的降雨径流，通常在其上游设泄水闸，在泄水闸与被保护建筑物之间设节制闸，使多余水量从泄水闸流向天然河道或排水沟道。

3. 交叉建筑物

渠道穿越山冈、河沟、道路时，需要修建交叉建筑物。常见的交叉建筑物有隧洞、渡槽、倒虹吸、涵洞、桥梁等。

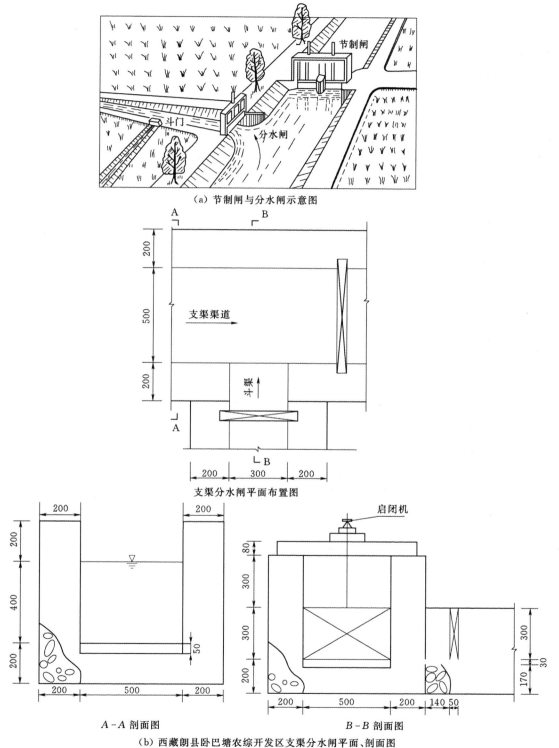

（a）节制闸与分水闸示意图

支渠分水闸平面布置图

（b）西藏朗县卧巴塘农综开发区支渠分水闸平面、剖面图

图 5.1.4 节制闸与分水闸（尺寸单位：mm）

（1）隧洞　当渠道遇到山冈时，或因石质坚硬，或因开挖工程量过大，往往不能采用深挖方渠道，如沿等高线绕行，渠道线路又过长，工程量仍然较大，而且增加了水头损失。在这种情况下，可选择山冈单薄的地方凿洞而过。

（2）渡槽　渠道穿过河沟、道路时，如果渠底高于河沟最高洪水位或渠底高于路面的净空大于行驶车辆要求的安全高度时，可架设渡槽，让渠道从河沟、道路的上空通过。渠道穿越洼地时，如采取高填方渠道工程量太大，也可采用渡槽。图 5.1.5 为渠道跨越河沟时的渡槽。

（3）涵洞　渠道与道路相交，渠道水位低于路面，而且流量较小时，常在路面下面埋设平直的管道，叫做涵洞。当渠道与河沟相交，河沟洪水位低于渠底高程，而且河沟洪水流量小于渠道流量时，可用填方渠道跨越河沟，在填方渠道下面建造排洪涵洞。

（4）桥梁　渠道与道路相交，渠道水位低于路面，而且流量较大、水面较宽时，要在渠道上修建桥梁，满足交通要求。

4．衔接建筑物

当渠道通过坡度较大的地段时，为了防止渠道冲刷，保持渠道的设计比降，就把渠道分成上、下两段，中间用衔接建筑物连接，这种建筑物常见的有跌水和陡坡，如图 5.1.6 和图 5.1.7 所示。一般当渠道通过跌差较小的陡坎时，可采用跌水；跌差较大、地形变化均匀时，多采用陡坡。

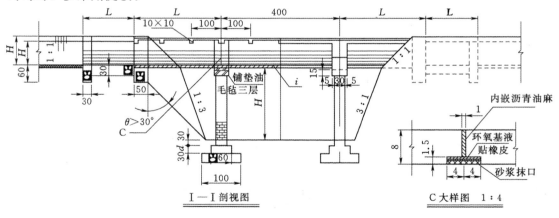

（a）渡槽纵断面图

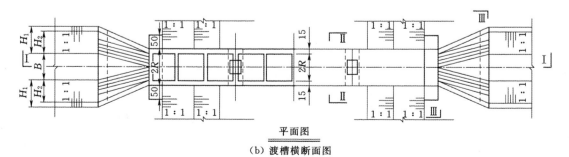

图 5.1.5（一）　渡槽

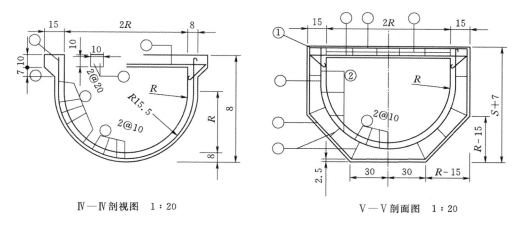

Ⅳ—Ⅳ剖视图 1:20 　　　　　　　　　Ⅴ—Ⅴ剖面图 1:20

（c）渡槽横截面图

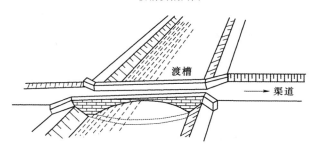

（d）示意图

图 5.1.5（二） 渡槽

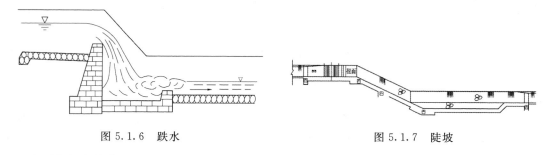

图 5.1.6 跌水 　　　　　　　　　图 5.1.7 陡坡

5. 泄水建筑物

为了防止由于沿渠坡面径流汇入渠道或因下级（游）渠道事故停水而使渠道水位突然升高，威胁渠道的安全运行，必须在重要建筑物和大填方段的上游以及山洪入渠处的下游修建泄水建筑物，泄放多余的水量。通常是在渠岸上修建溢流堰或泄水闸，当渠道水位超过加大水位时，多余水量即自动溢出或通过泄水闸宣泄出去，确保渠道的安全运行。泄水建筑物具体位置的确定，还要考虑地形条件，应选在能利用天然河沟、洼地等作为泄水出路的地方，以减少开挖泄水沟道的工程量。从多泥沙河流引水的干渠，常在进水闸后选择有利泄水的地形，开挖泄水渠，设置泄水闸，根据需要开闸泄水，冲刷淤积在渠首段的泥沙。为了退泄灌溉余水，干、支、斗渠的末端应设退水闸和退水渠。

5.2 田间工程规划

田间工程通常指最末一级固定渠道（农渠）和固定沟道（农沟）之间的条田范围内的临时渠道、排水小沟、田间道路、稻田的格田和田埂、旱地的灌水畦和灌水沟、小型建筑物以及土地平整等农田建设工程。做好田间工程是进行合理灌溉，提高灌水工作效率，及时排除地面径流和控制地下水位，充分发挥灌排工程效益，实现旱涝保收，建设高产、优质、高效农业的基本建设工作。

5.2.1 田间工程的规划要求和规划原则

1. 田间工程的规划要求

田间工程要有利于调节农田水分状况、培育土壤肥力和实现农业现代化。为此，田间工程规划应满足以下基本要求：

（1）有完善的田间灌排系统，旱地有沟、畦，种稻有格田，配置必要的建筑物，灌水能控制，排水有出路，避免旱地漫灌排现象。

（2）田面平整，灌水时土壤湿润均匀，排水时田面不留积水。

（3）田块的形状和大小要适应农业现代化需要，有利于农业机械作业和提高土地利用率。

2. 田间工程的规划原则

（1）田间工程规划是农田基本建设规划的重要内容，必须在农业发展规划和水利建设规划的基础上进行。

（2）田间工程规划必须着眼长远、立足当前，既要充分考虑农业现代化发展的要求，又要满足当前农业生产发展的实际需要，全面规划，分期实施，当年增产。

（3）田间工程规划必须因地制宜，讲求实效，要有严格的科学态度，注重调查研究，走群众路线。

（4）田间工程规划要以治水改土为中心，实行山、水、田、林、路综合治理，创造良好的生态环境，促进农、林、牧、副、渔全面发展。

5.2.2 条田规划

末级固定灌溉渠道（农渠）和末级固定沟道（农沟）之间的田块称为条田，有的地方称为耕作区。它是进行机械耕作和田间工程建设的基本单元，也是组织田间灌水的基本单元。条田的基本尺寸要满足以下要求：

机耕不仅要求条田形状方整，还要求条田具有一定的长度。若条田太短，拖拉机开行长度太小，转弯次数就多，生产效率低，机械磨损较大，消耗燃料也多。若条田太长，控制面积过大，不仅增加了平整土地的工作量，而且由于灌水时间长，灌水和中耕不能密切配合，会增加土壤蒸发损失，在有盐碱化威胁的地区还会加剧土壤返盐。根据实际测定，拖拉机开行长度小于 $300\sim400m$ 时，生产效率显著降低。但当开行长度大于 $800\sim1200m$ 时，用于转弯的时间损失所占比重很小，提高生产效率的作用已不明显。因此，从有利于机械耕作这一因素考虑，条田长度以 $400\sim800m$ 为宜。

依照这一原则，典型田块工程布置如图 5.2.1 所示。

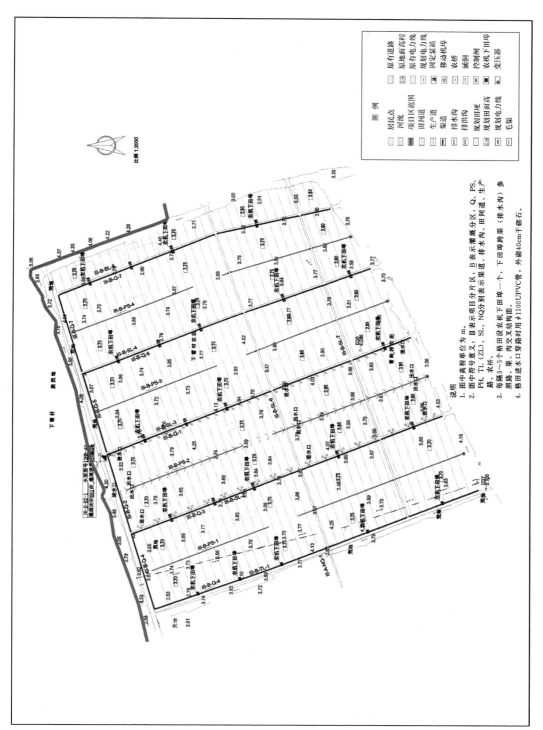

图 5.2.1 典型田块工程布置

5.3 灌溉渠道流量推算

5.3.1 灌溉渠道流量概述

渠道的流量是在一定范围内变化的，设计渠道的纵横断面时，要考虑流量变化对渠道的影响。通常用以下三种特征流量覆盖流量变化的范围，代表在不同运行条件下的工作流量。

1. 设 计 流 量

在灌溉设计标准条件下，为满足灌溉用水要求，需要渠道输送的最大流量。通常是根据设计灌水模数（设计灌水率）和灌溉面积进行计算的。

在渠道输水过程中，有水面蒸发、渠床渗漏、闸门漏水、渠尾退水等水量损失。需要渠道提供的灌溉流量称为渠道的净流量，计入水量损失后的流量称为渠道的毛流量，设计流量是渠道的毛流量，它是设计渠道断面和渠系建筑物尺寸的主要依据。

2. 最 小 流 量

在灌溉设计标准条件下，渠道在工作过程中输送的最小流量。用修正灌水模数图上的最小灌水模数值和灌溉面积进行计算。应用渠道最小流量可以校核对下一级渠道的水位控制条件和确定修建节制闸的位置等。

3. 加 大 流 量

考虑到在灌溉工程运行过程中可能出现一些难以准确估计的附加流量，把设计流量适当放大后所得到的安全流量。简单地说，加大流量是渠道运行过程中可能出现的最大流量，它是设计渠堤堤顶高程的依据。

在灌溉工程运行过程中，可能出现一些和设计情况不一致的变化，如扩大灌溉面积、改变作物种植计划等，要求增加供水量；或在工程事故排除之后，需要增加引水量，以弥补因事故影响而少引的水量；或在暴雨期间因降雨而增大渠道的输水流量。这些情况都要求在设计渠道和建筑物时留有余地，按加大流量校核其输水能力。

5.3.2 灌溉渠道水量损失

由于渠道在输水过程中有水量损失，就出现了净流量 Q_n、毛流量 Q_g、损失流量 Q_l 这三种既有联系又有区别的流量，它们之间的关系是

$$Q_g = Q_n + Q_l \tag{5.3.1}$$

渠道的水量损失包括渠道水面蒸发损失、渠床渗漏损失、闸门漏水和渠道退水等。水面蒸发损失一般不足渗漏损失水量的 5%，在渠道流量计算中常忽略不计。闸门漏水和渠道退水取决于工程质量和用水管理水平，可以通过加强灌区管理工作予以限制，在计算渠道流量时不予考虑。把渠床渗漏损失水量近似地看做总输水损失水量。渗漏损失水量和渠床土壤性质、地下水埋藏深度和出流条件、渠道输水时间等因素有关。渠道开始输水时，渗漏强度较大，随着输水时间的延长，渗漏强度逐渐减小，最后趋于稳定。在已成灌区的管理运用中，渗漏损失水量应通过实测确定。在灌溉工程规划设计工作中，常用经验公式或经验系数估算输水损失水量。

1. 用经验公式估算输水损失水量

常用的经验公式是

$$\sigma = \frac{A}{100Q_n^m}$$ 　　　　　　(5.3.2)

式中：σ 为每千米渠道输水损失系数；A 为渠床土壤透水系数；m 为渠床土壤透水指数；Q_n 为渠道净流量，m^3/s。

土壤透水性参数 A 和 m 应根据实测资料分析确定。

渠道输水损失流量为

$$Q_l = \sigma L Q_n$$ 　　　　　　(5.3.3)

式中：Q_l 为渠道输水损失流量，m^3/s；L 为渠道长度，km；Q_n 为渠道净流量，m^3/s；其他符号意义同前。

式 (5.3.3) 的输水损失水量是根据渠床天然土壤透水性计算出来的。如拟采取渠道衬砌护面防渗措施，则应观测研究不同防渗措施的防渗效果，以采取防渗措施后的渗漏损失水量作为确定设计流量的根据。如无试验资料，可将上述计算结果乘以表 5.3.1 给出的经验折减系数，即

$$Q_l'' = \beta Q_l$$ 　　　　　　(5.3.4)

或　　　　　　　　　　$$Q_l'' = \beta Q_l'$$ 　　　　　　(5.3.5)

式中：Q_l'' 为采取防渗措施后的渗漏损失流量，m^3/s；β 为采取防渗措施后渠床渗漏水量的折减系数；其他符号意义同前。

表 5.3.1　　　　　　　　　渠道衬砌后渗水量折减系数 β

防 渗 措 施	β	备 注
渠槽翻松夯实（厚度大于 0.5m）	0.30～0.20	
渠槽原状土夯实（影响厚度 0.4m）	0.70～0.50	
灰土夯实、三合土夯实	0.15～0.10	
混凝土护面	0.15～0.05	透水性很强的土壤，挂淤和夯实能使渗水量显著减少，可采取较小的 β 值
黏土护面	0.40～0.20	
人工夯填	0.70～0.50	
浆砌石	0.20～0.10	
塑料薄膜	0.10～0.05	

2. 用经验系数估算输水损失水量

总结已成灌区的水量量测资料，可以得到各条渠道的毛流量和净流量以及灌入农田的有效水量，经分析计算，可以得出以下几个反映水量损失情况的经验系数。

渠道水利用系数：某渠道的净流量与毛流量的比值称为该渠道的渠道水利用系数，用符号 η_c 表示。

$$\eta_c = \frac{Q_n}{Q_g}$$ 　　　　　　(5.3.6)

对任一渠道而言，从水源或上级渠道引入的流量即为其毛流量，分配给下级各条渠道流量的总和就是它的净流量。

渠道水利用系数反映一条渠道的水量损失情况，或反映同一级渠道水量损失的平均情况。

渠系水利用系数：灌溉渠系的净流量与毛流量的比值称为渠系水利用系数，用符号 η_s 表示。农渠向田间供水的流量就是灌溉渠系的净流量，干渠或总干渠从水源引水的流量就是渠系的毛流量。渠系水利用系数的数值等于各级渠道水利用系数的乘积。即

$$\eta_s = \eta_{\text{干}} \, \eta_{\text{支}} \, \eta_{\text{斗}} \, \eta_{\text{农}} \tag{5.3.7}$$

渠系水利用系数反映整个渠系的水量损失情况。不仅反映出灌区的自然条件和工程技术状况，还反映出灌区的管理工作水平。

田间水利用系数：田间水利用系数是实际灌入田间的有效水量（对旱作农田，指蓄存在计划湿润层中的灌溉水量；对水稻田，指蓄存在格田内的灌溉水量）和末级固定渠道（农渠）放出水量的比值，用符号 η_f 表示。

$$\eta_f = \frac{A_{\text{农}} \, m_n}{W_{\text{农净}}} \tag{5.3.8}$$

式中：$A_{\text{农}}$ 为农渠的灌溉面积，亩；m_n 为净灌水定额，$\text{m}^3/\text{亩}$；$W_{\text{农净}}$ 为农渠供给田间的水量，m^3。

田间水利用系数是衡量田间工程状况和灌水技术水平的重要指标。在田间工程完善、灌水技术良好的条件下，旱作农田的田间水利用系数可以达到 0.9 以上，水稻田的田间水利用系数可以达到 0.95 以上。

灌溉水利用系数：灌溉水利用系数是实际灌入农田的有效水量和渠首引入水量的比值，用符号 η_0 表示。灌溉水利用系数是评价渠系工作状况、灌水技术水平和灌区管理水平的综合指标，可按下式计算：

$$\eta_0 = \frac{A m_n}{W_g} \tag{5.3.9}$$

式中：A 为某次灌水全灌区的灌溉面积，亩；m_n 为净灌水定额，$\text{m}^3/\text{亩}$；W_g 为某次灌水渠首引入的总水量，m^3。

以上这些经验系数的数值与灌区大小、渠床土质和防渗措施、渠道长度、田间工程状况、灌水技术水平以及管理工作水平等因素有关。在引用别的灌区的经验数据时，应注意这些条件要相近。

选定适当的经验系数之后，就可根据净流量计算相应的毛流量。

5.3.3 渠道的工作制度

渠道的工作制度就是渠道的输水工作方式，分为续灌和轮灌两种。

1. 续灌

在一次灌水延续时间内，自始至终连续输水的渠道称为续灌渠道。这种输水工作方式称为续灌。

为了各用水单位受益均衡，避免因水量过分集中而造成灌水组织和生产安排的困难，

一般灌溉面积较大的灌区，干、支渠多采用续灌。

2. 轮灌

同一级渠道在一次灌水延续时间内轮流输水的工作方式称为轮灌。实行轮灌的渠道称为轮灌渠道。

实行轮灌时，缩短了各条渠道的输水时间，加大了输水流量，同时工作的渠道长度较短，从而减少了输水损失水量，有利于农业耕作和灌水工作的配合，有利于提高灌水工作效率。但是，因为轮灌加大了渠道的设计流量，也就增加了渠道的土方量和渠道建筑物的工程量。如果流量过分集中，还会造成劳力紧张，在干旱季节还会影响各用水单位的均衡受益。所以，一般较大的灌区，只在斗渠以下实行轮灌。

实行轮灌时，渠道分组轮流输水，分组方式可归纳为以下两种：

（1）集中编组将邻近的几条渠道编为一组，上级渠道按组轮流供水，如图 5.3.1（a）所示。采用这种编组方式，上级渠道的工作长度较短，输水损失水量较小。但相邻几条渠道可能同属一个生产单位，会引起灌水工作紧张。

（2）插花编组将同级渠道按编号的奇数或偶数分别编组，上级渠道按组轮流供水，如图 5.3.1（b）所示。这种编组方式的优缺点恰好和集中编组的优缺点相反。

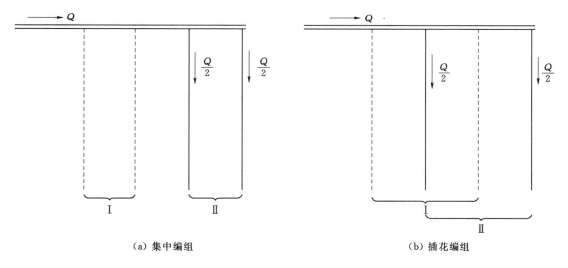

（a）集中编组　　　　　　　　　　　（b）插花编组

图 5.3.1　轮灌组划分方式

实行轮灌时，无论采取哪种编组方式，轮灌组的数目都不宜太多，以免造成劳动力紧张，一般以 2～3 组为宜。

划分轮灌组时，应使各组灌溉面积相近，以利配水。

5.3.4　渠道设计流量推算

渠道的工作制度不同，设计流量的推算方法也不同，下面分别予以介绍。

1. 小型灌区渠道设计流量推算

以才巴灌区为例，说明小型灌区渠道设计流量的推算方法。按照项目区规划年作物种植比例和种植结构，进行综合分析后，确定的灌区灌溉制度与灌溉定额详见表 5.3.2。

表 5.3.2　　　　　　　　　才巴灌区各种农作物及林草地各月灌溉毛水量

项目			冬小麦	青稞	油菜	经济林	林草地	合计
种植面积/亩			452	395.5	282.5	4880	520	6530
总毛水量/万 m³			22.23	15.18	7.05	122.01	8.66	175.13
灌溉毛水量	2 月	上旬						
		中旬	3.39	2.97				6.36
		下旬					3.03	3.03
	3 月	上旬			2.35	40.67		43.02
		中旬	3.77					3.77
		下旬		2.97			2.60	5.57
	4 月	上旬			2.35	40.67		43.02
		中旬		3.30				3.30
		下旬	4.14					4.14
	5 月	上旬		2.97			3.03	6.00
		中旬			2.35	40.67		43.02
		下旬	3.39	2.97				6.36
	10 月	上旬	3.77					3.77
		中旬						
		下旬						
	11 月	上旬	3.77					3.77
		中旬						
		下旬						

灌区灌溉面积 6530 亩，其中现有耕地面积 1130 亩，经济林 4880 亩，林草地 520 亩，灌区各时段毛需水过程见表 5.3.3，不难看出，3 月上旬和 5 月中旬渠道过水量最大，其他月、旬渠道过水量基本接近。为避免渠道内的水量大起大落，渠道可能出现翻水等现象。因此，该灌区设计流量的推算以 5 月上旬的灌溉毛需水量为依据进行计算。

表 5.3.3　　　　　　　　　才巴灌区各时段毛需水过程表

时段 项目	2 月		3 月			4 月			5 月			10 月	11 月
	中旬	下旬	上旬	中旬	下旬	上旬	中旬	下旬	上旬	中旬	下旬	上旬	上旬
毛需水量/万 m³	6.36	3.03	43.0	3.77	5.57	43.0	3.3	4.14	6.0	43.0	6.36	3.77	3.77
毛流量/(m³/s)	0.07	0.04	0.5	0.04	0.06	0.50	0.04	0.05	0.07	0.5	0.07	0.044	0.044

灌水模数 $q = 0.35 \mathrm{m^3/(s \cdot 万亩)}$，控灌面积 $\omega = 0.653$ 万亩，灌溉水利用系数 $\eta_水 = 0.6$。

干渠设计引水流量 $= q\omega/\eta_水$。

经计算，干渠设计引水流量为 $0.38 \mathrm{m^3/s}$，渠道加大流量按设计流量加大至 30% 计算，干渠加大后的引水流量为 $0.49 \mathrm{m^3/s}$，由渠道加大流量来确定渠道断面尺寸。

2. 轮灌渠道设计流量的推算

因为轮灌渠道的输水时间小于灌水延续时间，所以，不能直接根据设计灌水模数和灌溉面积自下而上地推算渠道设计流量。常用的方法是：根据轮灌组划分情况自上而下逐级分配末级续灌渠道（一般为支渠）的田间净流量，再自下而上逐级计入输水损失水量，推算各级渠道的设计流量。

（1）自上而下分配末级续灌渠道的田间净流量。支渠为末级续灌渠道，斗、农渠的轮灌组划分方式为集中编组，同时工作的斗渠有两条，农渠有 4 条。为了使讨论具有普遍性，设同时工作的斗渠为 n 条，每条斗渠里同时工作的农渠为 k 条。

1）计算支渠的设计田间净流量。在支渠范围内，不考虑损失水量的设计田间净流量为

$$Q_{支田净}＝A_支\, q_设 \tag{5.3.10}$$

式中：$Q_{支田净}$ 为支渠的田间净流量，m^3/s；$A_支$ 为支渠的灌溉面积，万亩；$q_设$ 为设计灌水模数，$m^3/(s \cdot 万亩)$。

2）由支渠分配到每条农渠的田间净流量：

$$Q_{农田净}＝\frac{Q_{支田净}}{nk} \tag{5.3.11}$$

式中：$Q_{农田净}$ 为农渠的田间净流量，m^3/s。

受地形限制，同一级渠道中各条渠道的控制面积可能不等。在这种情况下，斗、农渠的田间净流量应按各条渠道的灌溉面积占轮灌组灌溉面积的比例进行分配。

（2）自下而上推算各级渠道的设计流量。

1）计算农渠的净流量。先由农渠的田间净流量计算田间损失水量，求得田间毛流量，即农渠的净流量：

$$Q_{农净}＝\frac{Q_{农田净}}{\eta_f} \tag{5.3.12}$$

式中：符号意义同前。

2）推算各级渠道的设计流量（毛流量）。根据农渠的净流量自下而上逐级计入渠道输水损失，得到各级渠道的毛流量，即设计流量。由于有两种估算渠道输水损失水量的方法，由净流量推算毛流量也就有两种方法。

a. 用经验公式估算输水损失的计算方法。根据渠道净流量、渠床土质和渠道长度用公式计算：

$$Q_g＝Q_n(1＋\sigma L) \tag{5.3.13}$$

式中：Q_g 为渠道的毛流量，m^3/s；Q_n 为渠道的净流量，m^3/s；σ 为每千米渠道损失水量与净流量比值；L 为最下游一个轮灌组灌水时渠道的平均工作长度，km，计算农渠毛流量时，可取农渠长度的一半进行估算。

b. 用经济系数估算输水损失的计算方法。根据渠道的净流量和渠道水利用系数用公式（5.3.14）计算渠道的毛流量。

$$Q_g = \frac{Q_n}{\eta_c} \tag{5.3.14}$$

在大、中型灌区，支渠数量较多，支渠以下的各级渠道实行轮灌。如果都按上述步骤逐条推算各条渠道的设计流量，工作量很大。为了简化计算，通常选择一条有代表性的典型支渠（作物种植、土壤性质、灌溉面积等影响渠道流量的主要因素具有代表性）按上述方法推算支斗农渠的设计流量，计算支渠范围内的灌溉水利用系数 $\eta_{支水}$，以此作为扩大指标，用下式计算其余支渠的设计流量：

$$Q_支 = \frac{qA_支}{\eta_{支水}} \tag{5.3.15}$$

同样，以典型支渠范围内各级渠道水利用系数作为扩大指标，可计算出其他支渠控制范围内的半农渠的设计流量。

3. 续灌渠道设计流量计算

续灌渠道一般为干支渠道，渠道流量较大，上下游流量相差悬殊，这就要求分段推算设计流量，各渠段采用不同的断面。另外，各级续灌渠道的输水时间都等于灌区水延续时间，可以直接由下级渠道的毛流量推算上级渠道的毛流量。所以，续灌渠道设计流量的推算方法是自下而上逐级，逐段进行推算。

由于渠道水利用系数的经验值是根据渠道全部长度的输水损失情况统计出来的，它反映出不同流量在不同渠段上运行时输水损失的综合情况，而不能代表某个具体渠段的水量损失情况。所以，在分段推算续灌渠道设计流量时，一般不用经验系数估算输水损失水量，而用经验公式估算。具体推算方法以图 5.3.2 为例说明如下。

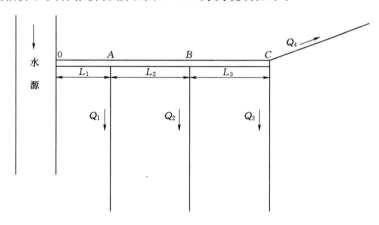

图 5.3.2　干渠流量推算图

图 5.3.2 中表示的渠系有一条干渠和 4 条支渠，各支渠的毛流量分别为 Q_1、Q_2、Q_3、Q_4，支渠取水口把干渠分成三段，各段长度分别为 L_1、L_2、L_3，各段的设计流量分别为 Q_{OA}、Q_{AB}、Q_{BC}，计算公式如下：

$$Q_{BC} = (Q_3 + Q_4)(1 + \sigma_3 L_3) \tag{5.3.16}$$

$$Q_{AB} = (Q_{BC} + Q_2)(1 + \sigma_2 L_3) \tag{5.3.17}$$

$$Q_{OA} = (Q_{AB} + Q_1)(1 + \sigma_1 L_1) \tag{5.3.18}$$

【例题 5.1】　某灌区灌溉面积 $A=3.17$ 万亩，灌区有一条干渠，长 5.7km，下设 3 条支渠，各支渠的长度及灌溉面积见表 5.3.4，全灌区土壤，水文地质等自然条件和作物种植情况相近，第三支渠灌溉面积适中，可作为典型支渠，该支渠有 6 条斗渠，半渠间距 800m，长 1800m。每条斗渠有 10 条农渠，农渠间距 200m，长 800m。干、支渠实行续灌，斗、农渠进行轮灌。渠系布置及轮灌组划分情况如图 5.3.3 所示。灌区设计灌水模数 $q_设=0.8\text{m}^3/(\text{s}\cdot\text{万亩})$。灌区土壤为中黏壤土。

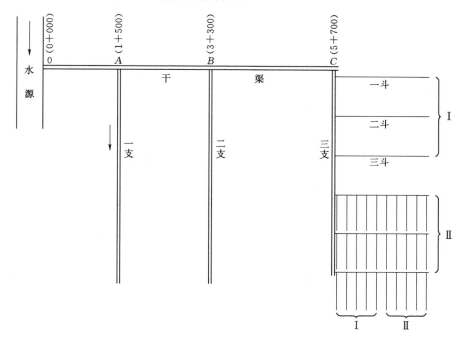

图 5.3.3　灌溉渠系布置及轮灌组划分情况

试推求干、支渠道的设计流量。

表 5.3.4　　　　　　　　　　　　　　各支渠长度及灌溉面积

渠别	一支	二支	三支	合计
长度/km	4.2	4.6	4.0	
灌溉面积/万亩	0.85	1.24	1.08	3.17

解：（1）推求典型支渠（三支渠）及其所属斗、农渠的设计流量。

1）计算农渠的设计流量三支渠的田间净流量为

$$Q_{3支田净}=A_{3支}q_设=1.08\times0.8=0.864(\text{m}^3/\text{s})$$

因为斗、农渠分两组轮灌，同时工作的斗渠有 3 条，同时工作的农渠有 5 条，所以，农渠的田间净流量为

$$Q_{农田净}=\frac{Q_{支田净}}{nk}=\frac{0.864}{3\times5}=0.0576(\text{m}^3/\text{s})$$

取田间水利用系数 $\eta_f=0.95$，则农渠的净流量为

$$Q_{农净} = \frac{Q_{农田净}}{\eta_f} = \frac{0.0576}{0.95} = 0.061(\text{m}^3/\text{s})$$

灌区土壤属中黏壤土，土壤透水性参数为 $A = 1.9$，$m = 0.4$。据此可计算农渠每公里输水损失系数：

$$\sigma_{农} = \frac{A}{100Q_{农净}^m} = \frac{1.9}{100 \times 0.061^{0.4}} = 0.0582$$

农渠的毛流量或设计流量为

$$Q_{农毛} = Q_{农净}(1 + \sigma_{农} L_{农}) = 0.061 \times (1 + 0.0582 \times 0.4) = 0.062(\text{m}^3/\text{s})$$

2）计算斗渠的设计流量因为一条斗渠内同时工作的农渠有 5 条，所以，斗渠的净流量等于 5 条农渠的毛流量之和：

$$Q_{斗净} = 5Q_{农毛} = 5 \times 0.062 = 0.31(\text{m}^3/\text{s})$$

农渠分两组轮灌，各组要求斗渠供给的净流量相等。但是，第 Ⅱ 轮灌组距半渠进水口较远，输水损失水量较多，据此求得的斗渠毛流量较大。因此，以第 Ⅰ 轮灌组灌水时需要的斗渠毛流量作为斗渠的设计流量，斗渠的平均工作长度 $L_{斗} = 1.4\text{km}$。

斗渠每公里输水损失系数为

$$\sigma_{斗} = \frac{A}{100Q_{斗净}^m} = \frac{1.9}{100 \times 0.31^{0.4}} = 0.0304$$

斗渠的毛流量或设计流量为

$$Q_{斗毛} = Q_{斗净}(1 + \sigma_{斗} L_{斗}) = 0.31 \times (1 + 0.0304 \times 1.4) = 0.032(\text{m}^3/\text{s})$$

3）计算三支渠的设计流量，斗渠也是分两组轮灌，以第 Ⅱ 轮灌组要求的支渠毛流量作为支渠的设计流量。支渠的平均工作长度 $L_{支} = 3.2\text{km}$。

支渠的净流量为

$$Q_{3支净} = 5Q_{斗毛} = 3 \times 0.323 = 0.969(\text{m}^3/\text{s})$$

支渠每公里输水损失系数为

$$\sigma_{3支} = \frac{A}{100Q_{3支净}^m} = \frac{1.9}{100 \times 0.969^{0.4}} = 0.0192$$

支渠的毛流量为

$$Q_{3支毛} = Q_{3支净}(1 + \sigma_{3支}L_{3支}) = 0.969 \times (1 + 0.0192 \times 3.2)$$
$$= 1.029(\text{m}^3/\text{s})$$

（2）计算三支渠的灌溉水利用系数。

$$\eta_{3支水} = \frac{Q_{3支田净}}{Q_{3支毛}} = \frac{0.864}{1.029} = 0.84$$

（3）计算一、二支渠的设计流量。

1）计算一、二支渠的田间净流量。

$$Q_{1支田净} = 0.85 \times 0.8 = 0.68(\text{m}^3/\text{s})$$
$$Q_{2支田净} = 1.24 \times 0.8 = 0.99(\text{m}^3/\text{s})$$

2) 计算一、二支渠的设计流量。以典型支渠（三支渠）的灌溉水利用系数作为扩大指标，用来计算其他支渠的设计流量。

$$Q_{1支毛} = \frac{Q_{1支田净}}{\eta_{3支水}} = \frac{0.68}{0.84} = 0.81(m^3/s)$$

$$Q_{2支毛} = \frac{Q_{2支田净}}{\eta_{3支水}} = \frac{0.99}{0.84} = 1.18(m^3/s)$$

（4）推求干渠各段的设计流量。

1) BC 段的设计流量。

$$Q_{BC净} = Q_{3支毛} = 1.03(m^3/s)$$

$$\sigma_{BC} = \frac{1.9}{100 \times 1.03^{0.4}} \approx 0.019$$

$$Q_{BC毛} = Q_{BC净}(1 + \sigma_{BC} L_{BC}) = 1.03 \times (1 + 0.019 \times 2.4) = 1.08(m^3/s)$$

2) AB 段的设计流量。

$$Q_{AB净} = Q_{BC毛} + Q_{2支毛} = 1.08 + 1.18 = 2.26(m^3/s)$$

$$Q_{AB} = \frac{1.9}{100 \times 2.26^{0.4}} = 0.0137$$

$$Q_{AB毛} = Q_{AB净}(1 + \sigma_{AB} L_{AB}) = 2.26 \times (1 + 0.0137 \times 1.8) = 2.32(m^3/s)$$

3) OA 段的设计流量。

$$Q_{OA净} = Q_{AB毛} + Q_{1支毛} = 2.32 + 0.18 = 3.13(m^3/s)$$

$$Q_{OA} = \frac{1.9}{100 \times 3.13^{0.4}} = 0.012$$

$$Q_{OA} = Q_{OA净}(1 + \sigma_{AB} L_{AB}) = 3.13 \times (1 + 0.012 \times 1.5) = 3.19(m^3/s)$$

5.3.5 渠道最小流量和加大流量的计算

1. 渠道最小流量的计算

以修正灌水模数图中的最小灌水模数值作为计算渠道最小流量的依据，计算的方法步骤和设计流量的计算方法相同，不再赘述。

对于同一条渠道，其设计流量 $Q_{设}$ 与最小流量 $Q_{最小}$ 相差不要过大，否则在用水过程中，有可能因水位不够而造成引水困难。为了保证对下级渠道正常供水，目前有些灌区规定渠道最小流量以不低于渠道设计流量的 40% 为宜；也有的灌区规定渠道最低水位等于或大于 70% 的设计水位，在实际灌水中，如某次灌水定额过小，可适当缩短供水时间，集中供水，使流量大于最小流量。

2. 渠道加大流量计算

渠道加大流量的计算是以设计流量为基础，给设计流量乘以"加大系数"计算：

$$Q_J = JQ_d \tag{5.3.19}$$

式中：Q_J 为渠道加大流量，m^3/s；J 为渠道流量加大系数，见表 5.3.5；Q_d 为渠道设计流量，m^3/s。

表 5.3.5 渠 道 流 量 加 大 系 数

设计流量/(m³/s)	<1	1~5	5~10	10~30	>30
加大系数 J	1.35~1.30	1.30~1.25	1.25~1.20	1.20~1.15	1.15~1.10

轮灌渠道控制面积较小，轮灌组内各条渠道的输水时间和输水流量可以适当调剂，因此，轮灌渠道不考虑加大流量。在抽水灌区，渠首泵站设有备用机组时，干渠的加大流量按备用机组的抽水能力而定。

5.4 灌溉渠道纵横断面设计

灌溉渠道的设计流量、最小流量和加大流量确定以后，就可据此设计渠道的纵横断面。设计流量是进行水力计算、确定渠道过水断面尺寸的主要依据。最小流量主要用来校核对下级渠道的水位控制条件，判断当上级渠道输送最小流量时，下级渠道能否引足相应的最少流量。如果不能满足某条下级渠道的进水要求，就要在该分水口下游设节制闸，壅高水位，满足其取水要求。加大流量是确定渠道断面深度和堤顶高程的依据。

渠道纵断面和横断面的设计是互相联系、互为条件的。在设计实践中，不能把他们截然分开，而要通盘考虑、交替进行、反复调整，最后确定合理的设计方案。但为了叙述方便，还得把纵、横断面设计方法分别予以介绍。

合理的渠道纵、横断面除了满足渠道的输水、配水要求外，还应满足渠床稳定条件，包括纵向稳定和平面稳定两个方面。纵向稳定要求渠道在设计条件下工作时，不发生冲刷和淤积，或在一定时期内冲淤平衡。平面稳定要求渠道在设计条件下工作时，渠道水流不发生左右摇摆。

5.4.1 渠道纵横断面设计原理

灌溉渠道一般都是正坡明渠。在渠首进水口和第一个分水口之间或在相邻两个分水口之间，如果忽略蒸发和渗漏损失，渠段内的流量是常数。为了水流平顺和施工方便，在一个渠段内要采用同一个过水断面和同一个比降，渠床表面要具有相同的糙率。因此，渠道水深、过水断面面积和平均流速也就沿程不变。这就表明渠中水流在重力作用下运动，重力沿流动方向的分量与渠床的阻力平衡。这种水流状态称为明渠均匀流。在渠道建筑物附近，因阻力变化，水流不能保持均匀流状态，但影响范围很小，其影响结果在局部水头损失中考虑。因此，灌溉渠道可以按明渠均匀流公式设计。

明渠均匀流的基本公式是

$$v = C\sqrt{Ri} \tag{5.4.1}$$

式中：v 为渠道平均流速，m/s；C 为谢才系数，$m^{0.5}/s$；R 为水力半径，m；i 为渠底比降。

谢才系数常用曼宁公式计算：

$$C = \frac{1}{n}R^{1/6} \tag{5.4.2}$$

式中：n 为渠床糙率系数。

$$Q = AC\sqrt{Ri} \tag{5.4.3}$$

式中：Q 为渠道设计流量，m^3/s；A 为渠道过水断面面积，m^2。

5.4.2 梯形渠道横断面设计方法

设计渠道时要求工程量小，投资少，即在设计流量 Q、比降 i、糙率系数 n 值相同的条件下应使过水断面面积最小，或在过水断面面积 A、比降 i、糙率系数 n 值相同的条件下，使通过的流量 Q 最大。符合这些条件的断面称为水力最佳断面。从式（5.4.3）可以看出，当 A、n、i 一定时，水力半径最大或湿周最小的断面就是水力最佳断面。在各种几何图形中，以圆形断面的周界最小。所以半圆形断面是水力最佳断面。但天然土渠修成半圆形是很困难的，也是不稳定的，只能修成接近半圆的梯形断面。

1. 渠道设计的依据

渠道设计的依据除输水流量外，还有渠底比降、渠床糙率、渠道边坡系数、稳定渠床的宽深比以及渠道的不冲、不淤流速等。

（1）渠底比降。在坡度均一的渠段内，两端渠底高差和渠段水平长度的比值称为渠底比降。比降选择是否合理关系到工程造价和控制面积，应根据渠道沿线的地面坡度、下级渠道进水口的水位要求、渠床土质、水源含沙情况、渠道设计流量大小等因素，参考当地灌区管理运用经验，选择适宜的渠底比降。为了减少工程量，应尽可能选用和地面坡度相近的渠底比降。一般随着设计流量的逐级减小，渠底比降应逐级增大。干渠及较大支渠的上、下游流量相差很大时，可采用不同的比降，上游平缓，下游较陡。抽水灌区的渠道应在满足泥沙不淤的条件下尽量选择平缓的比降，以减小提水扬程和灌溉成本。

在设计工作中，可参考地面坡度和下级渠道的水位要求先初选一个比降，计算渠道的过水断面尺寸，再按不冲速、不淤流速进行校核，如不满足要求，再修改比降，重新计算。

（2）渠床糙率系数。渠床糙率系数 n 是反映渠床粗糙程度的技术参数。该值选择的是否切合实际，直接影响到设计成果的精度。如果 n 值选得太大，设计的渠道断面就偏大，不仅增加了工程量，而且会因实际水位低于设计水位而影响下级渠道的进水。如果 n 值取得太小，设计的渠道断面就偏小，输水能力不足，影响灌溉用水。糙率系数值的正确选择不仅要考虑渠床土质和施工质量，还要估计到建成后的管理养护情况。

（3）渠道的边坡系数。渠道的边坡系数 m 是渠道边坡倾斜程度的指标，其值等于边坡在水平方向的投影长度和在垂直方向投影长度的比值。m 值的大小关系到渠坡的稳定，要根据渠床土壤质地和渠道深度等条件选择适宜的数值。大型渠道的边坡系数应通过土工试验和稳定分析确定；中小型渠道的边坡系数根据经验选定。

（4）渠道断面的宽深比。渠道断面的宽深比 a 是渠道底宽 b 和水深 h 的比值。宽深比对渠道工程量和渠床稳定有较大影响。

渠道宽深比的选择要考虑以下要求：

1）工程量最小在渠道比降和渠床糙率一定的条件下，通过设计流量所需要的最小过水断面称为水力最优断面，采用水力最优断面的宽深比可使渠道工程量最小。梯形渠道水力最优断面的宽深比按下式计算：

$$a_0 = 2(\sqrt{1+m^2} - m) \tag{5.4.4}$$

式中：a_0 为梯形渠道水力最优断面的宽深比；m 为梯形渠道的边坡系数。

根据式（5.4.4）可算出不同边坡系数相应的水力最优断面的宽深比，见表5.4.1[18]。

表 5.4.1　　　　　　　　　　　　　　　$m-a_0$ 关系表

边坡系数 m	0	0.25	0.50	0.75	1.00	1.25	1.50	1.75	2.00	3.00
a_0	2.00	1.56	1.24	1.00	0.83	0.70	0.61	0.53	0.47	0.32

水力最优断面具有工程量最小的优点，小型渠道和石方渠道可以采用。对大型渠道来说，因为水力最优断面比较窄深，开挖深度大，可能受地下水影响，施工困难，劳动效率较低，而且渠道流速可能超过允许不冲流速，影响渠床稳定。所以，大型渠道常采用宽浅断面。可见，水力最优断面仅仅指输水能力最大的断面，不一定是最经济的断面，渠道设计断面的最佳形式还要根据渠床稳定要求、施工难易等因素确定。

2）断面稳定渠道断面过于窄深，容易产生冲刷；过于宽浅，又容易淤积，都会使渠床变形。稳定断面的宽深比应满足渠道不冲、不淤要求，它与渠道流量、水流含沙情况、渠道比降等因素有关，应在总结当地已成渠道运行经验的基础上研究确定。比降小的渠道应选较小的宽深比，以增大水力半径，加快水流速度；比降大的渠道应选较大的宽深比，以减小流速，防止渠床冲刷。

（5）渠道的不冲不淤流速。在稳定渠道中，允许的最大平均流速为临界不冲流速，简称不冲流速，用 v_{cs} 表示；允许的最小平均流速称为临界不淤流速，简称不淤流速，用 v_{cd} 表示。为了维持渠床稳定，渠道通过设计流量时的平均流速（设计流速）v_d 应满足以下条件：

$$v_{cd} < v_d < v_{cs}$$

1）渠道的不冲流速。水在渠道中流动时，具有一定的能量，这种能量随水流速度的增加而增加，当流速增加到一定程度时，渠床上的土粒就会随水流移动，土粒将要移动而尚未移动时的水流速度就是临界不冲流速或简称不冲流速。

渠道不冲流速和渠床土壤性质、水流含沙情况、渠道断面水力要素等等因素有关，具体数值要通过试验研究或总结已成渠道的运用经验而定。一般土渠的不冲流速为0.6～0.9m/s。

土质渠道的不冲流速也可用吉尔什坎公式计算：

$$v_{cs} = KQ^{0.1} \tag{5.4.5}$$

式中：v_{cs} 为渠道不冲流速，m/s；K 为根据渠床土壤性质而定的耐冲系数（表5.4.2）；Q 为渠道的设计流量，m^3/s。

有衬砌护面的渠道的不冲流速比土渠大得多，如混凝土护面的渠道允许最大流速可达12m/s。但从渠床稳定考虑，仍应对衬砌渠道的允许最大流速限制在较小的数值。

2）渠道的不淤流速。渠道水流的挟沙能力随流速的减小而减小，当流速小到一定程度时，部分泥沙就开始在渠道内淤积。泥沙将要沉积而尚未沉积时的流速就是临界不淤流速。渠道不淤流速主要取决于渠道含水情况和断面水力要素，也应通过试验研究或总结实践经验而定。在缺乏实际研究成果时，可选用有关经验公式进行计算。

表 5.4.2 渠床土壤耐冲程度系数 *K* 值

非黏聚性土	K	黏聚性土	K
中砂土	0.45～0.50	砂壤土	0.53
粗砂土	0.50～0.60	轻黏壤土	0.57
小砾石	0.60～0.75		
中砾石	0.75～0.90	中黏壤土	0.62
大砾石	0.90～1.00	重黏壤土	0.69
小卵石	1.00～1.30	黏土	0.75
中卵石	1.30～1.45		
大卵石	1.45～1.60	重黏土	0.85

含沙量很小的清水渠道虽无泥沙淤积威胁，但为了防止渠道长草，影响输水能力，对渠道的最小流速仍有一定限制，通常要求大型渠道的平均流速不小于 0.5m/s，小型渠道的平均流速不小于 0.3～0.4m/s。

2. 渠道水力计算

渠道水力计算的任务是根据上述设计依据，通过计算，确定渠道过水断面的水深 h 和底宽 b。土质渠道梯形断面的水力计算方法有以下 4 种：

（1）一般断面的水力计算。这是广泛使用的渠道设计方法。根据式（5.4.3）用试算法求解渠道的断面尺寸，具体步骤如下：

1）假设 b、h 值为了施工方便，底宽 b 应取整数。因此，一般先假设一个整数的 b 值，再选择适当的宽深比 a，用公式 $h = \dfrac{b}{a}$ 计算相应的水深值。

2）计算渠道过水断面的水力要素。根据假设的 b、h 值计算相应的过水断面面积 A、湿周 P、水力半径 R 和谢才系数 C，计算公式如下：

$$A = (b + mh)h \tag{5.4.6}$$

$$P = b + 2h\sqrt{1 + m^2} \tag{5.4.7}$$

$$R = \frac{A}{P} \tag{5.4.8}$$

用式（5.4.2）计算谢才系数 C 值。

3）用式（5.4.3）计算渠道流量。

4）校核渠道输水能力。上面计算出来的渠道流量 $Q_{计算}$ 是假设的 b、h 值相应的输水能力，一般不等于渠道的设计流量 Q，通过试算，反复修改 b、h 值，直至渠道计算流量等于或接近渠道设计流量为止。要求误差不超过 5%，即设计渠道断面应满足的校核条件是

$$\left| \frac{Q - Q_{计算}}{Q} \right| \leqslant 0.05 \tag{5.4.9}$$

在试算过程中，如果计算流量和设计流量相差不大时，只需修改 h 值，再行计算；如两者相差很大时，就要修改 b、h 值，再行计算。为了减少重复次数，常用图解法配合：在底宽不变的条件下，用三次以上的试算结果绘制 h-$Q_{计算}$ 关系曲线，确定渠道设计流量

Q 相应的设计水深 h_d。

5）校核渠道流速。

$$v_d = \frac{Q}{A} \tag{5.4.10}$$

渠道的设计流速应满足前面提到的校核条件：

$$v_{cd} < v_d < v_{cs}$$

如不满足流速校核条件，就要改变渠道的底宽 b 值和渠道断面的宽深比，重复以上计算步骤。直到既满足流量校核条件又满足流速校核条件为止。

【例题 5.2】　某灌溉渠道采用梯形断面，设计流量 $Q = 3.2\text{m}^3/\text{s}$，边坡系数 $m = 1.5$，渠道比降 $i = 0.0005$，渠床糙率系数 $n = 0.025$，渠道不冲流速 $v_{cs} = 0.8\text{m/s}$，该渠道为清水渠道，无防淤要求，为了防止长草，最小允许流速为 0.4m/s。求渠道过水断面尺寸。

解：（1）初设 $b = 2\text{m}$，$h = 1\text{m}$，作为第一次试算的断面尺寸。

（2）计算渠道断面各水力要素：

$$A = (b + mh)h = (2 + 1.5 \times 1) \times 1 = 3.5(\text{m}^2)$$

$$P = b + 2h\sqrt{1 + m^2} = 2 + 2 \times \sqrt{1 + 1.5^2} = 5.61(\text{m})$$

$$R = \frac{A}{P} = \frac{3.5}{5.61} = 0.624(\text{m})$$

$$C = \frac{1}{n}R^{1/6} = \frac{1}{0.025} \times 0.624^{1/6} = 36.98$$

（3）计算渠道输水流量 $Q_{计算}$：

$$Q_{计算} = AC\sqrt{Ri} = 3.5 \times 36.98 \times \sqrt{0.624 \times 0.0005} = 2.286(\text{m}^3/\text{s})$$

（4）校核渠道输水能力：

$$\frac{Q - Q_{计算}}{Q} = \frac{3.2 - 2.286}{3.2} = 0.0286 > 0.05$$

可以看出，流量校核不满足要求，需更换 h 值，重新计算。再假设 $h = 1.1\text{m}$，1.15m，1.12m，按上述步骤进行计算，计算结果见表 5.4.3。

表 5.4.3　　　　　　　　　　　　渠道过水断面水力要素

h/m	A/m^2	P/m	R/m	$C/(\text{m}^{1/2}/\text{s})$	$Q_{计算}/(\text{m}^3/\text{s})$
1.0	3.50	5.61	0.624	36.98	2.286
1.1	4.02	5.97	0.673	37.45	2.76
1.15	4.28	6.15	0.697	37.66	3.012
1.22	4.67	6.40	0.730	37.96	3.39

按表 5.4.3 中的计算结果绘制 h-$Q_{计算}$ 关系曲线，从曲线上确定 $Q = 3.2\text{m}^3/\text{s}$ 相应的 $h_d = 1.185\text{m}$。

（5）校核渠道流速：

$$v_d = \frac{Q}{A} = \frac{3.2}{2 + 1.5 \times 1.185} = 0.715(\text{m/s})$$

设计流速满足校核条件

$$0.8 > 0.715 > 0.4$$

所以，渠道设计过水断面的尺寸是：$b_d = 2.0$m，$h_d = 1.185$m。

（2）水力最优梯形断面的水力计算。采用水力最优梯形断面时，可按以下步骤直接求解：

1）计算渠道的设计水深。由梯形渠道力最优断面的宽深比［式（5.4.5）］和明渠均匀流流量［式（5.4.3）］推得水力最优断面的渠道设计水深为

$$h_d = 1.189 \times \left[\frac{nQ}{(2\sqrt{1+m^2}-m)\sqrt{i}} \right]^{3/8} \tag{5.4.11}$$

式中：h_d 为渠道设计水深，m。

2）计算渠道的设计底宽。

$$b_d = a_0 h_d \tag{5.4.12}$$

式中：b_d 为渠道的设计底宽，m；a_0 为梯形渠道断面的最优宽深比。

3）校核渠道流速。流速计算和校核方法与采用一般断面时相同。如设计流速不满足校核条件时，说明不宜采用水力最优断面形式。

需要指出，前面几种渠道水力计算方法都是以渠道设计流速满足不冲和不淤流速为条件的，适用于清水渠道或含沙量不多的渠道断面设计。

【例题 5.3】 某灌溉干渠设计流量 $Q_d = 45$m³/s，比降 $i = 1/6000$，糙率系数 $n = 0.0225$，边坡系数 $m = 1.5$，临界流速比 $M = 0.95$。求过水断面尺寸。

解：（1）假设渠道水深 $h = 2.5$m。

（2）普遍意义的临界流速公式为

$$v = 0.546Mh^{0.64} = 0.546 \times 0.95 \times 2.5^{0.64} = 0.93 (\text{m/s})$$

（3）计算渠道过水断面面积：

$$A = \frac{Q}{v} = \frac{45}{0.93} = 48.4 (\text{m}^2)$$

（4）计算渠道底宽：

$$b = \frac{A - mh^2}{h} = \frac{48.4 - 1.5 \times 2.5^2}{2.5} = 15.6 (\text{m})$$

（5）计算渠道湿周 P 和水力半径 R：

$$P = b + 2h\sqrt{1+m^2} = 15.6 + 2 \times 2.5\sqrt{1+1.5^2} = 24.6 (\text{m})$$

$$R = \frac{A}{P} = \frac{48.4}{24.6} = 1.97 (\text{m})$$

（6）计算实际流速：

$$v_a = \frac{23 + \frac{1}{n} + \frac{0.00155}{i}}{1 + \left(23 + \frac{0.00155}{i}\right)\frac{n}{\sqrt{R}}} \sqrt{Ri}$$

$$= \frac{23 + \frac{1}{0.0225} + 0.00155 \times 6000}{1 + (23 + 0.00155 \times 6000)\frac{0.0225}{\sqrt{1.97}}} \times \sqrt{1.97 \times \frac{1}{6000}} = 0.92 (\text{m/s})$$

由于 $v_a \approx v$，即实际流速非常趋近于临界流速，故假设的渠道水深就是设计水深，相应的渠道设计底宽和设计水深即分别为：$b_d = b = 15.6 \text{m}$，$h_d = h = 2.5 \text{m}$。

5.4.3 渠道过水断面以上部分的有关尺寸

1. 渠道加大水深

渠道通过加大流量 Q_j 时的水深称为加大水深 h_j。计算加大水深时，渠道设计底宽 b_d 已经确定，明渠均匀流流量公式中只包含一个未知数，但因公式形式复杂，直接求解仍很困难。通常还是用试算法或查诺模图求加大水深，计算的方法步骤和求设计水深的方法相同。

如果采用水力最优断面，可近似地用式（5.4.11）直接求解，只需将公式的 h_d 和 Q 换成 h_j 和 Q_j。

2. 安全超高

为了防止风浪引起渠水漫溢，保证渠道安全运行，挖方渠道的渠岸和填方渠道的堤顶应高于渠道的加大水位，要求高出的数值称为渠道的安全超高，通常用经验公式计算。GB 50288—2016《灌溉与排水工程设计规范》建议按下式计算渠道的安全超高 Δh。

$$\Delta h = \frac{1}{4}h_j + 0.2 \tag{5.4.13}$$

3. 堤顶宽度

为了便于管理和保证渠道安全运行，挖方渠道的渠岸和填方渠道的堤顶应有一定的宽度，以满足交通和渠道稳定的需要。渠岸和堤顶的宽度可按下式计算：

$$D = h_j + 0.3 \tag{5.4.14}$$

式中：D 为渠岸或堤顶宽度，m；h_j 为渠道的加大水深，m。

如果渠堤与主要交通道路相交，渠岸或堤顶宽度应根据交通要求确定。根据 JTGB 01—2014《公路工程技术标准》把公路按其任务、性质和交通量分为五级，又按地形和公路等级规定了路基宽度和行车道宽度。

5.4.4 渠道横断面结构

由于渠道过水断面和渠道沿线地面的相对位置不同，渠道断面有挖方断面、填方断面和半挖半填断面三种形式，其结构各不相同。

1. 挖方渠道断面结构

对挖方渠道，为了防止坡面径流的侵蚀、渠坡坍塌以及便于施工和管理，除正确选择边坡系数外，当渠道挖深大于 5m 时，应每隔 3～5m 高度设置一道平台。第一级平台的高程和渠岸（顶）高程相同，平台宽度约 1～2m。如平台兼作道路，则按道路标准确定平台宽度。在平台内侧应设置集水沟，汇集坡面径流，并使之经过沉沙井和陡槽集中进入渠道，如图 5.4.1 所示。挖深大于 10m 时，不仅施工困难，边坡也不易稳定，应改用隧洞等。第一级平台以上的渠坡根据干土的抗剪强度而定，可尽量陡一些。

2. 填方渠道断面结构

填方渠道易于溃决和滑坡，要认真选择内、外边坡系数。填方高度大于 3m 时，应通过稳定分析确定边坡系数，有时需在外坡脚处设置排水反滤体。填方高度很大时，需在外坡设置平台。位于不透水层上的填方渠道，当填方高度大于 5m 或高于两倍设计水深时，

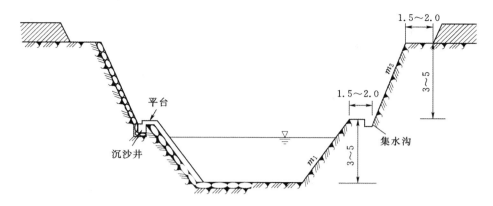

图 5.4.1 挖方渠道断面示意图（单位：m）

一般应在渠堤内加设纵横排水槽。填方渠道会发生沉陷，施工时应预留沉陷高度，一般增加设计填高的 10%。在渠底高程处，堤宽应等于 $5\sim10h$，根据土壤的透水性能而定，h 为渠道水深。填方渠道横断面结构如图 5.4.2 所示。

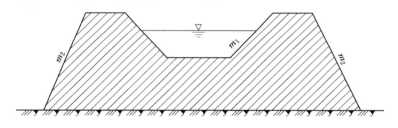

图 5.4.2 填方渠道横断面示意图

3. 半挖半填渠道断面结构

半挖半填渠道的挖方部分可为筑堤提供土料，而填方部分则为挖方弃土提供场所。当挖方量等于填方量（考虑沉陷影响，外加 10%～30% 的土方量）时，工程费用最少。挖填土方相等时的挖方深度口可按下式计算：

$$(b+mx)x=(1.1\sim1.3)2a\left(d+\frac{m_1+m_2}{2}a\right) \tag{5.4.15}$$

式中符号的含义如图 5.4.3 所示。系数 1.1～1.3 是考虑土体沉陷而增加的填方量，沙质土取 1.1；壤土取 1.15；黏土取 1.2；黄土取 1.3。

为了保证渠道的安全稳定，半挖半填渠道堤底的宽度 B 应满足以下条件：

$$B\geqslant(5\sim10)(h-x) \tag{5.4.16}$$

5.4.5 渠道的纵断面设计

灌溉渠道不仅要满足输送设计流量的要求，还要满足水位控制的要求。横断面设计通过水力计算确定了能通过设计流量的断面尺寸，满足了前一个要求。纵断面设计的任务是根据灌溉水位要求确定渠道的空间位置，先确定不同桩号处的设计水位高程，再根据设计水位确定渠底高程、堤顶高程、最小水位等。

1. 灌溉渠道的水位推算

为了满足自流灌溉的要求，各级渠道入口处都应具有足够的水位。这个水位是根据灌

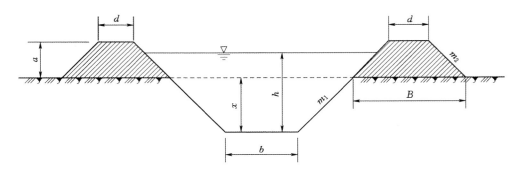

图 5.4.3　半挖半填渠道断面示意图

溉面积上控制点的高程加上各种水头损失，自下而上逐级推算出来的。水位公式如下：

$$H_{进}＝A_0＋\Delta h＋\sum Li＋\sum \psi \qquad (5.4.17)$$

式中：$H_{进}$ 为渠道进水口处的设计水位，m；A_0 为渠道灌溉范围内控制点的地面高程，m，控制点是指较难灌到水的地面，在地形均匀变化的地区，控制点选择的原则是：如沿渠地面坡度大于渠道比降，渠道进水口附近的地面高程点最难控制；反之，渠尾地面高程点最难控制；Δh 为控制点地面与附近末级固定渠道设计水位的高差，一般取 0.1～0.2m；L 为渠道的长度，m；i 为渠道的比降；ψ 为水流通过渠系建筑物的水头损失，m，可参考表5.4.4 所列数值选用。

表 5.4.4　　　　　　　　渠道建筑物水头损失最小数值表

渠别	控制面积/万亩	水头损失最小值/m				
		进水闸	节制闸	渡槽	倒虹吸	公路桥
干渠	10.00～40.00	0.10～0.20	0.10	0.15	0.40	0.05
支渠	1.00～6.00	0.10～0.20	0.07	0.07	0.30	0.03
斗渠	0.30～0.40	0.05～0.15	0.05	0.05	0.20	0
农渠		0.05				

式（5.4.17）可用来推算任一条渠道进水口处的设计水位，推算不同渠道进水口设计水位时所用的控制点不一定相同，要在各条渠道控制的灌溉面积范围内选择相应的控制点。

2. 渠道纵断面图的绘制

渠道纵断面图包括：沿渠地面高程线、渠道设计水位线、渠道最低水位线、渠底高程线、堤顶高程线、分水口位置、渠道建筑物位置及其水头损失等，如图 5.4.4 所示。

渠道断面图按以下步骤绘制：

（1）绘地面高程线。在方格纸上建立直角坐标系，横坐标表示桩号，纵坐标表示高程。根据渠道中心线的水准测量成果（桩号和地面高程）按一定的比例点绘出地面高程线。

（2）标绘分水口和建筑物的位置。在地面高程线的上方，用不同符号标出各分水口和建筑物的位置[19]。

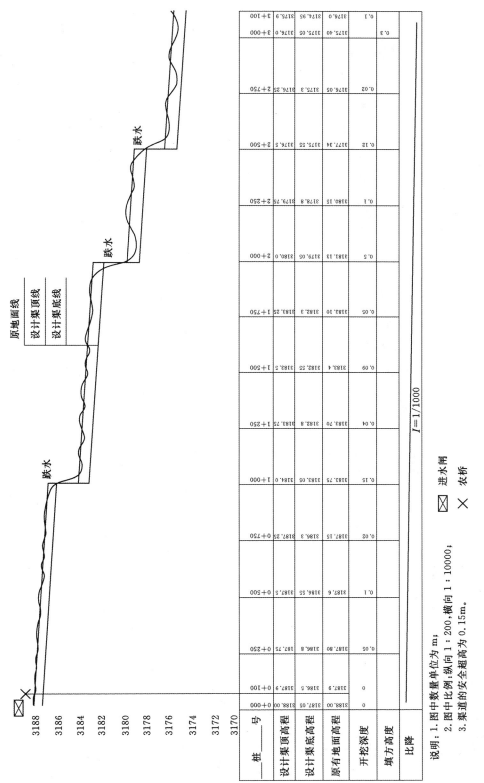

图 5.4.4（一） 纵断面图

（a）朗县仲达镇仲达引水渠 0+000～3+100 纵断面图

☒ 进水闸　　✕ 农桥

说明：1. 图中数量单位为 m；
2. 图中比例：纵向 1：200，横向 1：10000；
3. 渠道的安全超高为 0.15m。

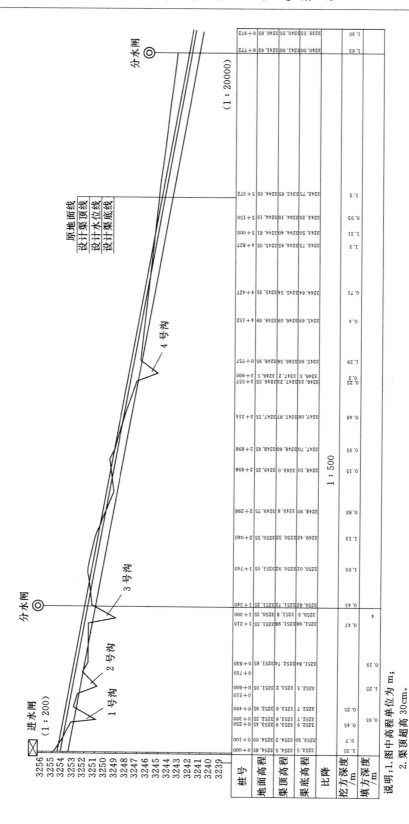

（b）卧巴塘引水渠总断面图

图 5.4.4（二） 纵断面图

桩号	地面高程	渠顶高程	渠底高程	比降	挖方深度/m	填方深度/m
0+000	3253.5	3254.5	3254.85	1.35		
0+100	3253.30	3254.35	3254.00	0.7		
0+250	3252.9	3253.45	3253.45	0.45		
0+300	3252.7	3253.6	3253.45	0.65		
0+400	3252.7	3253.6	3252.95	0.25		
0+510 3252.3		3253.2 3251.05		1.25		
0+600						
0+710	3251.84	3252.7	3251.65	0.19		
0+830						
1+210	3251.08	3251.98	3251.55	0.47		
1+300 3250.9		3251.8 3250.35		4		
1+340	3250.82	3251.7	3251.25	0.43		
1+740	3250.02	3250.9	3251.05	1.03		
2+040	3249.4	3250.2	3250.55	1.13		
2+298	3248.90	3249.8	3249.7	0.85		
2+698	3248.10	3249.0	3249.25	0.15		
2+898	3247.70	3248.60	3248.65	0.95		
3+214	3247.08	3247.87	3247.55	0.48		
3+557	3246.33	3247.2	3246.55	0.2		
3+600 3246.3		3247.2 3246.5				
3+757	3245.66	3246.56	3246.95	1.29		
4+152	3245.69	3246.09	3246.09	0.4		
4+427	3244.64	3245.54	3245.35	0.71		
4+827	3243.75	3244.65	3245.05	1.3		
5+000	3243.50	3244.40	3244.81	1.31		
5+150	3243.20	3244.10	3244.13	0.93		
5+372	3243.75	3244.65	3244.70	1.3		
6+772	3240.00	3241.00	3241.63	1.63		
6+972	3239.55	3240.55	3240.85	1.30		

说明：1.图中高程单位为 m；
2.渠顶超高 30cm。

（3）绘渠道设计水位线。参照水源或上一级渠道的设计水位、沿渠地面坡度、各分水点的水位要求和渠道建筑物的水头损失，确定渠道的设计比降，绘出渠道的设计水位线。该设计比降作为横断面水力计算的依据。如横断面设计在先，绘制纵断面图时所确定的渠道设计比降应和横断面水力计算时所用的渠道比降一致，如二者相差较大，难以采用横断面水力计算所用比降时，应以纵断面图上的设计比降为准，重新设计横断面尺寸。所以，渠道的纵断面设计和横断面设计要交错进行，互为依据。

（4）绘渠底高程线。在渠道设计水位线以下，以渠道设计水深为间距，画设计水位线的平行线，该线就是渠底高程线。

（5）绘制渠道最低水位线。从渠底线向上，以渠道最小水深（渠道设计断面通过最小流量时的水深）为间距，画渠底线的平行线，此即渠道最低水位线。

（6）绘堤顶高程线。从渠底线向上，以加大水深（渠道设计断面通过加大流量时的水深）与安全超高之和为间距，做渠底线的平行线，此即渠道的堤顶线。

（7）标注桩号和高程。在渠道纵断面的下方画一表格（图5.4.4），把分水口和建筑物所在位置的桩号、地面高程线突变处的桩号和高程、设计水位线和渠底高程线突变处的桩号和高程以及相应的最低水位和堤顶高程，标注在表格内相应的位置上。桩号和高程必须写在表示该点位置的竖线的左侧，并应侧向写出。在高程突变处，要在竖线左、右两侧分别写出高、低两个高程。

（8）标注渠道比降。在标注桩号和高程的表格底部，标出各渠段的比降。

到此，渠道纵断面图绘制完毕。

根据渠道纵、横断面图可以计算渠道的土方工程量。

3. 渠道纵断面设计中的水位衔接

在渠道设计中，常遇到建筑物引起的局部水头损失和渠道分水处上、下级渠道水位要求不同以及上下游不同渠段间水位不一致等问题，必须给予正确处理。

（1）不同渠段间的水位衔接。由于渠段沿途分水，渠道流量逐段减小，在渠道设计中经常出现相邻渠段间水深不同，上游水深，下游水浅，给水位衔接带来困难。处理办法有以下三种：

如果上、下段设计流量相差很小时，可调整渠道横断面的宽深比，在相邻两渠段间保持同一水深。

在水源水位较高的条件下，下游渠段按设计水位和设计水深确定渠底高程，并向上游延伸，画出上游渠段新的渠底线，再根据上游渠段的设计水深和新的渠底线，画出上游渠段新的设计水位线。

在水源水位较低、灌区地势平缓的条件下，既不能降低下游的设计水位高程，也不能抬高上游的设计水位高程时，不得不用抬高下游渠底高程的办法维持要求的设计水位。在上、下两渠段交界处渠底出现一个台阶，破坏了均匀流的条件，在台阶上游会引起泥沙淤积。这种做法应尽量避免。为了减少不利影响，下游渠底升高的高度不应大于 $15\sim20\text{cm}$。

（2）建筑物前后的水位衔接。渠道上的交叉建筑物（渡槽、隧洞、倒虹吸等）一般都有阻水作用，会产生水头损失，在渠道纵断面设计时，必须予以充分考虑。如建筑物较短，可将进、出口的局部水头损失和沿程水头损失累加起来（通常采用经验数值），在建筑物的中心位置集中扣除。如建筑物较长，则应按建筑物的位置和长度分别扣除其进、出口的局部水头损失和沿程水头损失。

跌水上、下游水位相差较大，由下落的弧形水舌光滑连接。但在纵断面图上可以简化，只画出上、下游渠段的渠底和水位，在跌水所在位置处用垂线连接。

（3）上、下级渠道的水位衔接。在渠道分水口处，上、下级渠道的水位应有一定的落差，以满足分水闸的局部水头损失。在渠道设计实践中通常采用的做法是：以设计水位为标准，上级渠道的设计水位高于下级渠道的设计水位，以此确定下级渠道的渠底高程。在这种设计条件下，当上级渠道输送最小流量时，相应的水位可能不满足下级渠道引取最小流量的要求。出现这种情况时，就要在上级渠道该分水口的下游修建节制闸，把上级渠道的最小水位从原来的 H_{min} 升高到 H'_{min}，使上、下级渠道的水位差等于分水闸的水头损失 ψ，以满足下级渠道引取最小流量的要求，如图 5.4.5（a）所示。如果水源水位较高或上级渠道比降较大，也可以最小水位为配合标准，抬高上级渠道的最小水位，使上、下级渠道的最小水位差等于分水闸的水头损失 ψ，以此确定上级渠道的渠底高程和设计水位，如图 5.4.5（b）所示。分水闸上游水位的升高可用两种方式来实现：

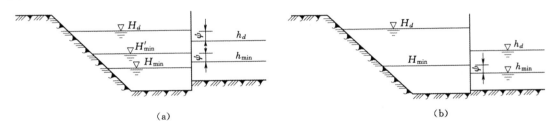

图 5.4.5　上、下级渠道水位衔接示意图

1）抬高渠首水位，不变渠道比降。

2）不变渠首水位，减缓上级渠道比降。

这两种抬高上级渠道水位的措施可用图 5.4.6 进一步说明，图中 H_1、H_2、H_3 分别代表一、二、三支渠进水口上游要求的最小水位；实线表示上级渠道原来的最小水位线，不能满足三支渠的引水要求；虚线表示改变渠道比降后的最小水位线；点画线表示抬高渠首水位后的最小水位线。第二种做法不需要修建节制闸，不产生渠道壅水和泥沙淤积，但要具有抬高渠首水位的条件。

5.4.6　衬砌渠道的横断面设计

衬砌渠道按其衬砌材料可分为两类：一类是土料衬砌渠道或具有土料保护层的衬砌渠道。这种衬砌渠道的纵横断面设计方法和一般土质渠道的设计方法相同。另一类是材料质地坚硬、抗冲性能良好的衬砌渠道。这类渠道渠床糙率较小、允许流速较大、工程投资较高，为了降低工程造价和节省渠道占地，常采用水力效率更高的断面形式，水力计算方法也有自己的特色。

衬砌护面应有一定的超高，以防风浪对渠床的淘刷。衬砌超高指加大水位到衬砌层顶端的垂直距离。小型渠道可采用 20～30cm，大型渠道可采用 30～60cm。

衬砌层顶端到渠道的堤顶或岸边也应有一定的垂直距离，以防衬砌层外露于地面，易

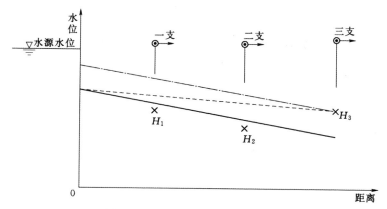

图 5.4.6 渠道最小水位调整方案

受交通车辆等机械损坏；也可防止地面径流直接进入衬砌层下面，威胁渠床和衬砌层的稳定，这个安全高度一般为 20~30cm。

下面，对衬砌渠道常用的几种非梯形断面形式及其水力计算方法作简要介绍。

1. 圆底三角形断面的水力计算

圆底三角形过水断面是以水面宽度的中点为圆心，以最大水深为半径，画一圆弧，作为渠底和两侧边坡

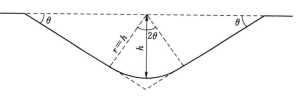

图 5.4.7 圆底三角形过水断面

相切，构成一个近似半圆形的过水断面，如图 5.4.7 所示。这种过水断面和水力最优断面十分接近，具有占地少、工程量省、输水能力大等优点，可用于中小型渠道。

圆底三角形过水断面的水力计算公式如下：

过水断面面积：

$$A = \pi h^2 + 2\frac{h^2 \cot\theta}{2} = h^2(\theta + \cot\theta) \tag{5.4.18}$$

式中：A 为过水断面积，m^2；h 为最大水深，m；θ 为渠道边坡和水平面的夹角。

过水断面的湿周：

$$P = 2\pi h\frac{\theta}{\pi} + 2h\cot\theta = 2h(\theta + \cot\theta) \tag{5.4.19}$$

式中：P 为过水断面的湿周，m。

过水断面的水力半径：

$$R = \frac{A}{P} = \frac{h^2(\theta + \cot\theta)}{2h(\theta + \cot\theta)} = \frac{h}{2} \tag{5.4.20}$$

根据断面平均流速公式可写出以下公式：

$$\frac{Q}{A} = \frac{1}{n}\left(\frac{h}{2}\right)^{2/3} i^{1/2} \tag{5.4.21}$$

根据式（5.4.21）可求出最大水深 h，即渠底圆弧的半径。

根据渠底床土质选定边坡系数 m 值，按下式计算坡角 θ 值：

99

$$m = \cot\theta \qquad (5.4.22)$$

根据 h、θ 值即可画出渠道的过水断面。

水面宽度 B 可从图上量出，也可用下式计算：

$$B = \frac{2h}{\sin\theta} \qquad (5.4.23)$$

渠道平均流速应满足不冲不淤要求。

【例题 5.4】 设计一混凝土衬砌渠道，设计流量 $Q = 20\text{m}^3/\text{s}$，渠道比降 $i = 1/10000$，边坡系数 $m = 1.25$，糙率系数选用 $n = 0.014$，断面形式选用圆底三角形断面。

解：

因为 $\cot\theta = m = 1.25$，则 $\theta = 0.675\text{rad} = 38.67°$。

$$A = h^2(\theta + \cot\theta) = h^2(0.675 + 1.25) = 1.925h^2$$

将已知的 Q、A、i、n 等代入式（5.4.21）得

$$\frac{20}{1.925h^2} = \frac{1}{0.014}\left(\frac{h}{2}\right)^{2/3}\left(\frac{1}{10000}\right)^{1/2} = 0.715\left(\frac{h}{2}\right)^{2/3}$$

由上式解出：$h = 3.24\text{m}$。

根据圆弧半径 $r = h = 3.24\text{m}$ 和 $\theta = 38.67°$，即可画出过水断面。也可根据式（5.4.23）计算水面宽度 B：

$$B = \frac{2h}{\sin\theta} = \frac{2 \times 3.24}{\sin 38.67°} = 10.37(\text{m})$$

渠道平均流速：

$$v = \frac{Q}{A} = \frac{20}{1.925 \times 3.24^2} = 0.99(\text{m/s})$$

显然，渠道流速满足校核要求。

2. 圆角梯形断面的水力计算

圆角梯形断面是以渠道的设计水深为半径，将梯形断面底部两个拐角变成圆弧，圆弧两端分别和渠底、边坡相切，渠底两切点间的距离为 b，圆心角为 θ，如图 5.4.8 所示。

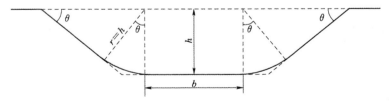

图 5.4.8 圆角梯形过水断面

把梯形断面两个拐角变为圆弧是提高渠道输水能力的一种有效方法。

圆角梯形断面的水力计算公式如下：

过水断面面积：

$$A = bh + 2\pi h^2\frac{\theta}{2\pi} + \frac{2h2\cot\theta}{2} = bh + h^2(\theta + \cot\theta) \qquad (5.4.24)$$

过水断面的湿周：

$$P = b + 2h(\theta + \cot\theta) \qquad (5.4.25)$$

渠道的输水能力：

$$Q=A\,\frac{1}{n}\left(\frac{A}{P}\right)^{2/3}i^{1/2} \tag{5.4.26}$$

式（5.4.26）中包含着 b、h 两个求知数，求解时，必须补充一个条件，或选择适宜的流速，或选择适宜的水深。

根据渠床土质选择适当的 θ 值，再求出 b、h 值，就可画出渠道的过水断面，水面宽度 B 可从图上量得，也可用下式计算：

$$B=b+\frac{2h}{\sin\theta} \tag{5.4.27}$$

渠道流速应满足不冲不淤要求。

【例题 5.5】 设计一圆角梯形混凝土渠道，$Q=100\mathrm{m^3/s}$，$i=1/4000$，$m=1.5$，$n=0.016$，$v=1.5\mathrm{m/s}$。

解：

因为 $\cot\theta=m=1.5$，则 $\theta=0.59\mathrm{rad}=33.8°$。

过水断面面积：

$$A=\frac{Q}{v}=\frac{100}{1.5}=66.67(\mathrm{m^2})$$

根据流速公式求水力半径：

$$v=\frac{1}{n}R^{2/3}i^{1/2}$$

即

$$1.5=\frac{1}{0.016}R^{2/3}\left(\frac{1}{4000}\right)^{1/2}$$

$$R=1.87\mathrm{m}$$

过水断面的湿周：

$$P=\frac{A}{R}=\frac{66.67}{1.87}=35.65(\mathrm{m})$$

将 $A=66.67\mathrm{m^2}$，$P=35.65\mathrm{m}$，$\theta=0.59\mathrm{rad}$，$\cot\theta=1.5$ 代入式（5.4.18）和式（5.4.19）得到以下两式：

$$66.67=bh+h^2\times2.09 \tag{1}$$

$$35.65=b+h\times4.18 \tag{2}$$

从（2）式得
$$b=35.65-4.18h \tag{3}$$

将（3）式代入（1）式得

$$66.67=(35.65-4.18h)h+2.09h^2$$

整理后得
$$h^2-17.1h+3.19=0$$

解该二次方程式得
$$h=2.145(\mathrm{m})$$

将 h 值代入（3）式得

$$b=35.65-4.18\times2.145=26.68(\mathrm{m})$$

根据 $b=26.68\mathrm{m}$，$h=2.145\mathrm{m}$，$\theta=33.8°$ 即可绘出过水断面图。从图上可量出水面宽度，亦可按下式计算：

$$B=b+\frac{2h}{\sin\theta}=26.68+\frac{2\times2.145}{\sin33.8°}=34.39(\text{m})$$

【例题 5.6】 设计一圆角梯形断面的混凝土渠道，$Q=400\text{m}^3/\text{s}$，$i=1/10000$，$m=1.25$，$n=0.014$，$h=5\text{m}$。

解:

因为 $\cot\theta=m=1.25$，则 $\theta=0.675\text{rad}=38.67°$。

$$A=bh+h^2(\theta+\cot\theta)=5b+25(0.625+1.25)=5b+48.13$$

$$P=bh+2h(\theta+\cot\theta)=b+10(0.675+1.25)=b+19.25$$

将 Q、A、P、n、i 的数值代入式（5.4.26）得

$$400=\frac{5b+48.13}{0.014}\left(\frac{5b+48.13}{b+19.25}\right)^{2/3}\left(\frac{1}{10000}\right)^{1/2}$$

虽然该式中只有一个未知数 b，但因公式复杂，难以直接求解，需按下式计算：

$$Q'=\frac{5b+48.13}{0.014}\left(\frac{5b+48.13}{b+19.25}\right)^{2/3}\left(\frac{1}{10000}\right)^{1/2}$$

假设一个底宽 b 值，算出相应的输水流量 Q'，当 Q' 等于或接近设计流量 Q 值时，假设的 b 值就可作为设计值。经过试算，该题的设计底宽为 $b=34\text{m}$。

根据 $h=5\text{m}$，$b=34.0\text{m}$，$\theta=38.67°$ 就可绘出渠道的过水断面。水面宽度可按下式计算：

$$B=b+\frac{2h}{\sin\theta}=34+\frac{2\times5}{\sin38.67°}=34+\frac{10}{0.625}=50(\text{m})$$

根据 b、h 值可算出水断面积和平均流速为

$$A=5\times34+48.13=218.13(\text{m}^2)$$

$$v=\frac{Q}{A}=\frac{400}{218.13}=1.83(\text{m/s})$$

对混凝土衬砌渠道来说，该流速值满足校核要求。

3. U 形断面的水力计算

U 形断面接近水力最优断面，具有较大的输水输沙能力，占地较少，省工省料，而且由于整体性好，抵抗基土冻胀破坏的能力较强，多用混凝土现场浇筑。

图 5.4.8 为 U 形断面示意图，下部为半圆形，上部为稍向外倾斜的直线段。直线段下切于半圆，外倾角 $\alpha=5°\sim20°$，随渠槽加深而增大。较大的 U 形渠道采用较宽浅的断面，深宽比 $H/B=0.65\sim0.75$，较小的 U 形渠道则宜窄深一点，深宽比可增大到 $H/B=1.0$。U 形渠道的衬砌超高 a_1 和渠堤超高 a（堤顶或岸边到加大水位的垂直距离）可参考表 5.4.5 确定。

表 5.4.5 　　　　　　　　　　**U 形渠道衬砌超高 a_1 和渠堤超高 a 值**

加大流量/(m³/s)	<0.5	0.5~1.0	1.0~10	10~30
a_1/m	0.1~0.15	0.15~0.2	0.2~0.35	0.35~0.5
a/m	0.2~0.3	0.3~0.4	0.4~0.6	0.6~0.8

注 衬砌体顶端以上土堤高一般用 0.2~0.3m。

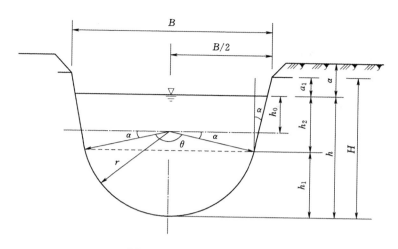

图 5.4.8 U 形断面示意图

U 形断面有关参数的计算公式见表 5.4.6。

表 5.4.6　　　　　　　　　　　　U 形断面有关参数计算公式

名称	符号	已知条件	计　算　式
过水断面	A	r、α、h_2	$\dfrac{r^2}{2}\left[\pi\left(1-\dfrac{\alpha}{90°}\right)-\sin2\alpha\right]+h_2(2r\cos\alpha+h_2\tan\alpha)$
湿周	P	r、α、h_2	$\pi r\left(1-\dfrac{\alpha}{90°}\right)+\dfrac{2h_2}{\cos\alpha}$
水力半径	R	A、P	$\dfrac{A}{P}$
上口宽	B	r、α、H	$2\{r\cos\alpha+[H-r(1-\sin\alpha)]\tan\alpha\}$
直线段外倾角	α	r、B、H	$\tan^{-1}\dfrac{B/2}{H-r}+\cos^{-1}\dfrac{r}{\sqrt{(B/2)^2+(H-r)^2}}-90°$
圆心角	θ	r、B、H	$360°-2\left[\tan^{-1}\dfrac{B/2}{H-r}+\cos^{-1}\dfrac{r}{\sqrt{(B/2)^2+(H-r)^2}}\right]$
圆弧段高度	h_1	r、α	$r(1-\sin\alpha)$
圆弧段以上水深	h_2	r、α、h	$h-r(1-\sin\alpha)$
水深	h	r、α、h_2	$h_2+r(1-\sin\alpha)$
衬砌渠槽高度	H	h、a_1	$h+a_1$

U 形断面水力计算的任务是根据已知的渠道设计流量 Q、渠床糙率系数 n 和渠道比降 i，求圆弧半径 r 和水深 h。由于断面各部分尺寸间的关系复杂，U 形断面的设计，需要借助某些尺寸间的经验关系，如式（5.4.28）和表 5.4.7 给出的经验关系。设计步骤如下：

表 5.4.7　　　　　　　　　　　　U 形渠道断面尺寸的经验关系

r/cm	15～30	30～60	60～100	100～150	150～200	200～250
α/(°)	5～6	6～8	8～12	12～15	15～18	18～20
N_0	0.65～0.35	0.35～0.30	0.30～0.25	0.25～0.20	0.20～0.15	0.15～0.10

（1）确定圆弧以上的水深 h_2，圆弧以上水深 h_2 和圆弧半径 r 有以下经验关系：

$$h_2 = N_a r \tag{5.4.28}$$

式中：N_a 为直线段外倾角为 α 时的系数。

$\alpha = 0$ 时的系数用 N_0 表示。

直线段的外倾角 α 和 N_0 值都随圆弧半径而变化，见表 5.4.7。

为了保持圆心以上的水深与 $\alpha = 0$ 时相同，则应遵守以下关系：

$$N_a = N_0 + \sin\alpha \tag{5.4.29}$$

（2）求圆弧的半径 r。将已知的有关数值代入明渠均匀流的基本公式，就可得到圆弧半径的计算式：

$$r = \frac{\left[\pi\left(1 - \dfrac{\alpha}{90°}\right) + \dfrac{2N_a}{\cos\alpha}\right]^{1/4}\left[\dfrac{nQ}{\sqrt{i}}\right]^{3/8}}{\left[\dfrac{\pi}{2}\left(1 - \dfrac{\alpha}{90°}\right) + (2N_a - \sin\alpha)\cos\alpha + N_a^2\tan\alpha\right]^{5/8}} \tag{5.4.30}$$

或

$$r = \frac{\left[\theta\dfrac{2N_a}{\cos\alpha}\right]^{1/4}\left[\dfrac{nQ}{\sqrt{i}}\right]^{3/8}}{\left[\dfrac{\theta}{2} + (2N_a - \sin\alpha)\cos\alpha + N_a^2\tan\alpha\right]^{5/8}} \tag{5.4.31}$$

式中：θ 为圆弧的圆心角，rad；Q 为渠道的设计流量，$\mathrm{m^3/s}$；r 为圆弧半径，m；α 为直线段的倾斜角，(°)。

（3）求渠道水深 h：

$$h = h_1 + h_2 = h_2 + r(1 - \sin\alpha) = r(N_a + 1 - \sin\alpha) \tag{5.4.32}$$

（4）校核渠道流速，计算过水断面面积：

$$A = \frac{r^2}{2}\left[\pi\left(1 - \frac{\alpha}{90°}\right) - \sin2\alpha\right] + h_2(2r\cos\alpha + h_2\tan\alpha) \tag{5.4.33}$$

计算断面平均流速：

$$v = \frac{Q}{A}$$

该断面平均流速应满足不冲不淤要求。

【例题 5.7】 某斗渠拟采用混凝土 U 形断面，$Q = 0.8\mathrm{m^3/s}$，$n = 0.014$，$i = 1/2000$，计算过水断面尺寸。

解：

根据经验估计 $r = 60 \sim 80\mathrm{cm}$，查表 5.4.7，选择 $\alpha = 10°$，$N_0 = 0.3$。

则
$$N_a = N_0 + \sin\alpha = 0.3 + \sin10° = 0.474$$
$$\theta = 180° - 20° = 160° = 2.793\,(\mathrm{rad})$$

$$r = \frac{\left[2.793 + \dfrac{2 \times 0.474}{\cos10°}\right]^{1/4}\left[\dfrac{0.014 \times 0.8}{\sqrt{0.0005}}\right]^{3/8}}{\left[\dfrac{2.793}{2} + (2 \times 0.474 - \sin10°)\cos10° + 0.474^2\tan10°\right]^{5/8}} = 0.657\,(\mathrm{m})$$

$$h = r(N_a + 1 - \sin\alpha) = 0.657(0.474 + 1 - \sin10°) = 0.854\,(\mathrm{m})$$

$$h_1 = r(1 - \sin\alpha) = 0.657(1 - \sin10°) = 0.543\,(\mathrm{m})$$

$$h_0 = h_2 - r\sin\alpha = (h - h_1) - r\sin\alpha = (0.854 - 0.543) - 0.657 \times 0.174 = 0.197\,(\mathrm{m})$$

$$A = \frac{0.657^2}{2} \times \left[3.1416 \times \left(1 - \frac{10°}{90°}\right) - \sin 20°\right] + 0.311 \times (2 \times 0.657 \times \cos 10°$$

$$+ 0.311 \times \tan 10°) = 0.949 (\text{m}^2)$$

$$v = \frac{Q}{A} = \frac{0.8}{0.949} = 0.843 (\text{m/s})$$

该流速值能满足不冲不淤要求。

第6章 灌 水 方 法

6.1 灌水方法的分类及适用条件

6.1.1 灌水方法的分类

灌水方法就是灌溉水进入田间并湿润根区土壤的方法与方式。其目的在于将集中的灌溉水流转化为分散的土壤水分，以满足作物对水、气、肥的需要。灌水方法一般是按照是否全面湿润整个农田和按照水输送到田间的方式和湿润土壤的方式来分类，常见的灌水方法可分为全面灌溉和局部灌溉两大类。

1. 全面灌溉

灌溉时湿润整个农田根系活动层内的土壤，传统的常规灌水方法都属于这一类。全面灌溉比较适合于密植作物。全面灌溉主要有地面灌溉和喷灌两类。

（1）地面灌溉。地面灌溉是水从地表面进入田间并借重力和毛细管作用浸润土壤，所以也称为重力灌水法。这种方法是最古老也是目前应用最广泛、最主要的一种灌水方法。按其湿润土壤方式的不同，又可分为畦灌、沟灌、淹灌和漫灌。

1）畦灌。畦灌是用田埂将灌溉土地分隔成一系列小畦。灌水时，将水引入畦田后，在畦田上形成很薄的水层，沿畦长方向流动，在流动过程中主要借重力作用逐渐湿润土壤的灌水方法。

2）沟灌。沟灌是在作物行间开挖灌水沟，水从输水沟进入灌水沟后，在流动的过程中主要借毛细管作用湿润土壤。和畦灌比较，其显著的优点是不会破坏作物根部附近的土壤结构，不会导致田面板结，能减少土壤蒸发损失，适用于宽行距的中耕作物。

3）漫灌。漫灌是在田间不做任何沟埂，灌水时任其在地面漫流，借重力渗入土壤，是一种比较粗放的灌水方法。灌水均匀性差，水量浪费较大。

（2）喷灌。喷灌是利用专门设备将有压水送到灌溉地段，并以喷头（出流量 $q > 250L/h$）喷射到空中散成细小的水滴，像天然降雨一样进行灌溉。其突出优点是对地形的适应性强，机械化程度高，灌水均匀，灌溉水利用系数高，尤其是适合于透水性强的土壤，并可调节空气湿度和温度。但基建投资较高，而且受风的影响大。

（3）微喷灌。微喷灌又称为微型喷灌或微喷灌溉，是用微喷头（出流量 $q > 250L/h$）将水喷洒在土壤表面。如果是湿润所有的灌溉面积，即为全面灌溉，其设计方法与喷灌基本相同。

2. 局部灌溉

这类灌溉方法的特点是灌溉时只湿润作物周围的土壤，而远离作物根部的行间或棵间的土壤仍保持干燥。为了要做到这一点，这类灌水方法都要通过一套塑料管道系统将水和作物所需要的养分直接输送到作物根部附近，并且准确地按作物的需要，将水和养分缓慢地加到作物根区范围内的土壤中去，使作物根区的土壤经常保持适宜于作物生长的水分、通气和营养状况。一般灌溉流量都比全面灌溉小得多，因此又称为微量灌溉，简称微灌。这类灌水方法的主要优点是：灌水均匀，节约能量，灌水流量小；对土壤和地形的适应性强；能提高作物产量，增强耐盐能力；便于自动控制，明显节省劳力。比较适合于灌溉宽行作物、果树、葡萄、瓜类等。

（1）渗灌是利用修筑在地下的专门设施（地下管道系统）将灌溉水引入田间耕作层借毛细管作用自下而上湿润土壤，所以又称为地下灌溉。近来也有在地表下埋设塑料管，由专门的渗头向作物根区渗水。其优点是灌水质量好，蒸发损失少，少占耕地便于机耕，但地表湿润差，地下管道造价高，容易淤塞，检修困难。

（2）滴灌是由地下灌溉发展而来的，是利用一套塑料管道系统将水直接输送到每棵作物根部，水由每个滴头直接滴在根部上的地表，然后渗入土壤并浸润作物根系最发达的区域。其突出优点是非常省水，自动化程度高，可以使土壤湿度始终保持在最优状态。但需要大量塑料管，投资较高，滴头极易堵塞。把滴灌毛管布置在地膜的下面，可基本上避免地面无效蒸发，称之为膜下灌。

（3）微喷灌又称为微型喷灌或微喷灌溉，是用很小的喷头（微喷头）将水喷洒在土壤表面。微喷头的工作压力与滴头差不多，但是它是在空中消散水流的能量。由于同时湿润的面积大一些，这样流量可以大一些，喷洒的孔口也可以大一些，出流流速比滴头大得多，所以堵塞的可能性大大减小了。如果是湿润部分灌溉面积，即为局部灌溉，其设计方法既有喷灌的特点，也有滴灌的特点。

（4）涌灌又称涌泉灌溉，是通过置于作物根部附近的开口的小管向上涌出的小股水流或小涌泉将水灌到土壤表面。灌水流量较大（但一般也不大于220L/h），远远超过土壤的渗吸速度，因此通常需要在地表形成小水洼来控制水量的分布。适用于地形平坦的地区，其特点是工作压力很低，与低压管道输水的地面灌溉相近，出流孔口较大，不易堵塞。

（5）膜上灌是灌溉水在地膜表面的凹形沟内借助重力流动，并从膜上的出苗孔流入土壤进行灌溉。这样，地膜减少了渗漏损失，又和膜下灌一样减少地面无效蒸发，更主要的是比膜下灌投资低。

除以上所述外，局部灌溉还有多种形式，如拖管灌溉，雾灌等。

6.1.2　灌水方法的适用条件

上述灌水方法各有其优缺点，都有其一定的适用范围，在选择时主要应考虑到作物、地形、土壤和水源等条件。对于水源缺乏地区应优先采用滴灌、渗灌、微喷灌和喷灌；在地形坡度较陡而且地形复杂的地区及土壤透水性大的地区，应考虑采用喷灌；对于宽行作物可用沟灌；密植作物则采用畦灌为宜；果树和瓜类等可用滴灌；水稻主要用淹灌；在地形平坦、土壤透水性不大的地方，为了节约投资，可考虑用畦灌、沟灌或淹灌。各种灌水方法的适用条件及优缺点见表6.1.1和表6.1.2。

6.1.3　灌水方法的评价标准

1. 评价指标要求

对灌水方法的要求是多方面的，先进而合理的灌水方法应满足以下几个方面的要求：

表 6.1.1   **各种灌水方法的适用条件**

灌水方法		作物	地形	水源	土壤
地面灌溉	畦灌	密植作物（小麦、谷子等）、牧草、某些蔬菜	坡度均匀，坡度不超过 0.2%	水量充足	中等透水性
	沟灌	宽行作物（棉花、玉米等）、某些蔬菜	坡度均匀，坡度不超过 2%～5%	水量充足	中等透水性
	淹灌	水稻	平坦或局部平坦	水量丰富	透水性小、盐碱土
	漫灌	牧草	较平坦	水量充足	中等透水性
喷灌		经济作物、蔬菜、果树	各种坡度均可，尤其适用于复杂地形	水量较少	适用于各种透水性，尤其是透水性大的土壤
局部灌溉	渗灌	根系较深的作物	平坦	水量缺乏	透水性较小
	滴灌	果树、瓜类、宽行作物	较平坦	水量极其缺乏	适用于各种透水性
	微喷灌	果树、花卉、蔬菜	较平坦	水量缺乏	适用于各种透水性

表 6.1.2   **各种灌水方法的优缺点比较**

灌水方法		水的利用率	灌水均匀性	不破坏土壤团粒结构	对土壤透水性的适应性	对地形的适应性	改变空气湿度	结合施肥	结合冲洗盐碱土	基建与设备投资	平整土地的土方工程量	田间工程占地	能源消耗量	管理用劳力
地面灌溉	畦灌	○	○	—	○	○	○	○	○	○	—	—	+	—
	沟灌	○	○	○	○	—	○	○	○	—	—	—	+	—
	淹灌	○	—	—	—	—	○	—	○	+	+	○	+	—
	漫灌	—	—	—	—	—	○	—	○	+	+	○	+	—
喷灌		+	+	+	+	+	○	+	○	—	—	+	+	○
局部灌溉	渗灌	+	+	+	—	—	○	—	—	—	○	+	+	+
	滴灌	+	+	+	+	—	○	+	+	—	○	+	+	+
	微喷灌	+	+	+	+	+	○	+	+	—	○	+	+	+

注 符号：+优；—差；○一般。

（1）灌水均匀。能保证将水按拟定的灌水定额灌到田间，而且使得每棵作物都可以得到相同的水量，常以均匀系数来表示。

（2）灌溉水的利用率高。应使灌溉水都保持在作物可以吸收到的土壤里，能尽量减少发生地面流失和深层渗漏，提高田间水利用系数（即灌水效率）。

（3）少破坏或不破坏土壤团粒结构，灌水后能使土壤保持疏松状态，表土不形成结壳，以减少地表蒸发。

（4）便于和其他农业措施相结合。现代灌溉已发展到不仅应满足作物对水分的要求，而且还应满足作物对肥料及环境的要求。因此现代的灌水方法应当便于与施肥、施农药（杀虫剂、除莠剂等）、冲洗盐碱、调节田间小气候等相结合。此外，要有利于中耕、收获等农业操作，对田间交通的影响少。

（5）应有较高的劳动生产率，使得一个灌水员管理的面积最大。为此，所采用的灌水方法应便于实现机械化和自动化,使得管理所需要的人力最少。

(6)对地形的适应性强。应能适应各种地形坡度以及田间不很平坦的田块的灌溉,从而不会对土地平整提出过高的要求。

(7)基本建设投资与管理费用低,也要求能量消耗最少,便于大面积推广。

(8)田间占地少,有利于提高土地利用率,使得有更多的土地用于作物的栽培。

2. 田间灌溉系统的评价

田间灌溉系统的评价,需要有一个统一的评价标准或指标,以利改善现有灌溉系统的性能,提高新灌溉系统设计的水平。还可以从现有运行资料中,对田间入渗状况加以鉴定和校正,使运行或设计更接近客观实际。

现对地面灌溉的灌水过程及土壤入渗函数中参数的确定方法作一扼要的介绍。

(1)地面灌溉的灌水过程。以畦灌为例,当末端为堵端(无尾水出流)时,其灌水过程可分为4个阶段:

1)推进阶段。从放水入畦时刻 t_0 开始,水流前锋向前推进,推进时间为 t_a,到前峰达畦末的时刻为 t_L,这一过程称推进阶段。

2)成池阶段。水流前锋到畦末后,停止继续前进,开始积水成池,直到畦口切断水流的时刻 t_{co},这一阶段称为成池阶段。

3)消退阶段。从 t_{co} 时刻开始,水层入渗至畦口高处露出地面这一时刻 t_d,称为消退阶段。

4)退出阶段。从 t_{co} 开始,至地面水层全部渗入时刻 t_r,称为退水阶段。这一阶段中,退水前峰逐渐由畦口向畦末移动消失。

从 t_0 到 t_r 完成灌水的全过程,如图 6.1.1 所示。

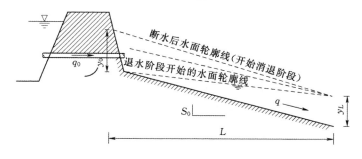

图 6.1.1 断水后畦灌时的消退阶段和退水阶段示意图

当田块末为开端,允许水流排出田块时,不产生成池阶段。

(2)入渗函数中参数的确定。

1)入渗方程。通常入渗函数采用考斯加可夫-列维斯(Kostiakov-Lewis)公式。

$$Z = K_t^a + f_0 t \quad (\text{m}^3/\text{s}) \tag{6.1.1}$$

式中:Z 为入渗时间为 t(min)时,单位沟长内的入渗量,m^3/m;f_0 为基本入渗率,进入稳渗阶段后,单位时间、单位长度内的入渗量,$\text{m}^3/(\text{m} \cdot \text{min})$;$K$,$\alpha$ 为入渗参数,由田间试验确定。

2)水量平方程。根据水量平衡原理,入畦水量等于地表流动水量与入渗水量之和。

$$Q_0 t = \sigma_y A_0 x + \sigma_z K_t^a x + \frac{f_0 t x}{1+r} \tag{6.1.2}$$

式中：Q_0 为入口处流量，m^3/m；A_0 为入口处水流断面积，m^2；x 为水流推进距离，m；t 为从灌水开始算起的时间，min；σ_y 为地表储水形状系数，一般为 $0.7 \sim 0.8$；σ_z 为地下水储水形状系数。

$$\sigma_z = \frac{a + r(1-a) + 1}{(1+a)(1+r)} \tag{6.1.3}$$

式中：r 为假定推进距离 x 与放水时间 t_a 间存在 $x = P(t_a)^r$ 的关系；P、r 为经验参数。

A_0 的确定可分别假定任一过水断面 A 和湿周 W_P 与水深 y 存在下述关系：

$$A = \sigma_1 y^{\sigma_2} \tag{6.1.4}$$

$$W_P = r_1 y^{r_2} \tag{6.1.5}$$

式中：σ_1、σ_2、r_1、r_2 为经验参数。

则根据曼宁公式有

$$A_0 = C_1 \left(\frac{Q_0 n}{60 \sqrt{S_0}} \right)^{c_2} \tag{6.1.6}$$

其中

$$C_2 = \frac{3\sigma_2}{5\sigma_2 - 2r_2}$$

$$C_1 = \sigma_1 \left(\frac{r_1^{0.67}}{\sigma_1^{1.67}} \right)^{c_2}$$

当畦灌时，σ_1、σ_2、r_1 等于 1.0，r_2 等于零。对于灌过水较光滑的土壤曼宁粗糙系数 n 为 0.02，刚耕过的田为 0.04，作物生长较密时，可达 0.15。

3）入渗参数的确定。f_0 的确定测量沟的入流量 Q_{in} 及出流量 Q_{out}，经若干小时灌水后，认为入渗已稳定时，则

$$f_0 = \frac{Q_{in} - Q_{out}}{L} \tag{6.1.7}$$

经验证明 f_0 值较稳定，各条沟之间或各次灌水之间没有大的变化。

K、a 的确定可用水流推进至中点和末点时的水量平衡式来确定，称为二点法。

$$Q_0 t_{0.5L} = \frac{\sigma_y A_0 L}{2} + \frac{\sigma_2 K (t_{0.5L})^a L}{2} + \frac{f_0 t_{0.5L} L}{2(1+r)}$$

$$Q_0 t_L = \sigma_y A_0 L + \sigma_2 K t_L^a L + \frac{f_0 t_L L}{1+r}$$

解此两式得

$$a = \frac{\ln(V_L / V_{0.5L})}{\ln(t_L / t_{0.5L})} \tag{6.1.8}$$

$$K = \frac{V_L}{\sigma_2 t_L^a} \tag{6.1.9}$$

其中

$$V_L = \frac{Q_0 t_L}{L} - \sigma_y A_0 - \frac{f_0 t_L}{1+r}$$

$$V_{0.5L} = \frac{2Q_0 t_{0.5L}}{L} - \sigma_y A_0 - \frac{f_0 t_{0.5L}}{1+r}$$

（3）评价灌溉系统性能的指标。

1）灌水均匀度 D_u。考虑一具有均匀坡度的土壤和作物密度的田块，灌水后，其入渗深度的纵向分布，如图 6.1.2 所示均匀度的定义较多，可以用全线多点测量入渗值 $Z_i(i=1, 2, \cdots, n)$，由下式求均匀系统 D_u 的值。

$$D_u = 1 - \frac{\Delta Z}{\overline{Z}} \tag{6.1.10}$$

式中：ΔZ 为入渗水深的平均离差；$\overline{Z}$ 为入渗水深的平均值。

从横向分布看，如图 6.1.3 所示，入口处（$x=0$），横向分布较均匀，但入渗量超过需要水量。在 $x=0.8L$ 处，平均入渗量接近需要的入渗量，但横向均匀度稍低。$X=L$ 处均匀性差，主要是由于均值减小，偏差值增大的缘故。

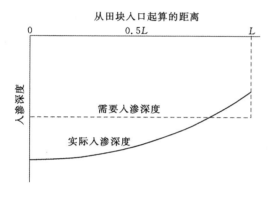

图 6.1.2　入渗的纵向分布　　　　　图 6.1.3　入渗的横向分布

2）图形效率。国外在描述灌水均匀度时，还用到图形效率的概念，有时称为 D_u 均匀度。其定义为：将灌水深度由大到小排列，全部 N 个测点水深的平均值与最后 $N/4$ 个测点的平均水深的比，即

$$E_p = \frac{\overline{X}^*}{\overline{X}} \tag{6.1.11}$$

式中：E_p 为图形效率，如以百分数表示，则乘以 100；$\overline{X}^*$ 为最后 $N/4$ 个测点的水深平均值，或称最小平均水深；$\overline{X}$ 为 N 个测点的均值。

一般认为，在保证灌溉定额的前提下，作物的产量与灌水均匀性有很大关系。而考虑最小平均水深的目的在于能够保证作物获得必要的最小水量，它比起均匀系数 C_u 要求要严格一些。

如图 6.1.4 所示，设灌水定额为 $\overline{X}$，其相应的灌溉面积 $a=50\%$，在正态分布时，以最小 $N/4$ 水深的最大值在 $a=70\%$ 处，其 $\overline{X}^*$ 应在 $a=87.5\%$ 左右。

假定田间要求的灌水定额为 SMD，通常是采用实际灌水定额 $\overline{X}=SMD$。事实上，灌水时间可以通过延长或缩短灌水时间来改变 $\overline{X}$，即如果田间获得合适的 $\overline{X}^*$ 即可停止灌溉。由于水量分布的不均匀性，当灌水达到 $a=75\%$ 处达到 $\overline{X}^*$ 时，实际灌水定额可能与 SMD 不等，此时用一个回充比 R_r 表示，其定义为

$$R_r = \frac{\overline{X}}{SMD} \tag{6.1.12}$$

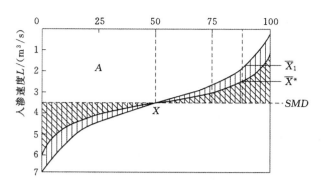

图 6.1.4 入渗水深与面积的关系

当 $R_r > 1$ 说明灌水定额比 SMD 大，反之则小，这对研究非充分灌溉十分有用。

在假定灌水深度为正态分布时，有 E_p 的近似计算结果：

$$E_{pn} = 1 - \frac{1.14C_v}{R_r} \qquad (6.1.13)$$

在假定灌水深度为 Γ 分布时，有 E_p 的拟合结果：

$$E_{p\Gamma} = 1 - \frac{C_v}{0.8776 + 0.1378C_s^{1.51}} \qquad (6.1.14)$$

设计时当规定了 E_p 的值时，设计的 E_p 值则不能小于该值。

3）灌水效率 E_a。灌水后，根系储水层内增加的平均水深与灌入田块的平均水深之比，称为灌水效率。

$$E_a = \frac{根系储水层内增加的平均水深}{灌水至田块的平均水深} \qquad (6.1.15)$$

表 6.1.3 是关于 x、D_u、E_a 相关资料。

表 6.1.3 x、D_u、E_a 一次试验资料

入渗速度 x	0	08L	L	平均
灌水均匀度 D_u	0.98	0.93	0.75	0.71
灌水效率 E_a	0.62	0.98	1.00	0.71

田块首部受水时间长，均匀度高，但灌水效率由于入渗深度超过需要入渗深度，视为无效，而使灌水效率值下降。本次试验平均 E_a 值为 0.71。严格说来，E_a 中包含了局部超灌造成的深层损失、尾部跑水损失以及局部欠灌造成需水不能满足的损失，因此可用 3 个附加的指标加以说明。

a. 层渗漏率 DPR。

$$DPR = \frac{深层渗漏的平均水深}{灌水的平均水深} \qquad (6.1.16a)$$

b. 尾水率 TWR。

$$TWR = \frac{田块跑水的平均水深}{灌水的平均水深} \qquad (6.1.16b)$$

c. 需水满足率 E_r。

$$E_r = 根层储水量的平均水深/土壤实际储水量的平均水深 \tag{6.1.16c}$$

田块末端可能出现欠灌、超灌或刚好等于需要的入渗水深这 3 种情况。当欠灌时，尾水损失较少，深层渗漏损失亦少，但产量可能受影响，超灌时则相反。末端入渗水深的标准，通常由用户凭借经验来掌握。

（4）系统性能的评价。

1）沟灌系统的评价。沟中某一点的累计入渗量可由下式计算：

$$Z_i = K[t_r - (t_a)_i]^a + f_0[t_r - (t_a)_i] \tag{6.1.17}$$

式中：t_r 为退水时间，min；$(t_a)_i$ 为推进至 i 点的时间，min。

显然式中忽略了退水时间沿程的变化，$t_r - (t_a)_i$，近似为第 i 点受水时间。如果忽略退水时间，则可用断水时间 t_{c0} 代替 t_r。

全沟总的入渗量为

$$V_z = \frac{L}{2n}(Z_0 + 2Z_1 + 2Z_2 + \cdots + Z_n) \tag{6.1.18}$$

式中：L 为沟长，m；Z_i 为第 i 点的累计入渗量，m^3/m；n 为等分沟长的段数。

当尾部欠灌时，应分两段计算入渗量

$$V_z = V_{za} + V_{zi} \tag{6.1.19}$$

式中：V_{za} 为超灌部分的入渗量；V_{zi} 为欠灌部分的入渗量。

渗量恰好满足需要或超灌时

$$E_a = \frac{Z_{req}L}{Q_0 t_{c0}} \times 100 \tag{6.1.20a}$$

$$DPR = \frac{V_z Z_{req}L}{Q_0 t_{c0}} \times 100 \tag{6.1.20b}$$

$$TWR = 100 - E_a - DPR \tag{6.1.20c}$$

$$E_r = 100\% \tag{6.1.20d}$$

部分欠灌时

$$E_a = \frac{Z_{req} x_d + V_{zi}}{Q_0 t_{c0}} \times 100 \tag{6.1.21a}$$

$$DPR = \frac{Z_{za} - Z_{req} x_d}{Q_0 t_{c0}} \times 100 \tag{6.1.21b}$$

$$TWR = 100 - E_a - DPR \tag{6.1.21c}$$

$$E_r = \frac{Z_{req} x_d + V_{zi}}{Z_{req}L} \times 100 \tag{6.1.21d}$$

式中：Z_{req} 为需要的入渗深度；x_d 为由田块入口算起至实际入渗线与 Z_{req} 线交点的距离。

2）畦灌系统的评价。取畦的单位宽度，与沟灌相似，但过水断面为矩形。当末端为自由排水时，与沟灌的计算相同，但消退和退水过程的入渗必须计入。

从畦口入水开始至水流推进至畦末，称推进时间 t_L；允许继续推进（畦成池产生自由排水）直至畦口断水时间 t_{c0}；然后水面开始消退，直至畦首地面露出，称消退时间 t_d，继而末端地面水全部退完，称退水时间 t_r。

用曼宁公式估算畦入流处的水深 y_0，是入流量 $q_0(m^3/min)$ 的函数。

消退时间 t_d 用下式确定：

$$t_d = t_{c0} + \frac{y_0 L}{2 q_0} \tag{6.1.22}$$

可以推算出退水时段如下式：

$$t_r - t_d = \frac{0.095 n^{0.47565} S_y^{0.20735} L^{0.6829}}{I^{0.52435} S_0^{0.23785}} \tag{6.1.23}$$

$$S_y = \frac{y_L}{L} = \left[\frac{q_L n}{60 \sqrt{S_0}} \right] \frac{0.6}{L}$$

$$qL = q_0 - IL$$

$$I = \frac{ak}{2} \left[t_d^{a-1} + (t_d - t_L)^{a-1} \right] + f_0$$

一旦 t_d、t_r 确定，即可用式（6.1.20）和式（6.1.21）估算 E_a、DPR、TWR 和 E_r 的值。

6.2 地面灌溉

6.2.1 畦灌

畦灌需要的田间工程如图 6.2.1 所示。实施畦灌方法，要注意提高灌水技术，即要根据地面坡度、土地平整情况、土壤透水性能、农业机具等因素合理地选定畦田规格和控制入畦流量、放水时间等技术要素。一般自流灌区畦长 $30 \sim 100 \mathrm{m}$；畦宽应按照当地农业机具宽度的整倍数确定，一般为 $2 \sim 4 \mathrm{m}$，每亩约 $5 \sim 10$ 个畦田。入畦单宽流量一般控制在 $3 \sim 6 \mathrm{L/(s \cdot m)}$ 左右，以使水量分布均匀和不冲刷土壤为原则。畦田的布置应根据地形条件变化，保证畦田沿长边方向有一定的坡度。一般适宜的畦田田面坡度为 $0.001 \sim 0.003$。如地面坡度较大，土壤透水性较弱，畦田可适当加长，入畦流量适当减小；如地面坡度较小，土壤透水性较强，则要适当缩短畦长，加大入畦流量，才能使灌水均匀，并防止深层渗漏。灌水技术要素之间的正确关系，应根据总结实践经验或分析田间试验资料来确定。下面讨论它们之间存在着的关系。

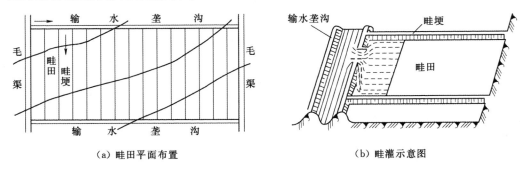

(a) 畦田平面布置　　　　　　　　(b) 畦灌示意图

图 6.2.1　畦田布置示意图

（1）灌水时间 t 内渗入水量 H_t 应与计划的灌水定额 m 相等，亦即

$$m = H_t = \frac{K_1}{1-\alpha} t^{1-\alpha} = K_0 t^{1-\alpha} \tag{6.2.1}$$

式中：K_1 为在第一个单位时间末的土壤渗吸系数（或渗吸速度），m/h；K_0 为在第一个单位时间内的土壤平均渗吸速度，其值为 $K_0=K_1/(1-\alpha)$，m/h；α 为指数，其值根据土壤性质及最初土壤含水率而定，一般为 $0.3\sim0.8$，轻质土壤 α 值较小，重质土壤 α 值较大；土壤的最初含水率越大，α 值越小，即渗吸速度在时间上的变化越缓；H_t 为单位时间内渗入土壤的水深。

根据式（6.2.1）可求得畦灌的延续时间 t：

$$t=\left(\frac{m}{K_0}\right)^{\frac{1}{1-\alpha}}$$
(6.2.2)

（2）进入畦田的灌水总量应与畦长 l 上达到灌水定额 m 所需的水量相等。

$$3.6qt=ml$$
(6.2.3)

式中：q 为每米畦宽上的灌水流量（单宽流量），L/(s·m)；t 为灌水延续时间，h。

（3）为了要使畦田上各点土壤湿润均匀，就应使水层在畦田各点停留的时间相同。为此，在实践中往往采用及时封口的方法，即当水流到离畦尾还有一定距离时，就封闭入水口，使畦内剩余的水流向前继续流动，至畦尾时则会全部渗入土壤。

由上述可见，为了保证畦灌的灌水质量，首先应当控制入畦流量和放水时间。西藏自治区农村现在多数是由人工开口放水。这样，不但劳动量较大，而且由于开口大小不易掌握，使得入畦流量控制不准，水流还容易冲大开口。

6.2.2 沟灌

沟灌的田间布置如图 6.2.2 所示。适宜的沟灌坡度一般为 $0.005\sim0.02$。一般灌水沟是沿地面坡度方向布置，但当地面坡度较大时，可以与地形等高线成锐角，使灌水沟获得适宜的比降。沟的间距视土壤性质而定。根据灌水沟两侧土壤湿润的范围（图 6.2.3），一般轻质土壤的间距较窄，重质土壤的较宽。表 6.2.1 列出了一些参考数值，具体确定还要结合作物的行距来考虑。

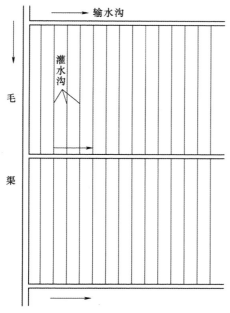

图 6.2.2　沟灌的田间布置示意图

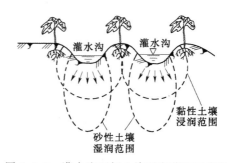

图 6.2.3　灌水沟两侧土壤湿润范围示意图

表 6.2.1 不同土质条件下灌水沟间距表

土质	轻质土壤	中质土壤	重质土壤
间距/cm	50～60	65～75	75～80

沟灌的技术参数，主要是沟长与入沟流量。沟长与入沟流量都与地面坡度及土壤透水性能有关，它们之间是相互制约的。一般沟灌是使水流入灌水沟后，在流动过程中使部分水量渗入土壤，待放水停止后，再在沟中存蓄一部分水量，使其逐渐渗入土壤。这样，各灌水技术参数之间的关系如下：

(1) 计划的灌水定额应等于在 t 时间内的渗入水量与灌水停止后在沟中存蓄水量之和。

$$mal = (b_0 h + p_0 \overline{K}_t t) l \tag{6.2.4a}$$

$$h = \frac{ma - p_0 \overline{K}_t t}{b_0} = \frac{ma - p_0 H_t}{b_0} \tag{6.2.4b}$$

式中：h 为沟中平均蓄水深度，m；a 为灌水沟间距，m；m 为灌水定额，m；l 为沟长，m；b_0 为平均水面宽，$b_0 = b + \varphi h$，m；b 为灌水沟底宽度 σ，m；p_0 为在时间 t 内，灌水沟的平均有效湿周，$p_0 = b + 2\gamma h \sqrt{1 + \varphi^2}$，m；$\gamma$ 为借毛细管作用沿沟的边坡向旁侧渗水的校正系数，土壤毛细管性能越好，系数越大，一般 γ 值为 1.5～2.5；为灌水沟边坡系数；$\overline{K}_t$ 为在 t 时间内的平均渗吸速度，m/h；H_t 为在 t 时间内的入渗深度，m。

(2) 沟长与坡度及沟中水深有下列关系：

$$l = \frac{h_2 - h_1}{i} \tag{6.2.5}$$

式中：h_1 为灌水停止时沟首水深，m；h_2 为灌水停止时沟尾水深，m；i 为沟的坡度。

为了使土壤湿润均匀，$h_2 - h_1$ 之差值应不超过 0.06～0.07m。如灌水沟的最小极限坡度为 0.002，则其最小长度为 30～35m。

(3) 当沟长和流量已知时，灌水时间为

$$t = \frac{mal}{3.6q} \text{ (s)} \tag{6.2.6}$$

在一些地面坡度较大，土壤透水性小的地区，实践中多采用细流沟灌，也就是在水流动过程中将全部水量渗入土壤，放水停止后在沟中不形成积水。这样其各灌水要素之间的关系如下。

1) 灌水时间 t。由于在停止放水后沟中不存蓄水量，所以在灌水时间 t 内的入渗水量就应该等于计划灌水定额，即

$$mal = p_0 \overline{K}_t t l = p_0 K_0 t^{1-a} l \tag{6.2.7a}$$

因此

$$t = \left(\frac{ma}{K_0 p_0}\right)^{\frac{1}{1-a}} \tag{6.2.7b}$$

2) 灌水流量与灌水沟长度的关系：

$$3.6qt = mal \tag{6.2.8}$$

细流沟灌的灌水沟规格与一般沟灌相同，只是在每个灌水沟口放一个控制水流的小

管，引入小流量，一般采用 0.1～0.3L/s。沟内水深不超过沟深的一半。每条输水沟一次可开 20～40 条灌水沟。控制水流的小管，可用竹管或瓦管，管孔直径约为 15mm 左右。对于黏质土壤，也可用锹开个三角形小口，代替灌水管。细流沟灌的优点是沟内水流流动缓慢，完全靠毛细管作用浸润土壤，能更好地使灌水分布均匀，节约水量，不破坏土壤的团粒结构，不流失肥料。

灌水沟的断面一般成梯形或三角形。浅沟深约 8～15cm，上口宽 20～35cm；深沟深约 15～25cm，上口宽约 25～40cm。水深一般为 1/3～2/3 沟深。

6.3　喷灌

西藏草原地势起伏、土地开阔、雨量稀少、干旱缺水。为了解决牲畜发展与草场退化、牧场载畜量低的突出矛盾，拉萨市水电队在 1976 年冬季开始研究喷灌，1977 年国庆节前夕，初步试制成功一台滚移式草原喷灌机。该机采用畜力牵引，绕定点小池塘滚移进行圆形喷洒，是一种移动式低压孔管式喷灌装置，采用 10 马力❶柴油机（在当地约折合为 6 马力）配 4B15 型离心水泵，具有结构简单，性能稳定，水滴细小，雾化较好，抗风能力强等特点，水泵进口还装有肥料开关，可以喷施肥料和农药，田间配套工程也较简单，每台机组可控制 600 亩草场。1977 年 10 月机组运到海拔 4300 多米高的当雄县拉良多草原，11 月现场安装就绪，当年冬季试喷草场 181 亩，1978 年机组运转正常，喷灌后的牧草长势良好，与往年相比，提早了牧草返青期，延长了生长期，推迟了枯黄期，提高了牧场载畜量，同时也为牛羊的洗浴创造了有利条件[20]。

6.3.1　喷灌的主要灌水质量指标

喷灌在灌水质量方面有其特殊的要求，所以衡量其质量的指标与其他灌水方法也就不完全相同，一般以喷灌强度、喷灌均匀度和水滴打击强度三项来表示。

1. 喷灌强度

喷灌强度就是单位时间内喷洒在单位面积土地上的水量，亦即单位时间内喷洒在灌溉土地上的水深，一般用 mm/min 或 mm/h 表示。由于喷洒时，水量分布常常是不均匀的，因此喷灌强度有点喷灌强度 ρ_i 和平均喷灌强度（面积和时间都平均）$\bar{\rho}$ 两种概念。

点喷灌强度 ρ_i 是指一定时间 Δt 内喷洒到某一点土壤表面的水深 Δh 与 Δt 的比值，即

$$\rho_i = \frac{\Delta h}{\Delta t} \tag{6.3.1}$$

平均喷灌强度 $\bar{\rho}$ 是指在一定喷灌面积上各点在单位时间内的喷灌水深的平均值，以平均灌水深 $\bar{h}$ 与相应时间 t 的比值表示：

$$\bar{\rho} = \frac{\bar{h}}{t} \tag{6.3.2}$$

单喷头全圆喷洒时的平均喷灌强度 $\bar{\rho}_全$ 可用下式计算：

$$\bar{\rho}_全 = \frac{1000q\eta}{A} \quad (\text{mm/h}) \tag{6.3.3}$$

式中：q 为喷头的喷水量，m³/s；A 在全圆转动时一个喷头的湿润面积，m²；η 为喷灌水

---

❶　1 马力 = 735.499W。

的有效利用系数，即扣去喷灌水滴在空中的蒸发和漂移损失，一般为 0.8～0.95。

在喷灌系统中，各喷头的润湿面积有一定重叠，实际的喷灌强度要比上式计算的高一些，为准确起见，可以将有效湿润面积 $A_{有效}$ 来代替上式中的 A 值：

$$A_{有效} = S_l S_m \qquad (6.3.4)$$

式中：S_l 为支管上喷头的间距；S_m 为支管的间距。

在一般情况下，平均喷灌强度应与土壤透水性相适应，应使喷灌强度不超过土壤的入渗率（渗吸速度），这样喷洒到土壤表面的水才能及时渗入水中，而不会在地表形成积水和径流。

测定喷灌强度一般是与喷灌均匀度试验结合进行。具体方法是在喷头的润湿面积内均匀地布置一定数量的雨量筒，喷洒一定时间后，测量雨量筒中的水深。雨量筒所在点的喷灌强度用下式计算：

$$\rho_i = \frac{10W}{t\omega} \quad (\text{mm/min}) \qquad (6.3.5)$$

式中：W 为雨量筒盛接的水量，cm^3；t 为试验持续时间，min；ω 为雨量筒上部开敞口面积，cm^2；

而喷灌面积上的平均强度为

$$\bar{\rho} = \frac{\sum \rho_i}{n} \qquad (6.3.6)$$

式中：n 为雨量筒的数目。

2. 喷灌均匀度

喷灌均匀度是指在喷灌面积上水量分布的均匀程度，它是衡量喷灌质量好坏的主要指标之一。它与喷头结构、工作压力、喷头布置形式、喷头间距、喷头转速的均匀性、竖管的倾斜度、地面坡度和风速、风向等因素有关。

表征喷灌均匀度的方法很多，但都各有利弊，因此只介绍两种常用的表示方法。

（1）喷洒均匀系数。

$$C_u = 100\left(1.0 - \frac{|\Delta h|}{h}\right)(\%) \qquad (6.3.7)$$

式中：h 为整个喷灌面积上的平均喷灌灌水深；Δh 为点喷灌水深平均离差。

如果在喷灌面积上的水量分布得越均匀，那么 Δh 值越小，亦即 C_u 值越大。C_u 值一般不应低于 70%～80%。

喷洒均匀系数一般均指一个喷灌系统的喷洒均匀系数，单个喷头的喷洒均匀系数是没有意义的，这是因为单个喷头的控制面积是有限的，要进行大面积灌溉必然要由若干个喷头组合起来形成一个喷灌系统。单个喷头在正常压力下工作时，一般都是靠近喷头部分湿润较多，边缘部分不足，这样当几个喷头在一起时，湿润面积有一定重叠，就可以使土壤湿润得比较均匀。为了便于测定，常取四个或几个喷头布置成矩形、方形或三角形，测定它们之间所包围面积的喷洒均匀系数，这一数值基本上可以代表在平坦地区无风情况下喷灌系统的喷洒均匀系数。在工程设计中一般要求 $C_u = 70\%～90\%$。

（2）水量分布图喷洒范围内的等水量图。用这种图来衡量喷灌均匀度比较准确、直观，它和地形图一样标示出喷洒水量在整个喷洒面积内的分布情况，但是没有指标，不便于比较。一般常用此法表示单个喷头的水量分布情况，如图 6.3.1 所示，也可以绘制几个喷头组合的水量分布图或喷灌系统的水量分布图。

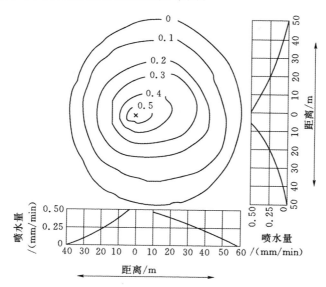

图 6.3.1　喷头水量分布图与径向水量分布曲线
×—喷头位置

3. 水滴打击强度

喷头喷洒出来的水滴对作物的影响，可用水滴打击强度来衡量。水滴打击强度也就是单位喷洒面积内水滴对作物和土壤的打击动能，与水滴的大小、降落速度及密集程度有关。但目前尚无合适的方法来测量水滴打击强度，因此一般采用水滴直径的大小来衡量。

水滴直径是指落在地面或作物叶面上的水滴直径。水滴太大，容易破坏土壤表层的团粒结构并形成板结，甚至会打伤作物的幼苗，或把土溅到作物叶面上；水滴太小，在空中蒸发损失大，受风力的影响大。因此要根据灌溉作物、土壤性质选择适当的水滴直径。

6.3.2　喷头的种类及其工作原理

喷头（又称为喷灌器）是喷灌机与喷灌系统的主要组成部分，其作用是将有压的集中水流喷射到空中，散成细小的水滴并均匀地散布在其所控制的灌溉面积上，因此喷头的结构形式及其制造质量的好坏直接影响喷灌的质量。

喷头的种类很多，按其工作压力及控制范围大小可分为低压喷头（或称近射程喷头）、中压喷头（或中射程喷头）和高压喷头（或远射程喷头），这种分类目前还没有明确的划分界限，但大致可以按表 6.3.1 所列的范围分类。用得最多的是中射程喷头，这是由于其消耗的功率小而比较容易得到较好的喷灌质量。

表 6.3.1　　　　　　　　　　　　喷头按工作压力与射程分类

项　　目	低压喷头	中压喷头	高压喷头
工作压力/kPa	100～200	200～500	>500
流量/(m³/h)	0.3	0.8～40	>40
射程/m	5～14	14～40	>40

按照喷头的结构形式与水流形状可以分为旋转式、固定式和孔管式三种。

1. 旋转式喷头

旋转式喷头是目前使用的最普遍的一种喷头形式。一般由喷嘴、喷管、粉碎机构、转动机构、扇形机构、弯头、空心轴、轴套等部分组成。压力水流通过喷管及喷嘴形成一股集中水舌射出，由于水舌内存在涡流又在空气阻力及粉碎机构（粉碎螺钉、粉碎针或叶轮）的作用下水舌被粉碎成细小的水滴，并且转动机构使喷管和喷嘴围绕竖轴缓慢旋转，这样水滴就会均匀地喷洒在喷头的四周，形成一个半径等于喷头射程的圆形或扇形湿润面积。

旋转式喷头由于水流集中，所以射得远（可以达 80m 以上），是中射程和远射程喷头的基本形式。

转动机构和扇形机构是旋转式喷头的重要组成部分，因此常根据转动机构的特点对旋转式喷头进行分类，常用的形式有摇臂式、叶轮式、反作用式等。又可以根据是否装有扇形机构，（亦即是否能作扇形喷灌）而分成全圆转动的喷头和可以进行扇形喷灌的喷头两大类。在平坦地区的固定式系统，一般用全圆周转动的喷头就可以了；而在山坡地上和移动式系统及半固定系统以及有风时喷灌，则要求做扇形喷灌，以保证喷灌质量和留出干燥的退路。

（1）摇臂式喷头，其喷头的转动机构是一个装有弹簧的摇臂。在摇臂的前端有一个偏流板和一个勺形导水片，喷灌前偏流板和导水片是置于喷嘴的正前方，当开始喷灌时水舌通过偏流板或直接冲到导水片上，并从侧面喷出，由于水流的冲击力使摇臂转动 60°～120°并把摇臂弹簧扭紧，然后在弹簧力作用下摇臂又回位，使偏流板和导水片进入水舌，在摇臂惯性力和水舌对偏流板的切向附加力的作用下，敲击喷体（即喷管、喷嘴、弯头等组成的一个可以转动的整体）使喷管转动 3°～5°，于是又进入第二个循环（每个循环周期为 0.2～2.0s 不等），如此周期往复就使喷头不断旋转，其结构形式可参如图 6.3.2 所示。

摇臂式喷头的缺点是：在有风与安装不水平（或竖管倾斜）的情况下旋转速度不均匀，喷管从斜面向下旋转时（或顺风）转得较快，而从斜面向上旋转（或逆风）则转动得比较慢，这样两侧的喷灌强度就不一样，严重影响了喷灌均匀性。但是它结构简单，便于推广，在一般情况下，尤其是在固定式系统上使用的中射程喷头运转比较可靠。因此，现在这种喷头使用得最普遍。

（2）叶轮式喷头（又称蜗轮蜗杆式喷头）是靠喷嘴射出的水舌冲击叶轮，带动传动机构使喷头旋转如图 6.3.3 所示即为一例。由于水舌流速很高，叶轮的转速可高达 1000～2000r/min 以上。而喷头要求 3～5r/min 的转速，因此必须通过两级蜗轮蜗杆或一级蜗轮蜗杆一级棘轮变速。这种喷头加工制造比摇臂式喷头复杂，再加上扇形机构，使整个喷头制造工艺要求较高，所以其推广受一定的限制。但不受振动的影响，可以直接装在拖拉机上作移动式机组之用。这种喷头多用于中、高压移动式喷灌机。在坡地也可装在倾斜的竖管上，可适当改善水量分布的均匀性。

（3）反作用式喷头就是利用水舌离开喷嘴时对喷头的反作用力直接推动喷管旋转。这类喷头结构一般比较简单，但其共同缺点是工作不可靠，所以推广受到很大限制。

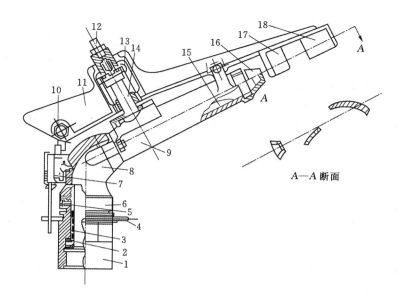

图 6.3.2　PY140 摇臂式单喷嘴喷头

1—套轴；2—减磨密封圈；3—空心轴；4—限位环；5—防砂弹簧；6—弹簧罩；
7—扇形机构；8—弯头；9—喷管；10—反转钩；11—摇臂；12—摇臂调位
螺钉；13—摇臂弹簧；14—摇臂轴；15—稳流器；16—喷嘴；
17—偏流板；18—导流板

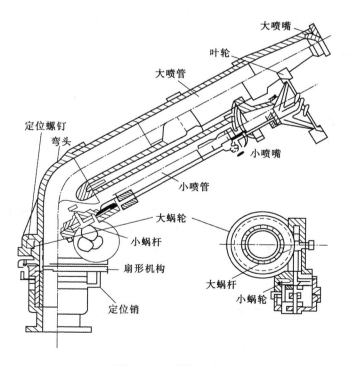

图 6.3.3　叶轮式喷头

2. 固定式喷头

固定式喷头也称为漫射式喷头或散水式喷头，它的特点是在喷灌过程中所有部件相对于竖管是固定不动的，而水流是在全圆周或部分圆周（扇形）同时向四周散开。和旋转式喷头比较，因其水流分散，喷得不远，所以这一种喷头射程短（5～10m），喷灌强度大（15～20mm/h 以上），多数喷头的水量分布不均匀，近处喷灌强度比平均喷灌强度高得多。因此其使用范围受到很大的限制，但其结构简单，没有旋转部分，因此其使用范围受到很大的限制，但其结构简单，没有旋转部分，所以工作可靠，而且一般工作压力较低，被用于公园、菜地和自动行走的大型喷灌机上。按其结构形式可以分为折射式、缝隙式和离心式三种。

（1）折射式喷头。一般由喷嘴、折射锥和支架组成（图 6.3.4）。水流由喷嘴垂直向上喷出，遇到折射锥即被击散成薄水层沿四周射出；在空气阻力作用下即形成细小水滴散落在四周地面上。

（2）缝隙式喷头。其结构如图 6.3.5 所示，就是在管端开出一定形状的缝隙，使水流能均匀地散成细小的水滴，缝隙与水平面成 30°角，使水舌喷得较远，其工作可靠性比折射式要差，因为缝隙易被污物堵塞，所以对水质要求较高，水在进入喷头之前要经过认真的过滤。但是这种喷头结构简单，制作方便。一般用于扇形喷灌。

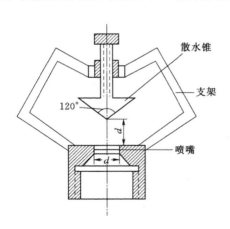

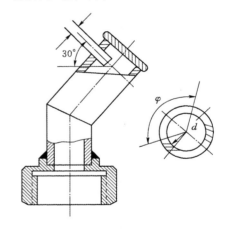

图 6.3.4　折射式喷头　　　　　　　图 6.3.5　缝隙式喷头

（3）离心式喷头。由喷管和带喷嘴的蜗形外壳构成。工作时水流沿切线方向进入蜗壳，使水流绕垂直轴旋转，这样经过喷嘴射出的水膜，同时具有离心速度和圆周速度，所以喷嘴张开后水膜就向四周散开，在空气阻力作用下，水膜被粉碎成水滴散落在喷头的四周。

3. 孔管式喷头

该喷头由一根或几根较小直径的管子组成，在管子的顶部分布有一些小喷水孔，喷水孔直径仅为 1～2mm。有的孔管是一排小孔，水流是朝一个方向喷出（图 6.3.6），并装有自动摆动器，使管子往复摆动，喷洒管子两侧的土地；也有的孔管有几排小孔，以保证管子两侧都能灌到，这样就不要自动摆动器，结构比较简单，要求的工作压力低（100～200kPa）。

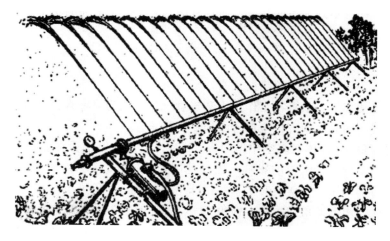

图 6.3.6 缝隙式喷头移动式单列孔管示意图

孔管式喷头的共同缺点是：喷灌强度较高；水舌细小受风影响大；由于工作压力低，支管上实际压力受地形起伏的影响大，通常只能用于平坦的土地，此外孔口太小，堵塞问题也非常严重，因此其使用范围受到很大的限制。

6.3.3 旋转式喷头的主要水力参数及影响因素

对于一个好的喷头，首先要求其结构简单；工作可靠；其次是能满足喷灌的主要灌水质量指标的要求，也就是喷灌强度小于土壤允许喷灌强度、水滴直径细和喷洒均匀度高；第三是在同样工作压力、同样流量下射程最远。在喷头的设计和应用中，应全面考虑各方面的要求，不可片面追求射程远而忽视喷灌的灌水质量。为了能正确使用喷头，就需要了解影响主要水力参数（射程、喷灌强度、喷洒均匀度和水滴直径）的因素，以便在实践中根据需要调节或选择这些参数，使之符合规划设计的要求。

1. 影响喷头射程的因素

喷头的射程是喷洒水深为 0.3mm/h（微喷头为 0.15mm/h）那一点到喷头（微喷头）中心的距离。喷头的射程主要决定于工作压力和流量，但其因素诸如喷射仰角、喷嘴形状、喷体结构、稳流器、旋转速度、粉碎机构、风速风向等对射程也有影响。

（1）工作压力 H 和喷嘴直径 d（流量 Q）。当喷嘴直径一定时，射程随着压力的加大而增长，开始时增长得快，而后逐渐变缓，到一定极限值则停止增长，不同喷嘴直径时其压力与射程关系由不同曲线表示，在同一个压力下，喷嘴直径越大，极限射程也就越大。

从水力学得知，喷嘴的流量可按下式计算：

$$q = \mu f \sqrt{2gH} \tag{6.3.8}$$

式中：μ 为流量系数，等于 0.85～0.95；f 为喷嘴过水面积，m²，对于圆形喷嘴 $f = \pi d^2/4$，d 为喷嘴直径；H 为喷嘴前的水头，m，等于喷头工作压力减去喷头内的水头损失。

这样在工作压力一定时，对于相同的喷嘴直径其流量也就是相同的，所以喷嘴的大小也就反映了流量的大小。为了增加射程，仅仅加大工作压力或仅仅加大喷嘴直径（亦即相

当于加大流量）都得不到理想的结果，而且考虑到一个喷头消耗的功率

$$N = \frac{1000qH}{102 \times 3600}(\text{kW})$$

式中：q 为流量，m^3/s；H 为喷嘴前水头，m。

　　所以在一定功率下，只有在工作压力和流量（可反映为喷嘴直径）有正确比例时才能获得最远的射程。同时水滴直径应符合农作物的要求。

　　（2）喷射仰角 α。固体在真空中抛射以 $45°$ 时为最远，但水舌在静止的空气中喷射仰角与射程的关系受到空气阻力的影响，当其他因素相同时，$\alpha = 28° \sim 32°$ 时射程最远，因此通常喷射仰角都采用 $\alpha = 30°$，对于某些特殊用途的喷头仰角可小些。例如，果园树下喷灌和防霜冻喷灌常用低仰角的喷头。仰角 $\alpha = 4° \sim 13°$ 的喷头称为低角度喷头。

　　（3）转速。当喷头以每转 $2 \sim 3\text{min}$ 的转速旋转时，射程减小 $10\% \sim 15\%$。射程越大，减小的百分数也就越大。因此在设计和使用喷头时要使喷头转速不要太快；转速太慢又会使水舌的雨幕范围之内的实际喷灌强度远大于平均喷灌强度，而造成局部的积水和径流。中射程喷头一般每转需要 $1 \sim 3\text{min}$，远射程喷头最好每转 $3 \sim 5\text{min}$。

　　（4）水舌的性状。要使水舌射程远，其关键是要使从喷嘴喷出来时的水舌密实（即掺气少），表面光滑，而且水舌内的水流紊动少。为达到这些要求，除了喷嘴加工尽量光滑之外，更重要的是在喷嘴之前的水流应当经过整直，使水流平稳，大部分流速都平行于水舌轴线。

　　有时为了减小水滴直径，常在喷嘴前加粉碎针，这样就会把水舌划破，提早掺气，加快水舌的粉碎过程，但同时又严重影响喷头的射程。因此，同时要求水滴细和要求射程远两者是有矛盾的。

　　由上可见，影响射程的因素很多，但最主要的是工作压力和喷嘴直径，因此在一般情况下，可用下列经验公式估算射程：

$$R = 1.35 \sqrt{dH} \quad (\text{m}) \tag{6.3.9}$$

式中：H 为喷嘴前水头，m；d 为喷嘴直径，mm。

　　2. 影响喷灌水量分布的因素

　　（1）工作压力 H。这是影响喷灌水量分布的最主要因素，从图 6.3.7 中可以看出：

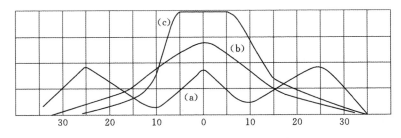

图 6.3.7　在不同条件下单个喷头的水量分布曲线（喷头在 0 位置）
(a) 压力过低；(b) 压力适中；(c) 压力过高

对于单喷嘴的喷头不加粉碎时，如果压力适中，水量分布曲线近似于一个等腰三角形；当压力过低时，由于水舌粉碎不足，水量大部分集中在远处，中间水量少，成"轮胎形"分布；当压力过高时，由于水舌过度粉碎，大部分水滴都射得不远，因此近处水量集中，远处水量不足。

（2）喷头的布置形式和间距。喷头的布置形式和间距，将直接影响喷灌系统的水量分布。合理的布置形式和间距可通过试验或计算求得。

（3）风向风力。风对水量分布产生很大影响。例如，在风的影响下，喷头附近水量高度集中，湿润面积由圆形变成椭圆形，湿润面积缩小，均匀系数降低；而且因逆风减少的射程要比顺风增加的射程大。因此在布置喷头时，应适当密一些以抵消风的影响。

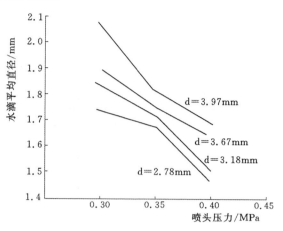

图 6.3.8　对于几种不同喷嘴直径的平均水滴直径和喷头压力之间的关系

3. 影响水滴直径的因素

从一个喷头喷洒出来的水滴大小不一，水滴群的粒径分布，主要决定于工作压力和喷嘴直径，也受粉碎机构、喷嘴形状，摇臂敲击频率和转速的影响。

水滴粒径与工作压力及喷嘴直径的关系如图 6.3.8 所示，当喷头的喷嘴直径不变时，平均水滴直径随着压力的提高而迅速减小。对于同一个压力，喷嘴直径越大，平均水滴直径就越大。

由于测量水滴粒径分布比较麻烦，因此有时采用下列经验公式来粗略地评价一个喷头水滴粒径分布的优劣。

$$p_d = \frac{H}{1000d} \tag{6.3.10}$$

式中：H 为喷头工作水头，cmH_2O●；d 为喷嘴直径，mm。

一般认为当 $p_d = 1.5 \sim 3.5$ 时这个喷头的水滴粒径分布是合乎要求的。

当掌握了上述参数之间的关系后，在使用喷头时，就可以灵活地采用或改变某些参数以符合生产的需要，例如，在作物的幼苗期需要水滴细小，就可加大喷头压力，或改用小喷嘴使水滴直径变小；而在喷头间距较宽时，就可加大压力或加大喷嘴以增加喷头的射程。

6.3.4　喷灌的主要技术参数及其确定方法

典型固定式喷灌系统布置如图 6.3.9 所示，影响喷灌灌水质量的主要技术参数有：喷头水量分布图形、喷头沿支管的间距、支管间距（即喷头沿干管方向的间距）、喷头组合

● 　cmH_2O（厘米水柱），$1cmH_2O = 98Pa$。

方式（矩形或三角形）和支管方向等。经常把前两项统称为喷头组合形式。喷头组合形式的确定是喷灌系统设计的关键步骤。

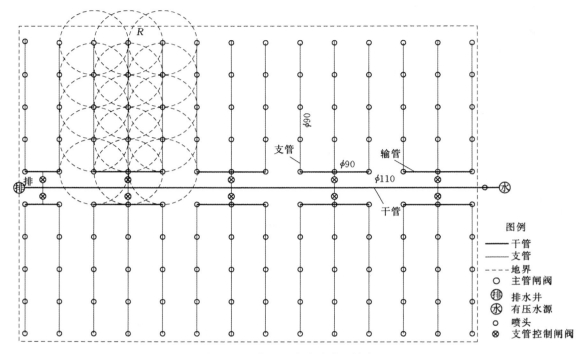

图 6.3.9　典型固定式喷灌系统布置

1. 确定喷头组合间距的方法

当前普遍采用的确定喷头组合间距的方法有如下几种：

（1）几何组合法。其基本特点是要求喷灌系统内的所有面积必须完全被喷头的湿润面积所覆盖，也就是说不能有漏喷现象。加之考虑到经济因素，为了要使单位面积的造价尽量低，就要使喷头间距尽可能的大。所以基本上是布置成对角线方向两个喷头的湿润圆相切，对于不同的喷洒方式（全圆或扇形）及组合方式，按照几何作图的方法就不难求出各自的支管间距和喷头间距，见图 6.3.10 和表 6.3.2。这些间距均以喷头射程（湿润半径）只乘上一个数来表示。但是由于喷头内的水流紊动，水泵工作不稳定，管道阻力变化和空气流或风等因素的影响，喷头射程是不稳定的，是不断变化的，有时波动还是比较大的，因此用这种方法设计出来的系统仍然有发生漏喷的可能性。针对这问题我们曾对此进行了修正，提出了修正几何组合法。

（2）修正几何组合法。在几何组合法中之喷头射程没有一个明确的定义，可以是最大射程，也可以是有效射程，为了避免任意性，可以用一个有明确定义的设计射程代替最大射程 R。

设计射程的定义如下：

$$R_{设} = KR \tag{6.3.11}$$

式中：$R_{设}$ 为喷头的设计射程，m；K 为系数，是根据喷灌系统形式、当地的风速、动力的可靠程度等来确定的一个常数，一般等于 0.7～0.9，对于固定式系统，由于竖管装好后就无法移动，如有空白就无法补救，故可以考虑采用 0.8，对于多风地区，可采用 0.7，也可以通过试验确定 K 值的大小，但 K 值一定不能采用 1.0，否则将无法保证喷灌质量；R 为喷头的射程（或最大射程），m。

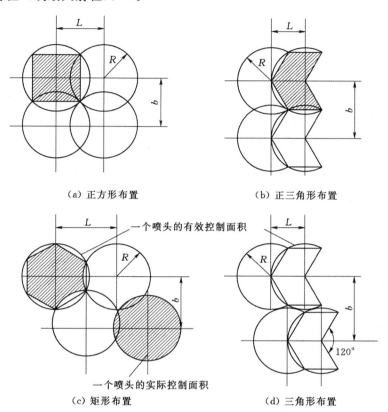

（a）正方形布置   （b）正三角形布置

（c）矩形布置   （d）三角形布置

图 6.3.10 喷头组合形式

表 6.3.2   **不同喷头组合形式的支管间距、喷头间距和有效控制面积表**

喷洒方式	组合方式	支管间距 b	喷头间距 L	有效控制面积	图形编号
全圆	正方形	1.42R	1.42R	$2R^2$	（a）
	正三角形	1.5R	1.73R	$2.6R^2$	（b）
扇形	矩形	1.73R	R	$1.73R^2$	（c）
	三角形	1.865R	R	$1.865R^2$	（d）

这方法的特点在于不仅要求所有面积必须完全被喷头的湿润面积所覆盖，而且还要有一定的重叠，这样就可以保证即使有外来因素（风、水压等）的影响也不至于发生漏喷。这方法的优点在于简单易行，而且有较明显的图像，在不规则的组合情况下（如不规则的田块、田边地角等）易于进行喷点的布置；其缺点在于没有足够的经验时，不易确定恰当的 K 系数，另外也没有考虑均匀系数的要求。

（3）经验系数法。其特点就是考虑了风的影响，而且湿润面积有较大的重叠，对于不同的风速采用不同的经验系数 C，然后按喷头间距 $S_l = CR$ 进行组合；无风情况下，支管上喷头之间的 $C_l = 1.00$，支管之间 $C_m = 1.35$。有风情况下通常的 C 值见表 6.3.3，各喷头制造厂家也经常在样本中给出每种喷头适用的组合间距，这实际上也是经验系数法的一种表示方法。

表 6.3.3 经 验 系 数 （一）

风速/(km/h)	C	风速/(km/h)	C
0	1.30	8.1～16.1	1.00
8.1	1.20	>16.1	0.44～0.60

有的单位根据国内的试验资料归纳，也提出了一些经验系数，见表 6.3.4。据介绍，这系数适用整个 PY_1 系列的喷头，均能获得 80% 以上的均匀系数，而且其他类似喷头亦可参考此表布置。

表 6.3.4 经 验 系 数 （二）

风力等级	风速/(km/h)	C_l	C_m
1	1.11～5.40	1.00	1.30
2	5.80～11.90	1.00～0.80	1.30～1.20
3	12.20～19.40	0.80～0.60	1.10～1.00

以上 3 种方法存在的共同问题是：没考虑不同的单喷头水量分布图形对组合以后的组合均匀度的影响；未进行认真的经济分析，有时并不是最经济的；没有同时考虑土壤的允许喷灌强度。

2. 支管方向的确定

对于支管的布置方向，除了考虑地形的因素外（在平地上与地边平行，在坡地上最好与坡度方向平行或垂直），一般就是考虑风向的影响。现在普遍的看法认为，有风时湿润面积由圆形变成椭圆形，平行于风的方向顺风拉长，逆风方向变短，可以互相补充；而垂直于风的方向两侧都缩小，所以间距要小一些，因此从经济的观点出发，支管最好与风向垂直。

3. 喷头组合方式的选择

喷头组合方式是矩形的好还是三角形的好，目前还没有定论，只是用在几何组合法或修正组合法时三角形布置的喷灌系统要比矩形的经济一些。因为正三角形布置时的单喷头有效控制面积是正方形的 1.3 倍，对于同样的面积就可以少布置一些喷点，支管间距也要大一些。

4. 特性曲面模拟法

针对以上这些选择喷头组合方式的方法中存在的问题，可以看出在确定喷头组合方式时应同时考虑以下四项要求，并将喷头组合方式，支管方向，喷头沿支管的间距和支管间距同时加以确定。这四项要求如下：

（1）组合后均匀系数 C_u 应大于设计要求值。

（2）整个田块上不发生漏喷，或漏喷百分数（漏喷面积占总面积的百分数）在允许值之下。

（3）组合后的平均喷灌强度 I 不大于土壤允许喷灌强度。

（4）设备投资和运行费用最低。

显然，组合均匀系数、漏喷百分数、平均喷灌强度和设备投资这四个参数都是随喷头间距 S_l 和支管间距 S_m 而变的，而且是两者的连续函数，因此，对于以上每个参数必然存在着一个以该参数为垂直坐标（Z 轴），分别以 S_l 和 S_m 为 X 轴和 Y 轴的立体的空间特性曲面，而且由于这四个参数和 S_l、S_m 值都不可能是负值，所以特性曲面不会超过第一象限。从这四个特性曲面可以找到任何一个对应于不同 S_m 和 S_l 的四个参数。例如，从组合均匀系数特性曲面就可以找到任何一对 S_m 和 S_l 之组合均匀系数。为了便于表达和应用，可将这些特性曲面投影到平面上，绘出以 S_m 为横坐标，以 S_l 为纵坐标的四个参数的等值线图。图 6.3.11 即为组合均匀系数等值线图。这样只要将四个参数的等值线图重叠在一起，就可以得到符合以上四项要求的 S_l 和 S_m 值。

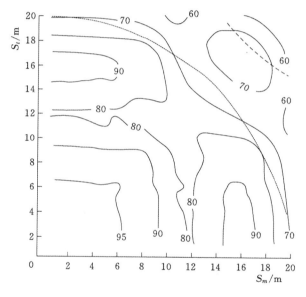

图 6.3.11　组合均匀系数等值线图

具体方法如图 6.3.12 所示。对于设计均匀系数为 70% 并符合设计要求的范围如阴影面积所示。这范围就是由三根线所包围。也就是说对于有些 S_m 和 S_l 的组合，尽管 $C_u \geqslant C_0$，但仍有漏喷现象。以上所述的范围就是符合 C_u、I 和 C_0 三个条件的范围，亦即在这范围之内所有点（S_m 和 S_l）都符合这三项设计要求。但最后选用哪一点，就要由经济分析来确定，具体可将单位面积投资等值线图与图 6.3.12 重叠，在阴影范围之内找出单位面积投资最低点，并考虑到支管和干管的标准长度等因素，选定其设计点 A，找出 S_m 和 S_l 的设计值。

6.3.5　拟定灌水定额和灌水周期

1. 设计灌水定额（$m_{设}$）

设计灌水定额可用式（6.3.12）计算：

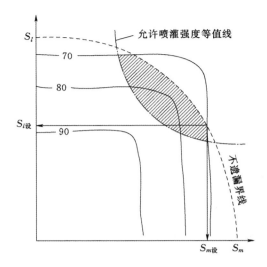

图 6.3.12 喷头间距与支管间距的确定

$$m_设 = 0.1H(\theta_{\max} - \theta_{\min}) \quad (\text{mm}) \quad (6.3.12)$$

式中：H 为作物土壤计划湿润层的厚度，对于大田作物，一般采用 $40 \sim 60\text{cm}$；$\theta_{\max}$ 为灌后土层允许达到的含水量的上限（以占土层体积的百分数表示），即相当于田间持水量；$\theta_{\min}$ 为灌前土层含水量下限（以占土层体积的百分数表示），约相当于田间持水量的 $60\% \sim 70\%$。

2. 设计灌水周期（$T_设$）

在喷灌系统规划设计中，主要是确定作物耗水最旺时期的允许最大间隔时间（两次灌水的间隔时间），即设计灌水周期（以天计），可用下式计算：

$$T_设 = \frac{m_设}{e} \qquad (6.3.13)$$

式中：e 为作物耗水最旺时期的日平均耗水量，mm/d，可根据试验确定；其余符号意义同前。

一次灌水所需时间 t 可按下式确定：

$$t = \frac{m_设}{\bar{\rho}_系统} \qquad (6.3.14)$$

$$\bar{\rho}_系统 = \frac{1000q\eta}{S_m S_l}$$

式中：$m_设$ 为设计灌水定额，mm；$\bar{\rho}_系统$ 为喷灌系统的平均喷灌强度，mm/d，应小于土壤的允许喷灌强度；η 为喷洒水有效利用系数，一般选用 $0.7 \sim 0.9$；q 为一个喷头的流量，m^3/h；S_m 为支管间距，m；S_l 为沿支管的喷头间距，m。

同时工作的喷头数 $N_喷头$ 可按下式计算：

$$N_喷头 = \frac{A}{S_m S_l} \frac{t}{T_设 C} \qquad (6.3.15)$$

式中：A 为整个喷灌系统的面积，m^2；C 为一天中喷灌系统有效工作小时数；其他符号意义同前。

同时工作的支管数 $N_支$：

$$N_支 = \frac{N_喷头}{n_喷头} \qquad (6.3.16)$$

式中：$n_喷头$ 为一根支管上的喷头数，以一根支管的长度除以沿支管的喷头间距 S_l 求得。

若计算出的 $N_支$ 不是整数，则应考虑减少同时工作的喷头数或适当调整支管的长度。

6.3.6 喷灌工程应用实例

西藏那曲地区位于青藏高原腹地，西藏自治区的北部，东西长约 1156km，南北长约

760km，占西藏自治区总土地面积的 32.82%，平均海拔 4500m 以上。全地区辖 10 个县，1 个行政区，147 个乡镇。那曲地区是长江、怒江、拉萨河、易贡河等大江大河的源头，是青藏公路和青藏铁路唯一全程穿越的地区，地区总人口 36.6 万人，牧业人口 34 万，占全区牧业人口的 49%。

那曲地区高寒缺氧，气候干燥，自然条件极为严酷，是世界上同纬度最冷、最干、风最大的地区，全年大风日 100～60d 左右，是中国同纬度的东部地区的 4—30 倍。气温由东南向西北递减，年平均气温 -2℃，最热月平均气温 8.3～9.3℃，最冷月平均气温 -9～-17℃，最冷时可达 -40～-50℃。全年日照时数 2886h 以上。一年中 5—9 月相对温暖，年平均降水量 350mm 左右，降水集中在 6—9 月，占年总降水量的 80% 左右，降水量由东南向西北递减，年蒸发量在为 1415.5～2240.4mm。那曲主要土壤类型为亚高山草甸土、高山草甸土、高山草原土，土壤发育程度低。绿色植物生长期 5 个月左右。

那曲地区可利用草地主要包括高寒草甸两大类，草场主要有紫羊茅、草地早熟禾、剪股颖、黑麦草、高羊茅和白三叶等冷季型草，同时人工草地种植的牧草品种主要有紫花苜蓿、红豆草、垂穗披碱草、老芒麦、燕麦、黑麦草和苇状草茅等冷季型草，植物设计的耗水强度取 3mm/d，最大耗水强度为 5mm/d。

那曲地区土壤计划湿润层深度为 0.30m，土壤设计喷灌强度取 15mm/h。灌溉水有效利用系数 0.85，考虑到日照时间，喷灌系统日工作时间 t 为 8h[21]。

1. 草地灌溉水量平衡计算

那曲地区降雨偏少，呈干旱趋势，因为不考虑有效降雨的影响。总灌溉面积为 10hm²。

灌溉设计流量，根据式（6.3.17）计算：

$$Q = \frac{10I_aA}{\eta t} = \frac{10 \times 3 \times 10}{0.85 \times 8} = 44(\text{m}^3/\text{h}) \qquad (6.3.17)$$

式中：I_a 为设计耗水强度，mm/d，那曲地区气候干燥，降水时空不均匀，所以不考虑有效降雨；A 为灌溉面积，hm²；η 为灌溉水有效利用系数；t 为喷灌系统日工作时间，h。

而水源处井水供水流量为 60m³/h，出水量大于所需灌溉设计流量，满足草地灌溉用水量要求。

2. 设计灌水定额

草地灌水定额，根据式（6.3.18）计算。

$$m_d = 0.1\gamma H(\beta_{max} - \beta_{min})/\eta \qquad (6.3.18)$$

式中：m_d 为设计一次灌水量，mm；H 为设计计划土壤湿润层深度，0.3m；γ 为土壤容重，1.10g/cm³；β_{max} 和 β_{min} 分别为日适宜的土壤含水量（重量含水率）上限（草地持水量的 85%）和下限（牧草持水量的 65%）；η 为灌溉水有效利用系数。

设定灌水定额取为 20mm。

3. 设计灌水周期

草地灌水周期，按式（6.3.19）计算。

$$T = \frac{m_d}{E_d} \eta \tag{6.3.19}$$

式中：T 为灌水周期，d；m_d 为设计灌水定额，mm；E_d 为草地日最大耗水强度，5mm/d；η 为灌溉水有效利用系数。

设计灌水周期：$T = 20 \times 0.85/5 = 3.4$d。

灌水周期为两次灌水之间的时间间隔。取灌水周期 $T = 4$d。

4. 喷头选型及布置

喷头组合后的喷灌强度不得超过土壤的允许喷灌值，喷灌均匀系数不低于规范的数值。选择喷头时，除需考虑其本身的性能，如喷头的工作压力、流量、射程、组合喷灌强度、喷洒扇形角度可否调节之外，还必须同时考虑诸如土壤的允许喷灌强度、地形大小形状、水源条件、用户要求等因素。另外，同一工程或一个工程的同一轮灌组中，最好选用一种型号或性能相似的喷头，以便于灌溉均匀度的控制和整个系统的运行管理。同时考虑到压力越大，需要的能量越大，成本相应提高。选用压力范围为 250～350kPa。考虑到以上因素，选择摇臂式 ZY-2 喷头，喷嘴直径 6.5mm，流量 2.76m³/h，选择压力 0.3mPa。

单个喷头的工作时间计算采用式（6.3.20）计算：

$$T_{喷} = \frac{abm_d}{1000q} \tag{6.3.20}$$

式中：$T_{喷}$ 为喷头在一个工作点上的工作时间，h；a 为喷头间距，m；b 为支管间距，m；m_d 为设计灌水定额，mm；q 为喷头在工作压力下的流量，m³/h。

根据喷头数据，喷头间距 $a = 24$m，支管间距 $b = 24$m、压力 300kPa 时 $q = 2.76$m³/h，计算得 $T_{喷} = 4.2$h。考虑到草地的实际情况不宜一次大量灌水，采用勤灌浅浇的方式，取 2h。

5. 轮灌组划分

轮灌组的数目应满足草地需水要求，同时使控制灌溉面积与水源的可供水量相协调；同一轮灌组中，选用一种型号或性能相似的喷头，为便于运行操作和管理，通常一个轮灌组所控制的范围最好连片集中，但自动灌溉控制系统不受此限制，而往往将同一轮灌组中的阀门分散布置，以最大限度地分散干管中的流量，减小管径，降低造价。

喷灌系统可划分的最大轮灌组数，按式（6.3.21）计算。

$$N = \frac{TC}{T_{喷}} \tag{6.3.21}$$

式中：C 为系统每天工作小时数，h；T 为两次灌水之间的间隔天数，d；$T_{喷}$ 为喷头在一个工作点上的工作时间，h。

按照经验，C 取 8h，计算得：N 为最大轮灌组数。

6. 管网布置

ZY-2 型单喷嘴（喷嘴直径 6.5mm）性能参数见表 6.3.5。根据表 6.3.5 选择喷头 24×24 布置，得到管网布置如图 6.3.13 所示。喷头采用三角形布置，分为 14 组进行轮灌，每组喷头数目 11 个或者 12 个。喷头射程 18.9m，所以左右两侧各留 18m。

表 6.3.5   **ZY－2 型单喷嘴喷头性能参数表**

喷头压力 /kPa	流量 /(m³/h)	射程 /m	降水量 /(mm/h) (18×18)	降水量 /(mm/h) (18×24)	降水量 /(mm/h) (24×24)
200	2.25	16.8	6.9	5.2	
250	2.52	17.8	7.8	5.8	
300	2.76	18.9	8.5	6.4	4.8
350	2.98	19.5	9.2	6.9	5.2
400	3.18	20.1	9.8	7.4	5.5

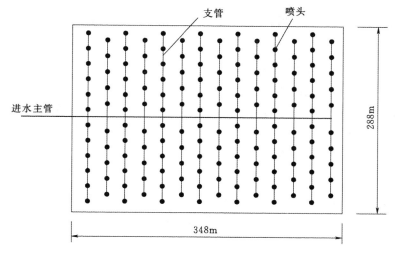

图 6.3.13 管网布置图

7. 管网水力计算

在完成喷头选型、布置和轮灌区划分之后，即可计算对各级管道的流量和进行水力计算。某一支管流量为支管上同时工作的喷头流量之和，干管流量为系统中同时工作的喷头流量之和。流量确定后，即可选择管径并计算管道和系统的水头损失。水力计算的主要任务就是确定管道的水头损失。

水力计算的原则为：任何喷头的实际上工作压力不得低于喷设计工作压力的 90%；同一条支管上任意两喷头之间的压力差（包括地形高低）应在喷头设计压力的 20% 之内。

（1）水头损失计算。沿程水头损失为

$$h_f = f \frac{Q^m}{D^b} L \tag{6.3.22}$$

式中：h_f 为支管沿程水头损失，m；f 为摩阻系数，$f=0.98\times(0.948\times10^5)$；$Q$ 为管道流量，m³/h；D 为管道内径，mm；L 为管道或管段长度 m；m 为流量指数，$m=1.77$；b 为管径指数，$b=4.77$。

其中 $Q=2.76\times6=16.56\text{m}^3/\text{h}$，$D$ 初步选定外径为 63mm，内径为 53.6mm；L 取最长轮灌支管 132m。通过计算，沿程水头损失为 10.163m。

等距多出口支管沿程水头损失应按式（6.3.23）计算：

$$h'_f=Fh_f \tag{6.3.23}$$

式中：h'_f 为等距多孔管沿程水头损失，m；h_f 为无多孔管沿程水头损失，m；F 为多口系数。

按式（6.3.24）进行计算：

$$F=\frac{N\left(\dfrac{1}{m+1}+\dfrac{1}{2N}+\dfrac{\sqrt{m-1}}{6N^2}\right)-1+x}{N-1+X} \tag{6.3.24}$$

$N=6$，$F=0.398$，得 $h'_f=4.045\text{m}$。

局部水头损失取沿程水头损失的 10% 计算，则总水头损失为

$$h_w=1.1h'_f \tag{6.3.25}$$

式中：h'_f 为等距多孔管沿程水头损失，m；h_w 为总水头损失，m。

有根据同一阀门下任意两个喷头之间的压差不超过喷头工作压力的 20%，采用试算法计算支管水头损失，并确定支管管径。$h_w=1.1$ 管管径。管水头损失头之间的压差不超过喷头工作压，支管管径合适，初步确定支管管径 63mm，内径 53.6m。

（2）支管水力计算。计算公式如（6.3.26）所示：

$$H_0=H_P+h+h_w+\Delta Z \tag{6.3.26}$$

式中：H_0 为支管进口压力，m；H_P 为喷头工作压力，喷灌压力为 0.3mPa，因此 $H_P=30\text{m}$；h 为喷头竖管高度，0.5m；h_w 为支管总水头损失，m；ΔZ 为地形高差，m。

计算得：$H_0=30+0.5+4.449=34.949\text{m}$。

8. 支管以上各级管道管径选择及水力计算

（1）最不利轮灌组的选定。在喷灌的轮灌组中选定最不利轮灌组，推求首部的流量及损失，据此确定水泵的型号。全灌区最不利点通常距水源最远。

（2）支管以上各级管道管径的选择。一般情况下是在满足下一级管道流量及压力的前提下按费用最小的原则选择。管道的费用以常用年费用表示。随着管径的增大，管道的投资造价将随之增高，而管道的年运行费随之降低。因此客观上必定有一种管径会使上述两种费用之和为最低，这种管径就是要选择的管径，即经济管径。本设计用下列公式估算管道直径。

当 $Q<120\text{m}^3/\text{h}$ 时，

$$D=13Q^{1/2} \tag{6.3.27}$$

当 $Q>=120\text{m}^3/\text{h}$ 时，

$$D=11.5Q^{1/2} \tag{6.3.28}$$

式中：D 为管径，mm；Q 为干管中通过的最大流量，m^3/h。

支管流量 $2.76\times6=16.56\text{m}^3/\text{h}$，干管流量 $2.76\times12=33.12\text{m}^3/\text{h}$。支管直径（内径）$D=52.90\text{mm}$，选择低密度外径 63mm，内径 53.6mm，0.40mPa。干管直径内径

66.2mm，查表选择低密度外径 110mm，内径 93mm，0.40MPa。

9. 支管以上各级管道的水力计算

分干管水头损失计算公式，如式（6.3.29）所示。

$$H_f = 1.1 \times f \frac{Q^m}{D^b} L \qquad (6.3.29)$$

式中：H_f 为沿程水头损失与局部水头损失之和，局部水头损失取沿程水头损失的 10%；f 为摩组系数，0.948×10^5；Q 为管道流量，m^3/h；D 为管道内径，mm；L 为管道或管段长度，m；m 为流量指数，1.77；b 为管径指数，4.77。

计算得最不利轮灌组中的干管水头损失为 2.838m。

总压力损失：$34.949 + 2.838 = 37.787m$。

因此最大压力损失约为 38m，日用水量为 $33.12 \times 8 = 264.96m^3$，取 $270m^3$。相应的根据流量以及水头进行水泵选型。

6.4　滴灌

6.4.1　滴头的种类及其工作原理

滴头是滴灌系统最关键的部件，其作用是将到达滴头前毛管中的压力水流消能后，以稳定的小流量滴入土壤，通常均由塑料压注而成。工作压力为 100kPa 左右，流道最小孔径为 $0.3 \sim 1.0mm$，流量在 $0.6 \sim 1.2L/h$ 范围之内。

对滴头的要求为：出流流量小，均匀而且稳定，受外界因素（温度、压力等）影响小，结构简单，便于制造和安装。价格低廉，坚固耐用，不易堵塞。

能满足以上要求的滴头很多，但结构与工作原理各异。按照水力学原理及结构形式可将常用的滴头分成以下几类。

1. 微管式滴头

这是比较简单的一种滴头，是用一根内径为 $0.8 \sim 2.0mm$ 的微塑料管直接插入毛管，借助水流在长长的微管中流动的摩擦水头损失来消除多余的能量。可以用改变微管长度的办法来调节出流量。其流量可用下式计算：

$$q = a l^b H^c D^d \qquad (6.4.1)$$

式中：q 为微管式滴头的出流量，L/h；l 为微管长度，m；H 为工作压力，kPa；D 为微管内径，mm；a，b，c，d 是随 D 值而定的系数。

微管内的水流多数处于层流状态，但是在内径大于 0.8mm、而且流量较大时，可能处于紊流状态。在层流状态下，水温的变化对流量将有明显的影响；在紊流状态下，则影响较小。

一般情况下微管就从毛管上拖下来，将出口放在需要滴灌的地方，有时为了便于移动，常将微管缠绕在毛管上，如图 6.4.1 所示。

尽管微管式滴头结构简单，精度不是很高（制造偏差系数 F_v 约为 4%），但在许多国

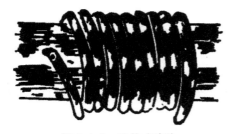

图 6.4.1 微管式滴头

家仍广泛应用这种滴头,特别适合于地形起伏的丘陵坡地,因为微管式滴头可以方便地用改变长度的办法,来适应由于分布高程变化而造成管中压力的变化。

2. 管式滴头

其原理与微管式滴头相似,同属流道滴头,只不过是用塑料压成一个长流道来达到消能的目的。工作压力一般为 100~150kPa。流量一般为 2~12L/h。其流道的形状可以是螺纹式 [图 6.4.2 (a)、(b)],也可以是迷宫式或者平面螺纹 [图 6.4.2 (c)]。按其与毛管的连接方式可以分为以下两种:

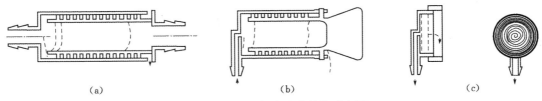

(a)   (b)   (c)

图 6.4.2 几种管式滴头结构示意图

(1) 管间式。滴头两端与毛管相连,滴头本身形成毛管的一部分,如图 6.4.2 (a) 所示,装有这种形式的滴头的毛管便于移动,移动时不易损坏滴头。

(2) 管上式。又称为侧向安装滴头。滴头的进水口在毛管管壁上。滴头可直接附在毛管上 [图 6.4.2 (b)、(c)],也可以通过小管接出一定距离。

管式滴头的流量可用下式计算:

$$q = 113.8A\left(\frac{2gHD}{fl}\right)^{1/2} \qquad (6.4.2)$$

式中:q 为滴头出流量,L/h;D 为流道内径,mm;l 为流道长度,m;f 为摩擦系数;H 为工作压力水头,m;g 为重力加速度,9.81m/s²;A 为孔口面积,mm²。

在层流状态下,过水断面的形状对其水力学特性影响较大,而在紊流状态下,则影响较小。紊流时非圆过水断面用 $4R$ 来代替式 (6.4.2) 中之 D 值,这里 R 是水力半径 (mm),可以得到较精密的结果。

管式滴头的突出优点是结构紧凑,安装成本低,批量生产质量容易控制。制造偏差系数 F_v 一般为 3%~7%,其缺点是局部水头损失较大。

为了减少滴头堵塞,这种滴头可以做成自清洗的滴头,在正常工作压力下,流道变小;而在系统刚开始工作时,由于压力低,而流道变大,通过较大的流量冲洗孔口。这种滴头一般称为补偿式滴头。

3. 孔口式滴头

该滴头是由一个孔口和一个盖子组成,水流从孔口射出,冲在盖子上以达到消能的目的,孔口一般较小 (0.5~1.0mm),工作压力也较低 (20~30kPa),灌水均匀性差,易堵塞,但简单、价廉、易于更换。流量受压力变化的影响小,流量为 6~70L/h,通常在 15L/h 以上。结构如图 6.4.3 所示,流动状态几乎总是紊流。

其出流量可用下式表示：

$$q = SC\sqrt{2gH} \qquad (6.4.3)$$

式中：q 为出流量，L/h；S 为孔口断面积，mm；H 为工作压力水头，m；C 为常数。

孔口式紊流滴头的制造偏差系数 F_v 一般很大，可高达 47%。但对温度的变化不太敏感。为克服堵塞问题，现在已有变过水断面的孔口式滴头，这种滴头在每次灌溉开始和结束时压力较低，过流比较大，就可进行一次冲洗。当压力变大时圆球将弹性部件压扁而使孔口变小，因此也具有压力补偿的作用。这样制造偏差系数 F_v 可降低到 1.6%～3.5%。

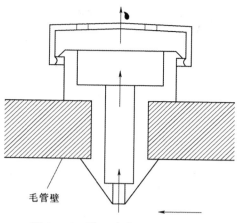

图 6.4.3 孔口式滴头结构示意图

4. 涡流式滴头

该滴头是靠水流切向流入涡室内形成强烈的旋转运动，造成极大的水头损失来消能，然后水流由涡室中间的孔口流出。其优点是出流孔口可比孔口式滴头大 1.7 倍左右。但很难得到较低的流量，价格较贵。

5. 双壁毛管

这种毛管由两层管壁组成，如图 6.4.4 所示。内层管通过毛管主要流量，工作压力为 30～150kPa，并有部分水流通过内层管壁上的小孔流到外层管，然后再从外层管外壁上流出，出流量与管径、内压和内外孔口数目比有关。流量为 1～5L/h。出口的间距根据灌水量来确定。这种方法和其他滴头相比，它比较经济，有时一套双壁毛管可以用 1～2 个生长季。可以设计出很低的流量，容易安装，极不易堵塞。可广泛用于季节性的中耕作物。其缺点是在坡地上出流量不均匀。

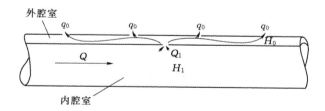

图 6.4.4 双壁毛管示意图

通常滴头流量与压力的关系可以用以下经验公式确定，这公式称为滴头流量函数：

$$q = K_c H^x \qquad (6.4.4)$$

式中：q 为滴头流量，L/h；K_c 为表征滴头尺度的比例系数；H 为滴头的工作压力水头，m；x 为表征滴头流态的流量指数。

式 (6.4.4) 的关系绘出曲线如图 6.4.5 所示，x 是直线的斜率。从图 6.4.5 上可以清楚地看出不同流态时滴头压力与流量的关系。

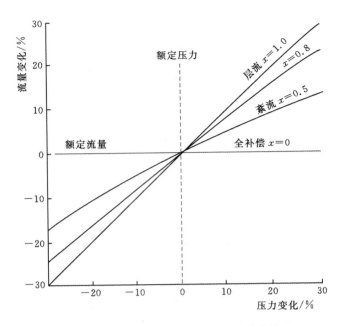

图 6.4.5 不同流态时滴头压力与流量的关系

6.4.2 滴头的选择与布置

1. 滴头的选用原则

（1）流量符合设计要求，组合后能满足作物的需要又不产生深层渗漏与径流。一般不希望每个滴头流量太小，否则用量太大，既不经济也不方便，最好大于 6~8L/h，而且流量对压力和温度变化的敏感性小。

（2）工作可靠、不易堵塞，一般要求出流孔口大，出流流速大。

（3）性能规格整齐划一，制造误差要小，至多不能超过 10%。

（4）结构简单，价格便宜。

2. 滴头与毛管的布置方式

毛管是将水送到每一棵作物根部的最后一级管道，滴头一般是直接装在毛管上或通过微管（直径大约 5mm）接到毛管上。滴头布置在作物的根系范围内，为了提高灌水均匀度，减少个别滴头堵塞所造成的危害，每棵作物至少布置有 2 个或 2 个以上的滴头，其布置方式有以下几种：

（1）单行直线布置。一根毛管控制一行作物。

（2）双行直线布置。两根毛管控制一行作物，便于管理和收存毛管。

（3）单行带环状布置。滴头通过绕树毛管相连，滴水点分布与根系一致，但收存和铺设比较麻烦。

（4）单行带微管布置。从毛管上分出微管式滴头，微管的出水口环绕作物四周布置，和环状布置相似。

6.4.3 滴灌的主要灌水质量指标

1. 灌水均匀系数 E_u

滴灌是一种局部灌溉，所以不要求在整个灌水的面积上水量分布均匀，而要求每一棵作物灌到的水量是均匀的。影响对每一棵作物灌水均匀性的因素如下：

（1）滴头的水力学特性，主要是滴头流量对压力和温度变化的敏感性。

（2）滴头的制造偏差，可用制造偏差系数 F_v 表示：

$$F_v = \frac{S_d}{q_0} \tag{6.4.5}$$

$$S_d = \frac{\sqrt{q_1^2 + q_2^2 + \cdots + q_n^2 - nq_0}}{\sqrt{n-1}}$$

式中：S_d 为至少 50 个以上新的滴头所测得流量的标准偏差；q_1、q_2、$\cdots$、q_n 分别为各个滴头的流量值，L/h；q_0 为所有滴头的平均流量值，L/h；n 为供试滴头的总数。

F_v 值一般变化在 $2\%\sim10\%$ 之间，一般要求 F_v 值不大于 5%。

（3）管网上水压力分布的不均匀性，这主要是由管网的摩阻损失和地面高程变化造成的。

（4）各滴头处气温及水温的差异。

（5）完全堵塞或部分堵塞滴头的数目。

考虑到这些因素，将滴头的灌水均匀系数 E_u 表示成如下形式：

$$E_u = 100\left[1 - \frac{1.27F_v}{\sqrt{e}}\right]\frac{q_{min}}{q_0} \tag{6.4.6}$$

式中：q_{min} 为根据正常流量压力关系曲线计算的与最小压力相对应的流量，L/h；e 为每株作物最少的滴头数目。

一般要求 E_u 值大于等于 94%，在任何情况下也不得低于 90%。

2. 灌溉效率

灌溉效率也称为灌溉水利用系数。用于表征灌溉水的有效利用的程度，定义为净用水量 m 与毛灌溉用水量 $m_{毛}$ 与之比，可用下式计算：

$$\eta_水 = K_s E_u \tag{6.4.7}$$

式中：K_s 为蒸腾灌水比，是在灌水最少处蒸腾水量与总灌水量之比，也可以表示为 1 减去蒸发与深层渗漏损失。其数值取决于管理的水平，非常好的管理 K_s 在干旱地区可达 0.95，在湿润地区可达 1.0，一般设计值取 0.90。

对于滴灌有时考虑到要附加 10% 的灌溉用水量，以补偿淋洗的需要，那么毛灌溉量就可以用下式计算：

$$m_毕 = \frac{1.10m}{\eta_水} \tag{6.4.8}$$

6.4.4 滴灌系统的布置和设计

设计滴灌系统前，亦应收集必需的资料，如 1/500～1/2000 地形图和农业气象、土壤等资料。在地形图上应标明滴灌面积所在位置、水源位置、现有田块布置、村庄和道路等。水源水质要进行分析，测定其 pH 值，泥沙及污物含量，硼、锂含量，以硝酸盐和硝酸铵形式存在的含氮量等。

1. 滴灌系统的布置

滴灌系统的管道，一般分干管、支管和毛管三级，布置时要求干、支、毛三级管道尽量互相垂直，以使管道长度最短，水头损失最小，如图 6.4.6 所示。在山区丘陵地区，干管多沿山脊或在较高位置平行于等高线布置，支管垂直于等高线布置，毛管平行于等高线并沿支管两侧对称布置，以防滴头出水不均匀。

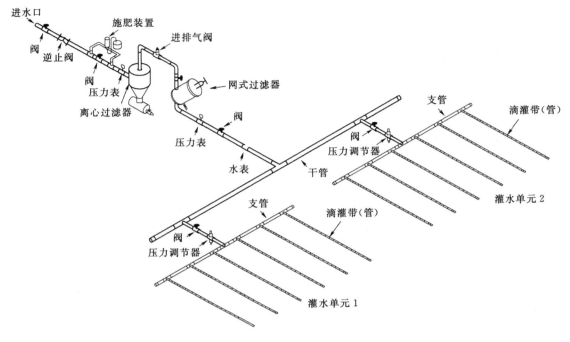

图 6.4.6　大田滴灌布置方法

滴灌系统的布置形式，特别是毛管布置是否合理，直接关系到工程造价的高低，材料用量的多少和管理运行是否方便等。在果园滴灌中，由于果树的株行距都较大，而且水果产值较高，有条件的地方可以采用固定式滴灌系统，也可以采用移动式滴灌系统。我国目前在发展大田作物滴灌时，为了降低工程造价和减少塑料管材用量，均采用了移动式滴灌系统。一条毛管总长 40～50m，其中有 2～5m 一段不装滴头，称为辅助毛管。这样，一条毛管就可以在支管两侧 60～80m 宽，上下 4～8m 的范围内移动，控制灌溉面积 0.5～1.0 亩，使每亩滴灌建设投资降低到 40～60 元，其布置形式如图 6.4.7 所示。

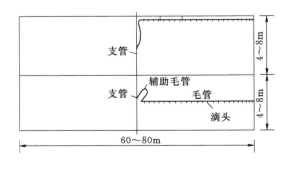

图 6.4.7　大田滴灌毛管布置方式

2. 滴灌的灌溉制度

（1）灌水定额。滴灌设计灌水定额是指作为滴灌系统设计依据的最大一次灌水量（$h_滴$），如果用灌水深度表示，可以下式计算，即

$$m_滴 = \frac{a\theta p H}{1000} \tag{6.4.9}$$

式中：$m_滴$ 为设计灌水定额，mm；a 为允许消耗的水量占土壤有效持水量的比例，%，由于滴灌能及时地、准确地向根层土壤供水，因此可以使每次的灌水量较小，对于需水较敏感的蔬菜等作物，$a=20\%\sim30\%$，对于一般耐旱的作物，$a=30\%\sim40\%$，而对于根深的果树，则可取 $a=30\%\sim50\%$；H 为计划湿润层深度，蔬菜为 0.2~0.3m，大田作物 0.3~0.6m，果树为 1.0~1.2m；θ 为土壤有效持水量（占土壤体积%）；p 为土壤湿润比，%，即在滴灌后地面以下 30cm 深处土壤湿润面积与滴灌面积（包括滴头湿润的面积和没有湿润的面积）的比值，其数值大小与滴头流量，滴头间距和土壤类别有关。

根据国内外试验资料表明，在降雨量较小的干旱地区，对果树滴灌，湿润比 p 应小于 33%；在降雨量较多的地区，滴灌只是间歇性的补充灌水，p 值应小于 20%，对于蔬菜和大田作物，其湿润比要高一些，一般为 70%~90%。

（2）设计灌水周期。滴灌的设计灌水周期用下式计算，即

$$T = \frac{m_滴}{e} \tag{6.4.10}$$

式中：T 为灌水周期，d；e 为作物需水旺盛期日平均耗水量，mm/d。

e 值的大小可以根据当地滴灌试验资料或群众灌水经验确定，亦可根据下式估算：

$$e = \left(0.1 + \frac{A}{100}\right)e_{max} \tag{6.4.11}$$

式中：A 为遮阴率，%，即在垂直阳光照耀下，作物阴影面积与总面积之比，对大田作物和蔬菜，A 为 60%~95%，对于果园，幼树期 A 为 20%~40%，成年果树 A 为 60%~80%；e_{max} 为作物需水旺盛期最大蒸腾量，mm/d，不同作物、不同生育期，在不同的气候条件下，e_{max} 值不一样，这可根据试验确定。

目前，国内各地在进行滴灌设计时，大致采用如下灌水周期（T）：果树为 3~5d，蔬菜为 1~2d，而大田作物则采用 5~8d。

（3）一次灌水延续时间。灌水延续时间用式（6.4.12）计算，即

$$t = \frac{m_滴 S_e S_l}{q_滴} \tag{6.4.12}$$

式中：S_e 为滴头间距，m；S_l 为毛管间距，m；$q_滴$ 为滴头流量，L/h。

在果园滴灌时，以单株树为计算单元，则一次灌水延续时间应该用下式计算：

$$t = \frac{m_滴 S_r S_t}{n q_滴} \tag{6.4.13}$$

式中：t 为一次灌水延续时间，h；n 为一棵树下安装的滴头个数；S_r 为果树行距，m；S_t 为果树株距，m；其余符号意义同前。

（4）轮灌区数目的确定。对于固定式滴灌系统，轮灌区数目 N 可按下式计算：

$$N \leqslant \frac{24T}{t} \tag{6.4.14}$$

对于移动式滴灌系统，则为

$$N \leqslant \frac{24T}{n_{移}t} \qquad (6.4.15)$$

式中：$n_{移}$ 为一条毛管控制面积内毛管移动的次数，大田为 10～20 次。

（5）一条毛管控制的灌溉面积 f。对于固定式滴灌系统，毛管固定在一个位置上灌水，控制面积为

$$f = 0.0015 S_l L \qquad (6.4.16)$$

式中：f 为一条毛管控制的灌溉面积，亩；L 为毛管长度，m，移动式滴灌系统中为安装滴头的毛管段。

对于移动式滴灌系统，一条毛管一昼夜控制的灌溉面积，可用下式计算：

$$f = 0.0015 n_{移} S_{移} L \qquad (6.4.17)$$

式中：$S_{移}$ 为一条毛管每次移动的距离，m；其余符号意义同前。

3. 滴灌系统控制灌溉面积大小的计算

在灌溉水源能得到充分保证的条件下，滴灌面积的大小取决于管道的输水能力。对于水源流量不能满足整个灌区需要时，滴灌面积可用下式计算：

$$A = mfN \qquad (6.4.18)$$

其中

$$m = \frac{Q}{Q_{毛}}$$

式中：A 为滴灌系统控制的灌溉面积，亩；m 为同时工作的毛管条数；Q 为水源流量，L/h；$Q_{毛}$ 为一条毛管的输水流量，L/h；其余符号意义同前。

4. 滴灌水力计算

滴灌系统各级管道布置好以后，即可从最末一级毛管开始，逐级推算各级管道（毛管、支管和干管）的水头损失。在具体设计中，要求同一支管上第一条毛管的第一个滴头的水头 h 与最末一条毛管的最后一个滴头的水头 h' 的差值，不超过滴头设计工作压力的 20%，以求滴头的滴水量比较均匀（流量差值不超过 10%）；并据此确定支、毛管的最大长度。

在滴灌中，多用塑料管道。国内外常采用威廉-哈森公式计算管道沿程摩阻损失：

$$\Delta H = 15.27 \frac{Q^{1.852}}{D^{4.871}} L \qquad (6.4.19)$$

式中：ΔH 为沿程摩阻损失，m；L 为管长，m；Q 为流量，L/h；D 为管内径，cm。

在支管中，因水流进入毛管，所以其流量随支管长度而减少。在管道沿程均匀出流情况下，由于摩阻引起的总水头损失可以用上式计算，但必须再乘以相应的多孔系数加以修正（类似喷灌管道的计算），也可以用修正的威廉-哈森公式计算：

$$\Delta H = 5.35 \frac{Q^{1.852}}{D^{4.871}} L \qquad (6.4.20)$$

式中符号意义同前，仅常数不同。

毛管和支管水力学计算的步骤如下：

（1）已知管道输水流量，初步选定管径 D。

（2）假定管道长度，计算总水头损失（沿程摩阻损失与局部损失之总和）和任一管段

断面的压力水头 H_i：

$$H_i = H - \Delta H_i \pm \Delta H_i' \quad\quad\quad\quad (6.4.21)$$

$$\Delta H_i = R_i \Delta H$$

$$R_i = 1 - (1-i)^{2.852}$$

式中：H 为进口压力水头；ΔH_i 为沿管长任一段的水头损失；i 为相对管长，即距进口端任一管段长度 l 与全管长 L 之比；$\Delta H_i'$ 为任一断面处由管坡引起的压力水头变化，下坡取"一"号，上坡取"＋"号。

（3）求沿管长压力分布曲线，得最大压力水头和最小压力水头以及进口工作压力。

（4）校核支管控制的范围内，滴头工作压力的变化 $H_{var} = 1 - \dfrac{H_{min}}{H_{max}}$ 是否在规定范围内，其 H_{min} 和 H_{max} 分别为毛管最小压力和最大压力（一般不在同一毛管上）。

（5）若 H_{var} 不符合要求，应改变支、毛管的直径和相应长度，重新计算，直至符合要求为止。同一 H_{var} 的支、毛管直径（D）和长度（L）有许多种组合，最好做出若干种比较方案，进行优选。

干管水力计算，可按经济直径（或经济水力坡度 i）选择合理直径，然后计算沿程水头损失，推求满足支管进口压力的干管工作压力。

$$H_A = H_B + \Delta H \pm \Delta Z \quad\quad\quad\quad (6.4.22)$$

式中：H_A 为管段上端压力水头；H_B 为管段下端压力水头；ΔZ 为两端地形高差，下坡取"一"号，上坡取"＋"号。

经济水力坡度 i 值越大，所需管径就越小，每亩投资也就少。但是，i 值越大，则所需要的抽水扬程就高，从而又增大了管理运行费用。因此，在设计滴灌系统时，要合理选择水力坡度 i 值的大小。

应该指出，上述各级管道的压力还应加上局部阻力损失，即 $h_{局} = \xi \dfrac{v^2}{2g}$。为方便计，目前一般以沿程摩阻损失的 10% 估算局部阻力损失。

在西藏地区修建滴灌系统，为了节省投资，减少运行费用，应尽可能在较高位置修建蓄水工程，存蓄泉水，或拦蓄当地地面径流，以便实行自压滴灌。在保证支管沿程都有 15m 左右的工作水头前提下允许管道有较大的水头损失。当地面坡度大于管道的经济坡度时，取管道水力坡度等于地面坡度；在地面坡度小于管道的经济坡度时，取管道坡度为经济坡度进行水力计算。

6.4.5 滴灌系统的堵塞及其处理方法

1. 滴灌系统堵塞的原因

（1）悬浮固体堵塞。如由河（湖）水中含有泥沙及有机物引起。

（2）化学沉淀堵塞。水流由于温度、流速、pH 值的变化，常引起一些不易溶于水的化合物，沉积在管道和滴头中，按其化学成分来分，主要是铁化合物沉淀（由铁管锈蚀引起），碳酸钙沉淀和磷酸盐沉淀等。

（3）有机物堵塞。胶体形态的有机质，微生物的孢子和单细胞，一般不容易被过滤器排除，在适当的温度，含气量以及流速减小时，常在滴灌系统内团聚和繁殖，引起堵塞。

2. 滴灌系统堵塞的处理方法

（1）酸液冲洗法。对于碳酸钙沉淀，可用 36% 的盐酸加入水中，占水容积的 0.5%～2%，用 1m 水头的压力输入滴灌系统，滞留 5～15min。当被钙质黏土堵塞时，可用硝酸稀释液冲洗；除去铁的沉淀需用硫酸。

（2）压力疏通法。用 $(5\sim10)\times10^5$ Pa 的压缩空气或压力水冲洗滴灌系统，对疏通有机物堵塞效果很好。清除前，先将管道系统充满水，然后与空气压缩机连通，当所有水被排出后半分钟，关闭空气压缩机。但此法有时会使滴头流量超过设计值，或将较薄弱的滴头压裂。此法对碳酸盐堵塞无效。

在滴灌系统运行过程中，更重要的是加强管理，切实采取以下预防措施：①维护好过滤设备；②设沉淀池预先处理灌溉水；③定期测定滴头的流量和灌溉水的铁、钙、镁、钠、氯的离子浓度以及 pH 值和碳酸盐含量等，及早采取措施；④防止藻类滋生，毛管应采用加炭黑的聚乙烯软管，使其不透阳光，或用氯气、高锰酸钾及硫酸铜处理灌溉水；⑤采用活动式滴头，以便拆卸冲洗。

6.5 微喷灌

6.5.1 微喷灌的主要灌水质量指标

微喷灌是介于喷灌与滴灌之间的一种灌水方法。因此，主要灌水质量指标分别与两者相似。灌水均匀系数和灌水效率与滴灌相同。喷灌强度的要求与喷灌相似，所不同的在于微喷灌是局部灌溉，一般不考虑湿润面积的重叠，所以要求单喷头的平均喷灌强度不超过土壤的允许喷灌强度。另外由于微喷头的出口和普通喷头的出口比起来一般都非常小，水滴对作物土壤的打击力都不大，不会构成对作物和土壤团粒结构的威胁，所以水滴直径不作为主要指标，主要灌水质量指标是：灌水均匀系数、灌水效率和单喷头平均喷灌强度。

6.5.2 微喷头的种类及其工作原理

微喷头也是喷头的一种，只是它具有体积小、压力低、射程短、雾化好等特点。小的微喷头外形尺寸只有 0.5～1.0cm，大的也只 10cm 左右；其工作压力一般为 50～300kPa。因此微喷头的结构一般要比喷头简单得多，多数是用塑料一次压注成形的，复杂一些的也只有 5～6 个零件。也有用金属做的或采用一些金属部件。喷嘴直径一般小于 2.5mm；单个微喷头的喷水量一般不大于 300L/h。由于微喷头主要是作为一种局部灌水方法，所以不要求微喷头具有很大的射程，一般微喷头的射程从 10～50cm 到 6～7m 不等。

微喷头的作用有两个方面：一是将水舌粉碎成细小的水滴并喷洒到较大的面积上，以减少发生地面径流和局部积水的可能性；另一方面是用喷洒的方式，消散到达微喷头前的水头。在滴头中则是利用水流流过孔口或迷宫时的阻力来消散这水头。只要能起到这两方面作用，而且工作参数在上述范围之内的构件都可以称为微喷头。所以其结构形式和工作原理非常多样。各种形式、不同规格的微喷头现在已有数百种之多。按其喷洒的图形（或湿润面积的形状）可以分为全圆喷洒和扇形喷洒两种。

（1）全圆喷洒的微喷头。单个微喷头的湿润面积是圆形的，如图 6.5.1 左下角所示。这种喷头也可以用于全面灌溉。

40°   90°

180°   270°

360°   300°

图 6.5.1　几种不同形状喷洒图形的微喷头

（2）扇形喷洒的微喷头。单个微喷头的湿润面积是一个或多个扇形的，而且各扇形的中心角也不相同，如图 6.5.1 所示即为其中几种。这种微喷头一般只能用于局部灌溉，因为其组合后不容易得到均匀的水量分布，所以不适用于全面灌溉，由于一些果树都不希望树干经常处于湿润状态，因此常将扇形的缺口对着树干，这样可以避免打湿树干，和一般喷头不同的地方是一般喷头每个喷头只有一个扇形，而一个微喷头却可以有几个扇形湿润面积。

按其工作原理，常用的微喷头可以分为射流式、离心式、折射式和缝隙式四种。其工作原理均与喷头相似。后三种都没有运动部件，在喷洒时整个微喷头各部件都是固定不动的，因此统称为固定式微喷头。

1. 射流式微喷头

一般是利用反作用原理使之旋转。其特点是水流集中、射程远，因此平均喷灌强度也就比较低，特别适用于全面灌溉以及透水性较低的土壤上局部灌溉。

除了图 6.5.2 所示之射流式微喷头之外，也还有一些其他形式的射流式微喷头。例如，图 6.5.3 所示即为一种带有旋转悬臂的射流式微喷头。

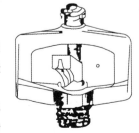

图 6.5.2　射流式微喷头

2. 离心式微喷头

这是一种利用离心力来喷洒的微喷头，其外形如图 6.5.4 所示。其特点是工作压力低，雾化程度高，一般形成全圆的湿润面积。由于在离心室内能够消散大量能量，所以在同样流量的条件下，孔口可以比较大，从而大大减少了堵塞的可能性。

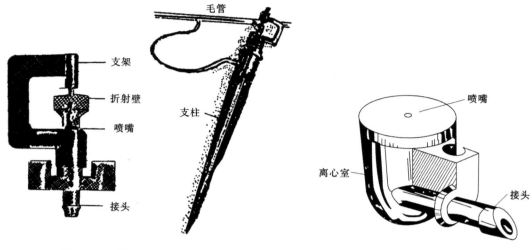

图 6.5.3　射流式微喷头及其支柱　　　　　图 6.5.4　离心式微喷头外形图

3. 折射式微喷头

该喷头和一般折射式喷头不同，它的折射锥的折射角不一定是 120°，可以是 180°甚至大于 180°。因此有时将射流式喷头的折射臂取去，换上一个平的折射锥，就成了折射式微喷头。这样增加了微喷头部件的通用性。一般折射锥表面是光滑的，但也有的折射锥沿圆周方向做成齿形，其作用在于使水流沿圆周方向能分布得比较均匀，也可以提高雾化程度。对于一些扇形喷洒的折射式微喷头则只有一个方向有支架，水流向另一个方向射出。

4. 缝隙式微喷头

该喷头如图 6.5.5 所示。

6.5.3　微喷头的选择与布置

1. 微喷头的选择

在选用微喷头时要考虑到农作物对灌溉的要求，还要注意对土壤环境造成的以下影响：

（1）单喷头平均喷灌强度不超过土壤允许的喷灌强度，这与喷灌相似。

（2）喷水量要适合于作物灌水量的要求，特别注意考虑灌水量随着生育阶段的变化。

（3）制造误差小，不得超过 11%。

（4）喷水量对应力和温度变化的敏感性要差。

（5）工作可靠，主要是不易堵塞，为此孔口适

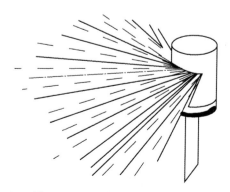

图 6.5.5　缝隙式微喷头示意图

当大些好，流量大一些好，对于有旋转部件的微喷头，还要求旋转可靠。

（6）经济耐用。

具体选用微喷头时，要根据作物的种类，植株的间距，土壤的质地与入渗能力以及作物的需水量大小而定。除应满足主要灌水质量指标的要求外，喷洒湿润土层还应满足作物根系发育的要求，在不同生育阶段都能使根系全面得到湿润。

2. 微喷头的布置

微喷头的布置包括在高度上的布置和在平面上的布置。在高度上的布置，一般是放在作物的冠盖下面，但是不能太靠近地面，以免暴雨时将泥沙溅到微喷头上而堵塞喷嘴或影响折射臂旋转，也不能太高以免打湿枝叶。安装高度一般为 20～50cm，对于专门要湿润作物叶面的系统则可安装在作物的冠盖之上。在平面上布置，一般说来是每棵作物布置一个微喷头，要求 30%～75% 以上的根系得到灌溉，以保持产量和足够的根系锚固力。根系湿润范围的大小，主要决定于土壤类型与土层深度，喷水量的大小，微喷头喷洒覆盖范围的大小与形状，灌水历时等。如果微喷灌是作物水分的唯一来源或主要来源（在非常干旱的地区），则作物根系发育形状与湿润土壤的形状一致，干的地方根系不发达。这时微喷头的布置是至关重要的，最好灌溉的湿润图形与作物枝干对称，应促使根系延伸到离作物枝干的距离等于作物高 1/4 处，以确保作物有足够的锚固力。对于微喷灌来说，土壤的湿润范围比地面湿润面积略大一些。我们可以根据以上原则合理的布置，灵活地安排。图

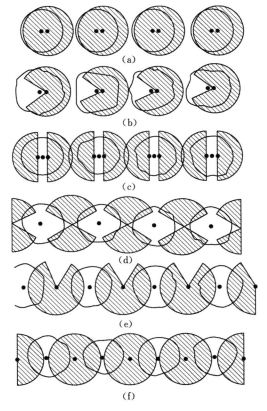

6.5.6 绘出了在果园微喷头的几种布置方式可供参考。图 6.5.6（a）为全圆喷洒的微喷头紧靠树干布置，一棵树一个微喷头。这样布置形式对称，能湿润整个根系，但是微喷头不能靠树干太近，否则使树干总是湿的，对一些树不利。而且由于树干的遮挡，会有较大面积喷不到水。所以有时干脆用扇形喷洒的微喷头，如图 6.5.6（b）所示。或用两个半圆喷洒的微喷头，如图 6.5.6（c）所示。一棵树一个微喷头的布置方式是每棵树只能从一个微喷头得到水，这样一旦这个微喷头堵塞了而又未被发现，就会严重影响这棵树的生长，以至干死。所以有时将微喷头布置在两棵树之间，如图 6.5.6（d）、（e）、（f）所示。这样可以相对提高灌水的系统均匀系数。而且一般不会打湿树干和树叶。但是如果树的间距较大则会有大量无效的棵间蒸发。如果微喷头流量较大，可以供给两棵树，而且树的间距较小，那么也可以间隔布置，每个微喷头灌两棵树，以减少毛管的数量。甚至可以一个微喷头灌四棵树。

图 6.5.6　微喷头的几种布置方式

微喷头一经安置后，不要轻易移往他处，以免由于过去灌溉而建立起来的根系吸不到水，而新湿润的土壤内没有根系吸水，作物会因缺水而减产。另外，原来被水分冲向湿润球四周的盐分也会因改变湿润范围而进入根区造成盐害。如果微喷头只是作为降雨的补充，作物根系平时得到良好的全面的发育，这时微喷灌灌水图形的变化是不会严重影响作物根系的发育的。

第7章 灌区水资源供需平衡分析

7.1 灌溉用水管理

灌溉用水管理是整个灌溉管理工作的中心环节。用水管理工作的好坏，直接影响灌溉工程的效益和农业的增产。用水管理的主要任务是实行计划用水。

计划用水就是有计划地进行蓄水、取水（包括水库供水、引水和提水等）和配水。无论是大、小灌区，都要实行计划用水，做好用水管理工作。实行计划用水，需要在用水之前根据作物高产对水分的要求，并考虑水源情况，工程条件以及农业生产的安排等，编制好用水计划。在用水时，视当时的具体情况，特别是当时的气象条件，修改和执行用水计划，进行具体的蓄水、取水和配水工作。在用水结束后，进行总结，为今后更好地推行计划用水积累经验。计划用水是一项科学的管水工作，要进行认真的调查研究与分析预测，要充分地吸取当地先进经验，做到因地制宜和简便可行。只有这样，计划用水才能得到贯彻和推广[22]。

7.1.1 用水计划的编制

用水计划是灌区（干渠）从水源取水并向各用水单位（县、乡、村或农场）或各渠道配水的计划。包括灌区取水计划和配水计划两部分。

1. 水源取水计划的编制

取水计划由全灌区的管理机构编制，是在预测计划年份各时期（月、旬）水源来水量和灌区用水量的基础上，进行可供水量与需要水量的平衡分析计算。通过协调、修改，确定计划年内的灌溉面积、取水时间、各时期内的取水水量、取水天数和取水流量等。对于水库灌区，其取水计划就是水库的年度供水计划。

（1）河流水源情况的分析和预测。渠首可能引取的水量取决于河流水源情况及工程条件。因此，应首先分析灌溉水源。在无坝引水和抽水灌区，需分析和预测水源水位和流量；在低坝引水灌区，一般只分析和预测水源流量；对于含沙量较大的水源，还要进行含沙量分析和预测。

1）水源供水流量的分析与预测，主要是确定计划年内的径流总量及其季、月、旬（或五日）的分配，即水源供水水量或流量的过程。目前采用的方法主要有成因分析法、平均流量法和经验频率法等几种。

成因分析法是利用实测资料，从径流成因上分析一些气象、水文因素与水源径流的关系，建立相关图（例如，建立降水径流相关曲线等），据此再按选定的各阶段气象、水文（如降水）资料来确定河流的径流过程。

平均流量法系根据多年实测资料，按日平均流量，将大于渠首引水能力的部分削去，再按旬或五日求其平均值，作为所拟定的水源供水流量，方法较简易，多用于中小型灌区。

经验频率法中以采用分段假设年法或分段实际年法较多，其阶段的划分，一般根据作物生长期、气候变化情况以及水源年内变化规律，将全年划分为 2～3 个阶段，或只分析全年中某一个阶段。

2）河源含沙量的分析与预测。对于从多沙河流引水的灌区，为了防止渠系淤积，在超过允许限度的高含沙量时，往往要停止引水或进行其他安排（如引洪淤灌等），故要分析和预测不同含沙量的出现次数、日期及延续时间。其分析方法，可以采用分段真实年法，也可采用与水源流量相同年份的含沙量资料。

3）渠首可能引取流量的确定。低坝引水灌区，当水源供水流量大于渠首引水能力时，即以渠首引水能力为可能引入流量；当河源供水流量小于渠首引水能力时，即以水源供水流量为可能引入流量。无坝引水和抽水灌区，还要根据水源水位与引取流量的关系来考虑各阶段可能引取的流量。若有几个相邻的灌区在同一河流上引水，要根据统一安排的河系分水比例来确定各灌区的引水流量。

（2）计划引取水量的确定。通过分析和预测，确定了渠首可能引取的水量和灌区灌溉需要的水量后，将两者进行平衡分析，最后可确定计划引取水量的过程。

在平衡分析中，若某阶段可能的引取流量等于或大于灌溉需要的流量，则以灌溉需要的流量作为计划的引取流量；若可能的引取流量小于灌溉需要的流量，就需要通过以下各种措施调整用水。最后确定计划的引取流量过程，要使任何阶段的计划引取流量不大于可能的引取流量，采用的措施如下：

1）调整灌水时间和灌水定额。在水源供水不足时，可将某种作物的部分面积提前一些或推迟灌水；或是在水源充足时适当加大灌水定额，供水不足时适当减小灌水定额。

2）挖掘潜力，充分发挥其他水源的作用，如做好渠道防渗、实行轮灌以提高水的利用率；充分利用灌区地下水和回归水等一切水源，以补充水源的不足。

3）配合农业措施，合理安排作物如推广省水、高产的优良品种或安排不同品种的作物等，以减少用水量或是错开用水高峰，避开水源供水不足时的大量用水。

2. 灌区配水计划的编制

灌区向各级用水单位配水的计划，一般是在每次灌水之前由相应的上一级灌区管理机构分次地编制。通常是根据渠系或用水单位的分布情况，将全灌区划分成若干段（或片），在各段、片进出口设立配水站、点，由灌区管理局（处）按一定比例统一向各管理段、片配水；各管理段、片再向所辖各配水点配水。编制配水计划，就是在全灌区的灌溉面积、取水时间、取水水量和流量已确定的条件下，拟定每次灌水向配水点分配的水量、配水方式、配水流量（续灌时）或是配水顺序及时间（轮灌时）。

（1）配水水量计算。

1）按灌溉面积的比例分配，例如，某水库灌区，其干渠布置示意图如图 7.1.1 所示，灌区总灌溉面积为 6.22 万亩，有东、西两条干渠，东干渠控制面积为 4.20 万亩，西干渠为 2.02 万亩。东干渠控制的面积大，且跨两个乡，因此，又将东干渠分为上、下两段配水。上段控制面积为 2.55 万亩，下段为 1.65 万亩。在西干、东干的渠首处设立两个配水点，在渡槽处（乡的界线）设立配水点，控制东干下段。

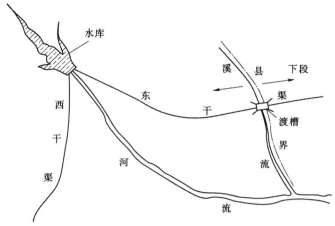

图 7.1.1　某灌区干渠及配水点布置示意图

以该年第一次灌水为例，设定灌水干渠的取水量为 450 万 m³，则按灌溉面积的比例分配水量，计算如下：

西干应配水量：

$$W_{西}=\frac{2.02}{6.22}\times450=146（万\ m^3）$$

东干应配水量：

$$W_{东}=\frac{4.20}{6.22}\times450=304（万\ m^3）$$

东干下段应配水量：

$$W_{东下}=\frac{1.65}{4.20}\times304=120（万\ m^3）$$

在按灌溉面积分配水量的方法中，实际上把渠道输水损失的水量也按灌溉面积进行了分配，这在干、支渠输水损失较大、渠道长度与其控制的灌溉面积不相称时，计算的成果不太合理。此时，最好在按灌溉面积配水的基础上，考虑输水损失的修正。

2）按灌区毛灌溉用水量的比例分配，如果灌区内种植多种作物，灌水定额各不相同。在这种情况下，就不能单凭灌溉面积分配水量，而应考虑不同作物及其不同的灌水量。通常，采用的方法是先统计各配水点控制范围内的作物种类、灌溉面积以及灌水定额等；再加以综合，计算出毛灌溉用水量；最后按各配水点要求的毛灌溉用水量比例，计算出各点的应配水量。在图 7.1.1 的例子中，若第一次配水的基本情况见表 7.1.1，则按此法计算的配水量比例见表 7.1.2。

表 7.1.1　　　　　　　　　某灌区各配水单位第一次配水基本情况

配水单位	灌溉面积/万亩	综合灌水定额/（m³/亩）	灌区内部引蓄工程可供水量/万 m³	渠系水利用系数
东干渠	4.20	80	90	0.70
西干渠	0.02	70	30	0.75
东干上段	2.55	80	50	0.69
东干下段	1.65	80	40	0.72

151

表 7.1.2　　　　　　　某灌区东西干渠配水量计算表

配水单位		灌溉面积 /万亩	综合灌水定额 /(m³/亩)	田间净灌溉用水量 /万 m³	内部工程可供水量 /万 m³	渠道净灌溉用水量 /万 m³	灌溉水利用系数	要求的渠道毛配水量/万 m³	配水百分比/%	
									计算值	采用值
(1)		(2)	(3)	(4)=(2)配(3)	(5)	(6)=(4)-(5)	(7)	(8)=(6)/(7)	(9)	(10)
东干渠	东干上段	2.55	80	204	50	154	0.69	223	$63.6\left(=\dfrac{223}{223+128}\right)$	64
	东干下段	1.65	80	132	40	92	0.72	128	$36.4\left(=\dfrac{128}{223+128}\right)$	36
	合计	4.20	80	336	90	246	0.70	351	$70.3\left(=\dfrac{351}{351+148}\right)$	70
西干渠		2.02	70	141	30	111	0.75	148	$29.6\left(=\dfrac{148}{351+148}\right)$	30
全灌区合计		6.22		477	120	357		499		

若第一次放水的水库供水量为 450 万 m³，则

西干渠应配水量：
$$W_{西}=\frac{30}{100}\times450=135（万\ m^3）$$

东干渠应配水量：
$$W_{东}=\frac{70}{100}\times450=315（万\ m^3）$$

东干下段应配水量：
$$W_{东下}=\frac{36}{100}\times315=113（万\ m^3）$$

灌区内各部分的作物种类及其种植比例往往差别较大，一般多采用此法。

（2）配水流量和配水时间的计算。

1）续灌条件下配水流量的计算。在续灌条件下，渠首取水灌溉的时间就是各续灌渠道的配水时间，不必另行计算。编制配水计划的主要任务，是把渠首的取水流量合理地分配到各配水点，即计算出各配水点的流量。

配水流量与配水水量的计算方法一样，有按灌溉面积分配与按毛灌溉用水量分配两种方法。如图 7.1.1 及表 7.1.1、表 7.1.2 的算例中，如果第一次灌水时渠首的取水流量为 6.00m³/s，则按灌溉面积比例计算配水流量的结果为

西干渠配水流量：
$$Q_{西}=\frac{2.02}{6.22}\times6.00=1.95（m^3/s）$$

东干渠配水流量：
$$Q_{东}=\frac{4.20}{6.22}\times6.00=4.05（m^3/s）$$

东干下段配水流量：
$$Q_{东下}=\frac{1.65}{6.22}\times6.00=1.59（m^3/s）$$

按毛灌溉用水量比例（表 7.1.2）计算配水流量的结果为

$$Q_{西}=\frac{30}{100}\times6.00=1.80（m^3/s）$$

$$Q_{东}=\frac{70}{100}\times6.00=4.20（m^3/s）$$

$$Q_{东下} = \frac{36}{100} \times 4.20 = 1.51 (\text{m}^3/\text{s})$$

2）轮灌条件下配水顺序与时间的确定。在轮灌配水的条件下，编制配水计划的主要内容是划分轮灌组并确定各组的轮灌顺序、每一轮灌周期的时间和分配给每组的轮灌时间。

轮灌顺序的确定，要根据有利于及时满足灌区内各种作物用水要求，有利于节约用水等条件来安排轮灌的先后顺序。在这方面，我国一些用水管理较先进的灌区，有以下一些经验：

a. 先灌远处，后灌近处，尽量保证全灌区均衡供水。

b. 先灌高田、岗田，后灌低田、冲垅田。由于高田、岗田位置高，渗漏大，易受旱，且当地水源条件一般较差，故应先灌。此外，高田、岗田灌溉后的渗漏水和灌溉余水流向低田、冲垅田，可以再度利用。

c. 先灌急需灌水的田，后灌一般田。

d. 根据市场经济原则，按交付水费的具体情况确定配水的先后顺序。

轮灌周期简称轮期，是轮灌条件下各条轮灌渠道（集中轮灌时）或是各个轮灌组（分组轮灌时）全部灌完一次总共需要的时间。每次灌水可安排一个或几个轮期，视每次灌水延续时间的长短及轮期的长短而定。例如，某次灌水，延续时间为 24d，每一轮期为 8d，则这次灌水包括三个轮期，即对于每条渠道或每个轮灌组要进行三轮灌溉。轮期的长短主要应根据作物需水的缓急程度而定，这与作物种类和当时所处的生育阶段有关，同时也受到灌水劳动组织条件和轮灌内部小型蓄、引水工程的供水和调蓄能力的影响。一般，每一轮期约为 5~15d。作物需水紧急，灌区内部调蓄水量能力小，则轮期要短，约 5~8d；反之，轮期可稍长，约 8~15d。

轮灌时期指在一个轮期内各条轮灌渠道（集中轮灌时）或各个轮灌组小于分组轮灌时所需的灌水时间。对于各条轮灌渠道（或是各个轮灌组）轮灌时间的确定，也是按各渠（或各组）灌溉面积比例或毛灌溉用水量比例进行计算[23]。

3. 配水计划表的编制

根据全灌区（或干渠）配水方式，计算出各配水点的配水水量、配水流量或配水时间（轮灌时间）后，就可以编制配水计划表，其一般格式见表 7.1.3。

表 7.1.3　　　　　某灌区第一次、第二次灌水干渠配水计划表

灌水次数、日期、历时	第一次，6月2~10日，共8d17h				第二次，7月6~15日，共10d整			
配水方式	续灌				轮灌			
渠首取水流量/(m³/s)	6.00				4.00			
渠道名称	西干	东干			西干	东干		
配水比例/%	30	70	上段	64	30	70	上段	64
			下段	36			下段	36
配水量/万 m³	135	315	上段	202	104	242	上段	155
			下段	113			下段	87
配水流量/(m³/s)	1.80	4.20	上段	2.69	4.00	4.00	上段	4.00
			下段	1.51			下段	4.00
配水时间	8d17h				3d	7d	上段	4d12h
							下段	2d12h

7.1.2　西藏地区地表水资源

西藏是全国河流最多的省区之一。据统计，西藏自治区流域面积大于等于 $50km^2$ 的河流有 6418 条，总长度为 17.73 万 km。其中，流域面积 $100km^2$ 及以上河流 3361 条，总长度为 13.16 万 km；流域面积 $1000km^2$ 及以上河流 331 条，总长度为 4.31 万 km；流域面积 $10000km^2$ 及以上河流 28 条，总长度为 1.20 万 km。有雪山数百座和占全国冰川面积一半的冰川及丰富的地下水。全区多年平均径流量 4394 亿 m^3，占全国冰川径流量的 16.05%，平均径流深 365.50mm，平均径流模数 $0.0116m^3/(s \cdot km^2)$。典型年（2011 年，$P=75\%$）全区地表水资源量为 4402.71 亿 m^3，折合径流深 366.20mm，比多年均值偏多 0.20%。

西藏地区各行政区年地表水资源量见表 7.1.4。林芝地区地表水资源量最大，为 2317.57 亿 m^3；拉萨市最小，仅为 75.42 亿 m^3，两地相差约为 19 倍。

表 7.1.4　　　西藏各行政区典型年（2011 年）地表水资源量与多年均值比较

项目 ＼ 行政分区	拉萨市	昌都地区	山南地区	日喀则地区	那曲地区	阿里地区	林芝地区
地表水资源量/亿 m^3	75.42	359.07	699.51	390.55	440.27	120.32	2317.57
与多年均值比较/%	−6.70	−21.40	−1.00	7.10	26.50	10.00	−0.50

按水资源二级分区统计，藏南诸河地表水资源量最大（表 7.1.5），2000—2011 年，各水资源二级分区年地表水资源量变异见表 7.1.6。

表 7.1.5　　　　西藏各水资源二级分区典型年地表水资源量与多年均值比较

项目 ＼ 水资源分区	金沙江	澜沧江	怒江-伊洛瓦底江	雅鲁藏布江	藏南诸河	藏西诸河	羌塘高原内陆区
降水量/mm	432.70	405.70	700.10	953.10	1663.90	233.30	205.80
与多年均值比较/%	29.70	29.70	3.80	0.70	0.20	26.40	24.00

表 7.1.6　　　　2000—2011 年西藏各水资源二级分区年地表水资源量　　　　单位：亿 m^3

年份 ＼ 水资源分区	金沙江	澜沧江	怒江-伊洛瓦底江	雅鲁藏布江	藏南诸河	藏西诸河	羌塘高原内陆区	西藏自治区年地表水资源量合计
2000	111.00	147.00	547.00	1741.00	1811.00	—	382.00	4739.00
2001	120.00	137.00	485.00	1564.00	1581.00	—	416.00	4303.00
2002	85.00	117.00	455.00	1608.00	1778.00	—	168.00	4211.00
2003	87.77	161.66	526.02	1849.42	1873.28	25.24	233.75	4757.14
2004	101.21	134.56	504.24	1766.36	1895.40	19.83	243.56	4665.16
2005	80.12	108.85	498.96	1697.74	1796.56	18.83	250.10	4451.16
2006	73.69	82.80	359.10	1546.37	1803.01	35.11	257.06	4157.14
2007	71.75	80.31	379.14	1638.87	1872.86	22.11	258.24	4323.28
2008	81.85	102.49	450.07	1801.25	1807.54	34.31	288.71	4566.22
2009	74.70	86.92	362.08	152.01	1756.99	21.49	197.97	2652.16
2010	76.46	92.45	408.95	1796.45	1919.56	36.97	262.11	4592.95
2011	54.59	71.63	441.85	1668.57	1858.03	33.86	274.18	4402.71

各水资源二级分区年地表水资源量从大到小排序依次为：藏南诸河＞雅鲁藏布江＞怒江-伊洛瓦底江＞羌塘高原内陆区＞澜沧江＞金沙江＞藏西诸河。各水资源二级分区年均降水量变化不大，西藏全区年均地表水资源量变化年际间变化比较明显。怒江-伊洛瓦底江年地表水资源量没有明显的变化趋势，而且年际间变化也不大。

7.1.3 西藏地区地下水资源

地下水是水资源循环系统的重要组成部分，和地表水一样，地下水具有多种重要的服务功能，地下水是支撑经济社会发展的重要战略资源，是维系良好生态环境的重要因素之一，也就是抗旱和应急供水的重要水源，只是地下水的功能和地表水的功能相比，具有隐蔽性、滞后性和恢复缓慢的特点。西藏自治区地下水资源丰富，开采潜力巨大，水环境质量也好，可基本满足现状或规划其内用水需求。目前在西藏全区特别是拉萨市，地下水在生活饮水、农田灌溉、工业生产、城市发展和维系良好生态环境方面发挥了重要作用。

由于西藏地形切割较深，岩溶不发育，地下水与地表水的分水岭基本一致，全区多年平均地下水资源量为 977.72 亿 m^3，1980—2000 年多年平均地下水资源量 972.66 亿 m^3，年平均降水入渗补给量模数为 8.10 万 $m^3/(a \cdot km^2)$，各行政区和各水资源二级区地下水资源量详见表 7.1.7。

表 7.1.7 西藏各行政区及水资源二级区多年平均地下水资源量

行政分区	地下水资源量/亿 m^3	水资源二级区	地下水资源量/m^3
拉萨市	28.04	金沙江	29.18
昌都地区	140.36	澜沧江	40.89
山南地区	177.60	怒江-伊洛瓦底江	126.55
日喀则地区	116.71	雅鲁藏布江	336.27
那曲地区	152.79	藏南诸河	314.92
阿里地区	58.19	藏西诸河	15.12
林芝地区	304.03	羌塘高原内陆区	114.80
全区	977.72	全区	977.72

西藏全区各河流域内，按水资源分区可分为通天河、直门达至石鼓、沘江口以上、怒江勐古以上、伊洛瓦底江、拉孜以上、拉孜至派乡、派乡以下、藏南诸河、奇普恰普河、藏西诸河、和田河、克里亚河诸小河、羌塘高原区 14 个部分，其中伊洛瓦底江和和田河无取水井统计，见表 7.1.8。

按水资源分区的地下水取水井主要集中在拉孜至派乡这一区域，有 15842 眼井，占到取水井总数的 56.55%，这一区域取水井又以人力井为主，有 14287 眼，占这一区域地下水取水井总数的 90.18%。排在第二位的是羌塘高原区，有 7520 眼，占西藏全区取水井总数的 26.84%。藏南诸河区域的地下水取水井有 1243 眼，排在第三位，占西藏全区取水井总数的 4.44%。派乡以下取水井最少，只有 10 条，不足总数的 0.04%。规模以上的机电井集中分布在拉孜至派乡这一区域，占西藏全区规模以上机电井总数 87.7%，规模以下机电井集中分布在拉孜至派乡和羌塘高原两个区域，占比分别为 56.84% 和 27.59%。

表 7.1.8　　　　　西藏自治区按水资源分区的地下水取水井基本情况

水资源分区	地下取水井		规模以上机电井		规模以下机电井		人力井	
	井数/眼	2011年取水量/万 m³	井数/眼	2011年取水量/万 m³	井数/眼	2011年取水量/万 m³	井数/眼	2011年取水量/万 m³
通天河	59	1.34	—	0	7	0.31	52	1.03
直门达—石鼓	432	5.21	—	0	—	0	432	5.12
沘江口以上	771	8.59	—	0	129	2.66	642	5.93
怒江勐古以上	903	59.43	2	19.84	35	2.74	866	36.85
拉孜以上	902	178.39	20	136.25	—	0	882	42.14
拉孜至派乡	15842	12499.73	599	11789.38	956	530.23	14287	180.13
派乡以下	10	1.62	—	0	—	0	10	1.62
藏南诸河	1243	235.13	18	104.87	33	80.10	1192	50.17
奇善恰善江	26	1.77	—	0	17	1.77	9	0
藏西诸河	296	109.86	15	96.25	41	4.99	240	8.62
克里亚河诸小河	11	0.23	—	0	—	0	11	0.23
羌塘高原区	7520	368.51	29	79.37	464	41.41	7027	247.73
合计	28015	13469.75	683	12225.95	1682	664.22	256.50	579.57

1. 地下水取水井工程基本情况

西藏自治区共有地下水取水井 28015 眼，2011 年取水量 13469.75 万 m³。其中规模以上机电井 683 眼，2011 年取水量 12225.95 万 m³。规模以下机电井 1682 眼，2011 年取水量 664.22 万 m³。人力井 25650 眼，2011 年的取水量 579.57 万 m³。地下水取水井在西藏自治区 7 个地区均有分布，西藏自治区地下水取水井工程基本情况统计见表 7.1.9。

表 7.1.9　　　　　西藏自治区地下水取水井工程基本情况

行政区划	地下水取水井		规模以上机电井		规模以下机电井		人力井	
	井数/眼	取水量/万 m³	井数/眼	取水量/万 m³	井数/眼	取水量/万 m³	井数/眼	取水量/万 m³
拉萨市	7409	8248.29	153	7900.08	933	249.66	6323	98.55
昌都地区	1432	26.75	1	7.24	136	3.24	1295	16.27
山南地区	2939	2567.01	444	2461.31	46	81.28	2449	24.42
日喀则地区	8190	1851.90	60	1346.31	152	297.43	7978	208.16
那曲地区	6518	247.57	4	43.25	50	3.68	6464	200.65
阿里地区	1518	147.73	15	96.25	362	19.96	1141	31.52
林芝地区	9	380.48	6	371.51	3	8.97		
合计	28015	13469.75	683	12225.95	1682	664.22	25650	579.57

拉萨市有地下水取水井 7409 眼，占西藏全区地下水取水井总数的 26.45%，2011 年取水量 8248.29 万 m³，占西藏全区地下水取水井取水量的 61.24%。昌都地区有地下水

取水井 1432 眼，占西藏全区地下水取水井总数的 5.11％，2011 年取水量 26.7 万 m³，占西藏全区地下水取水取水量的 0.2％。山南地区有地下水取水井 2939 眼，占西藏全区地下水取水井总数的 10.49％，2011 年取水量 2567.01 万 m³，占西藏全区地下水取水井取水量的 19.06％。日喀则地区有地下水取水井 8190 眼，占西藏全区地下水取水井总数的 29.23％，2011 年取水量 1851.9 万 m³，占西藏全区地下水取水井取水量的 13.75％。那曲地区有地下水取水井 6518 眼，占西藏全区地下水取水井总数的 23.27％，2011 年取水量 245.58 万 m³，占西藏全区地下水取井水取水量的 1.84％。阿里地区有地下水取水井 1518 眼，占西藏全区地下水取水井总数的 5.42％，2011 年取水量 147.73 万 m³，占西藏全区地下水取水井取水量的 1.1％。林芝地区有地下水取水井 9 眼，占西藏全区地下水取水井总数的 0.03％，2011 年取水量 380.48 万 m³，占西藏全区地下水取水井取水量的 2.82％。

2. 规模以上机电井地下水开发利用

规模以上机电井包括：井口井管内径大于或等于 200mm 的灌溉机电井，日取水量大于或等于 20m³ 的供水机电井。

拉萨市规模以上机电井 153 眼，占西藏全区的 22.40％，2011 年规模以上机电井年取水量 7900.08 万 m³，占西藏全区规模以上的 64.62％。昌都地区规模以上机电井 1 眼，占西藏全区的 0.15％，2011 规模以上机电井年取水量 7.24 万 m³，占西藏全区的 0.06％。山南地区规模以上机电井 444 眼，占西藏全区的 65.01％，2011 年规模以上机电井年取水量 2461.31 万 m³，占西藏全区的 20.13％。比较拉萨、山南两地市，虽然山南地区井数第一，但取水量远没有拉萨的多。日喀则地区规模以上机电井 60 眼，占西藏全区的 8.78％，2011 规模以上机电井年取水量 1346.31 万 m³，占西藏全区的 11.01％。那曲地区规模以上机电井 4 眼，占西藏全区的 0.59％，2011 规模以上机电机年取水量 43.25 万 m³，占西藏全区的 0.35％。阿里地区规模以上机电井 15 眼，占西藏全区的 2.2％，2011 规模以上机电井年取水量 96.25 万 m³，占西藏全区的 0.79％。林芝地区规模以上机电井 6 眼，占西藏全区的 0.88％，2011 规模以上机电井年取水量 371.51 万 m³，占西藏全区的 3.04％。

西藏全区四地市共有规模以上地下水水源地 7 个，其中有 4 个是日取水量不小于 1.0 万 m³ 的，水源地日取水总量 10.81 万 m³，规模以上机电井井数 32 眼，设计年取水量 9974 万 m³，2011 年实际取水量 9178.9 万 m³，没有超出设计量。7 个规模以上地下水水源地主要分布在拉萨市、山南地区、日喀则地区和林芝地区。昌都地区、那曲地区和阿里地区无规模以上地下水水源地。西藏自治区规模以上地下水水源地基本情况统计见表 7.1.10。

拉萨市规模以上的地下水水源地最多，有 4 个，水源地日取水量 5.29 万 m³，规模以上机电井井数 19 眼，设计年取水量 8068 万 m³，2011 年取水量 7450 万 m³。山南地区有规模以上地下水水源地取水量 460 万 m³，2011 年取水量 438 万 m³。日喀则地区有规模以上地下水水源地 1 个，水源地日取水量 3.4 万 m³，规模以上机电井井数 4 眼，设计年取水量 1116 万 m³，年取水量 954 万 m³。林芝地区有规模以上地下水水源地 1 个，水源地日取水量 0.98 万 m³，规模以上机电井井数 4 眼，设计年取水量 330 万 m³，林芝地区年

表 7.1.10　　　　　西藏自治区规模以上地下水水源地基本情况统计

行政区划	水源地数量/个			水源地日取水量/万 m³	规模以上机电井井数/眼	设计年取水量/万 m³	2011 年取水量/万 m³
	总数量	按日取水量					
		<1 万 m³	1 万～5 万 m³				
拉萨市	4	2	2	5.29	19	8068	7450.00
山南地区	1	—	1	1.14	5	460	438.00
日喀则地区	1	—	1	3.40	4	1116	954.00
林芝地区	1	1	—	0.98	4	330	336.90
合计	7	3	4	10.81	32	9974	9178.90

取水量 336.9 万 m³，是四地市中最少的，但却超过了设计年取水量。

西藏自治区规模以上地下水水源地年取水量（矿泉水、地热水除外）为 12208.72 万 m³，取水结构中，生活用水是最多的，城镇与乡村生活用水为 5939.14 万 m³，占西藏全区 2011 年取水量的 48.65%。工业取水量为 4322.55 万 m³，占西藏全区 2011 年取水量的 35.41%。农业灌溉取水量为 1947.02 万 m³，占西藏全区年取水量的 15.95%。按水源类型及取水用途分类的地下水取水量统计见表 7.1.11。

表 7.1.11　　　　　按水源类型及取水用途分类的地下水取水量统计　　　　　单位：万 m³

地 下 水					
主要取水用途					
小计	城镇生活	乡村生活	工业	农业灌溉	
				井灌区	井渠结合灌区
7900.08	3610.66	81.36	4146.87	61.18	0
7.24	0	0	0	0	0
2461.31	486.72	66.53	172.48	224.95	1510.63
1346.31	1188.03	8.02	0	123.46	26.80
33.25	33.25	0	0	0	0
96.25	92.79	0.26	3.20	0	0
371.51	371.51	0	0	0	0
12208.72	5782.98	156.16	4322.55	409.59	1537.43

　注　昌都地区地下水 7.24 万 m³ 用途不明，那曲地区还有 10 万 m³ 矿泉水产出。

西藏自治区规模以上取水井乡村实际供水人口 7.77 万人，控制灌溉面积 13.49 万亩，实际灌溉面积 12.02 万亩，灌溉用水土地没有达到饱和，但西藏自治区年许可取水量是 517.48 万 m³，年实际取水量是 12225.95 万 m³，超额抽取地下水 22.63 倍，这是一个大问题。拉萨市取水井 153 眼，远低于山南地区的 444 眼，但年取水量远高于山南地区，是其取水量的 3.21 倍，乡村的供水人口也要比山南多。山南抽取的地下水注意用于灌溉，实际灌溉 10.45 万亩，占西藏全区的 86.94%。西藏自治区地下水规模以上取水井取水量汇总见表 7.1.12。

表 7.1.12　　　　　　　　**西藏自治区地下水规模以上取水井取水量汇总**

行政区划	总井数/眼	乡村实际供水人口/万人	控制灌溉面积/万亩	实际灌溉面积/万亩	2011年取水量/万 m³	年许可取水量/万 m³
合计	683	7.77	13.49	12.02	12225.95	517.48
拉萨市	153	3.81	0.29	0.29	7900.08	156.00
昌都地区	1	—	—	—	7.24	—
山南地区	444	3.39	11.07	10.45	2461.31	131.48
日喀则地区	60	0.48	2.13	1.28	1346.31	—
那曲地区	4	—	—	—	43.25	—
阿里地区	15	0.08	—	—	96.25	230.00
林芝地区	6	—	—	—	371.51	

3. 规模以下地下水开发利用

西藏自治区规模以下机电井有 1682 眼，其中日取水量小于 20m³ 的供水机电井有 1585 眼，占总数的 94.23%，2011 年取水量 125.28 万 m³，实际供水人口 79680 人。井口井管内径小于 200mm 的灌溉机电井有 97 眼，实际灌溉面积 39048 亩。按地区，井口井管内径小于 200mm 的灌溉机电井主要集中在日喀则地区和拉萨市两市区，分别有 37 眼和 36 眼，两市占总数的 75.26%，且实际灌溉面积占总数 91.87%，两市年取水量占总数 83.97%。昌都地区和那曲地区无井口井管内径小于 200mm 的灌溉机电井。日取水量小于 20m³ 的供水机电井数量最多的是拉萨市有 897 眼，占总数的 56.59%，但供水人口和取水量最多的却是日喀则地区，分别为 33667 人和 50.74 万 m³。规模以下机电井主要指标汇总见表 7.1.13。

表 7.1.13　　　　　　　　**规模以下机电井主要指标汇总**

行政区划	井口井管内径小于 200mm 的灌溉机电井			日取水量小于 20m³ 的供水机电井		
	单井井数/眼	实际灌溉面积/亩	年取水量/万 m³	单井井数/眼	实际供水人口/人	年取水量/万 m³
拉萨市	36	13070	205.87	897	21531	43.79
昌都地区	—	—	0	136	990	3.24
山南地区	13	2398	75.71	33	5186	5.57
日喀则地区	37	22804	246.69	115	33667	50.74
那曲地区	—	—	0	50	2671	3.68
阿里地区	10	375	2.56	352	15090	17.40
林芝地区	1	401	8.11	2	545	0.85
合计	97	39048	538.94	1585	79680	125.28

7.1.4　水资源量分析方法

1. 降雨

大气降水是水资源的总补给源，所以降水量的时空分布特点很大程度也反映了水资源时空分布特点。通常是通过绘制多年平均降水量及 C_v 等值线图来反映年降水量的时空分布特点。区域年降水量的分析计算，一般推求区域的年降水量系列并计算多年平均值、C_v 和 C_s 三个参数，并据此推求区域不同频率的年降水量。

（1）计算不同系列长度的均值 $\overline{X}_n$ 和变差系数 C_{vn}，并以长系列统计参数 $\overline{X}_N$，C_{vN} 为基准，计算长短系列统计参数的比值 $K_{\overline{X}} = \dfrac{\overline{X}_n}{\overline{X}_N}$，$K_{cv} = \dfrac{C_{vn}}{C_{vN}}$，并绘制 $\overline{K}_{\overline{X}} - T$，$\overline{K}_{cv} - T$ 关系曲线和 $\sum(K_i - 1) - T$ 模比系数差积曲线。

系列的均值一律采用算术平均值，即均值：

$$\overline{X} = \frac{1}{n} \sum_{i=1}^{n} X_i$$

式中：X_i 为系列变量；n 为系列年数。

首先用矩法计算变差系数 C_v 初试值，计算公式为

$$C_v = \sqrt{\frac{\sum_{i=1}^{i=n}(K_i - 1)^2}{n-1}}$$

式中：K_i 为模比系数，$K_i = X_i / \overline{X}$。

然后采用适线法调整确定 C_v 值，固定均值和 $C_s = 2C_v$，采用皮尔逊Ⅲ型理论频率曲线进行适线调整 C_v，适线时应照顾大部分点据，主要按平、枯水年份的点据趋势定线，对系列中的特大、特小值不作处理，尽可能使理论频率曲线与经验点据配合较好。

系列中的特大值、特小值不作处理，经验频率的计算采用数学期望公式 $P = \dfrac{m}{n+1} \times 100\%$。

均值的抽样误差 $\sigma_{\overline{X}} = \dfrac{C_v}{\sqrt{n}} \times 100\%$，变差系数的抽样误差 $\sigma_{C_v} = \dfrac{1}{\sqrt{2n}} \sqrt{1 + C_v^2} \times 100\%$。$C_v$ 统计值调整时，其上下限控制在 $C_v \pm \sigma_{C_v}$ 范围内。

（2）根据长系列统计参数定出的频率曲线，按频率小于 12.5%、12.5%～37.5%、37.5%～62.5%、62.5%～87.5% 和大于 87.5%，查出五个年雨量量级范围，依次称为丰、偏丰、平、偏枯、枯五级，统计其在不同长度系列中出现的频次（%），以论证其代表性。若短系列的各级出现的频次接近于总体的频次分布，则认为该系列的代表性好，一般系列越长其频次分布越接近于总体的频次分布。

（3）统计参数稳定性分析。分析不同系列的均值和变差系数与长系列的均值与变差系数比值的变化范围，一般以长短系列均值相对误差 ±5%、变差系数相对误差 ±10% 作为短系列统计参数稳定性的要求。

（4）丰、平、枯水年出现频次的统计。通过对长系列站的丰平枯水年出现频次的统计，可以判断短系列频率曲线丰平枯段的代表程度，评价同步期系列的偏枯偏丰情况。

选择准确、清晰、有经纬度、有镇以上地名且能分清高山、丘陵、坡地、平原等的地形图作为工作底图。等值线图可绘制电子介质和纸介质两种。将各代表站的均值 $\overline{X}$ 及 C_v 值分别点绘在选用的工作底图上，勾绘等值线要考虑多种因素的影响，故应以手工勾绘为

主。勾绘等值线前，要了解本地区的水汽来源、降水成因、降水分布趋势和量级的变化等。勾图时既要重数据，但又不拘泥于个别点据，以避免等值线过于曲折或产生许多小的高、低值中心和造成与当地地理、气候因素不相匹配的不合理现象。地形对降水的影响较大，山区等值线的勾绘，要考虑降水量随地面高程变化的相应关系，但也不应将等值线完全按等高线的走向勾绘；等值线必须与大尺度地形分水岭走向大体一致，切忌横穿山岭。另外，在梯度较大的降水高值区，绘图时通常是先绘里面的高值线，由里向外勾绘。

（5）各分区逐年年降水量的计算方法，可采用算术平均法、泰森多边形法、网格法和等值线图法。

如评价区内自然地理条件比较一致，雨量站密度较大且分布比较均匀（雨量站较多，但分布不均匀时，可均匀选点），年降水量变化的梯度不是很大时，可用算术平均法逐年计算评价区的年降水量。

$$\overline{P} = \frac{1}{n}(P_1 + P_2 + \cdots + P_n) \tag{7.1.1}$$

式中：$\overline{P}$ 为区域平均降水量，mm；n 为测站数；$P_1, P_2, \cdots, P_n$ 为各站同期降水量，mm。

如果区域内雨量站分布不均匀，且有的站偏于一角，此时采用泰森多边形法较算术平均法合理和优越。其步骤为：按地图上测站的位置连线，构成许多三角形（包括邻近区域的测站），形成三角网。然后对每个三角形各边作垂直平分线，再将这些垂直平分线构成以每个测站为核心的 n 个多边形，每个多边形区域内正好有一个雨量站。设 $p_1, p_2, \cdots, p_n$ 为各雨量站的实测雨量，$f_1, f_2, \cdots, f_n$ 为各站所在的部分面积，F 为区域面积，则区域平均降水量 $\overline{P}$ 可由下式计算：

$$\overline{P} = \frac{p_1 f_1 + p_2 f_2 + \cdots + p_n f_n}{F} = \sum_{i=1}^{n} p_i \frac{f_i}{F} = \sum_{i=1}^{n} w_i p_i \tag{7.1.2}$$

式中：$w_i = \frac{f_i}{F}(i = 1, 2, \cdots, n)$ 为各雨量站控制面积与总面积的比值，称为各雨量站的权重系数。

所以用此法所求的 $\overline{P}$ 又称为加权平均降水量。

如果站网稳定不变，采用此方法是比较好的，且较方便，并能用计算机迅速运算。此方法的前提条件是假设测站间的降水是线性变化，因此，地形对降水的影响是不予考虑的。

一般说来，等值线图法是计算区域平均雨量最完善的方法。因为其优点正是考虑了地形变化对降水的影响。因此，对于西藏地区地形变化较大（一般是大流域），区域内有足够数量的雨量站的情况下，能够根据降水资料结合地形变化绘制出降雨等值线图，则应采用本方法。其步骤是：①绘制降雨等值线图；②确定各相邻等雨量线间的面积 n_i，各除以全区域面积得出各相邻等雨量线间面积权重；③以各相邻等雨量线间的雨深平均值乘以相应的权重即得权雨量；④将各相邻等雨量线间面积上的权雨量相加即为区域的平均雨量。计算公式为

$$p = \frac{p_1 n_1 + p_2 n_2 + \cdots + p_m n_m}{n} \tag{7.1.3}$$

式中：p 为分区的年降水量，mm；$p_1, p_2, \cdots, p_m$ 为相邻两条年降水量等值线间的平均值；$n_1, n_2, \cdots, n_m$ 为相邻两等值线间包围的面积；n 为分区的总面积。

根据绘制的逐年降水量等值线图利用式（7.1.3）计算得到整个分区的逐年降水系列。

2. 河流泥沙

河流中悬移质的多少是通过测定水流悬沙度即含沙量来确定的。单位体积浑水中所含泥沙的重量，称为含沙量，以 ρ 表示，单位为 kg/m³。

某一时段 T 内通过测流断面的悬移质泥沙重量，称为 T 时段内的输沙量，以 W 表示，单位为 t。计算公式为

$$W = \frac{1}{1000}\rho Q T \tag{7.1.4}$$

式中：Q 为断面流量，m³/s；T 为时间，s；$\frac{1}{1000}$ 为单位换算系数。

输沙模数是指单位面积上的输沙量，以 M 表示，单位为 t/km²。计算公式为

$$M = \frac{W}{F} \tag{7.1.5}$$

式中：F 为测站控制面积，km²。

兴修水利工程以后，水库拦蓄了泥沙，对于平枯水年份作用较大，但大洪水年份，又可能将前几年拦蓄的泥沙冲下。灌溉引走了水量，同时也引走了沙量。泥沙沿途冲淤变化十分复杂。所以泥沙如何还原，现在还是个难题，因此，一般可不考虑还原。但有条件的地区也可进行还原估算。其还原修正方法：将引出的沙量用渠道多年平均流量乘以该河流最靠近渠道的上游站同期多年平均含沙量，计算得渠道输沙率和输沙量，加入下游站的输沙量中，用以计算区间的输沙模数。

选择主要河流控制站或区域代表站，采用年实测泥沙资料，统计分析不同年段的多年平均月、年含沙量、输沙量和输沙模数，以反映河流泥沙的时空变化情况。根据调查、勘测资料，选择一些资料条件好、淤积严重的水库、湖泊和河段进行泥沙冲淤变化情况分析。输沙模数的大小反映了水土流失程度，因此选择中、小集水面积的典型流域，分析水土保持生态建设对河流含沙量和输沙量的影响。输沙模数即单位面积上的输沙量，以 t/km² 表示，反映流域的土壤侵蚀程度，输沙模数大的流域即为水土流失较严重的地区。

3. 地表水资源量的计算

地表水资源量是指河流、湖泊等地表水体可以更新的动态水量，用天然河川径流量即还原后的多年平均天然河川年径流量表示。

地表水资源量分析工作内容主要有年径流还原及一致性分析、年径流统计参数分析、年径流等值线图编制、年径流量特征值地区分布的分析、年径流的年内分配和多年变化的研究、分区地表水资源量计算、主要江河年径流量计算、出入境水量计算等。

地表水资源量计算需要收集的资料主要如下：

（1）自治区和邻近省有关的水文资料。包括降水、蒸发、径流等资料，应尽量搜集水文、气象部门正式刊印的资料。

（2）评价分区内的流域特征资料。包括地形、地貌、土壤、植被、河流、湖泊等。

（3）区域内水利工程概况。包括大、中型水库的蓄水变量和灌溉面积；引、提水工程

的引、提水量及灌溉面积；全区域的灌溉面积、灌溉定额、渠系水有效利用系数、田间回归系数等资料。

（4）区域社会经济资料。包括人口、耕地面积（水田、旱田等）、作物组成、耕作制度、工农业产值以及工农业与生活的用水情况。

（5）以往水文、水资源分析计算成果。例如《水文图集》《水文手册》《水文特征值统计》以及自治区、市县水资源调查评价成果。

由于人类活动的影响，许多河流的天然径流状态已经受到破坏，水文站实测的资料已不能真实反映断面以上流域的径流天然规律，而且人类活动的影响程度各年不同，从而破坏了采用数理统计法分析的基础资料的一致性。为使径流计算成果能基本反映天然情况并使资料系列具有一致性，测站以上因用水消耗、水库调蓄、跨流域调水及分洪、决口等损耗和增加的水量应进行水量还原计算，将实测径流系列还原为天然径流系列。

对于主要控制站（包括大江大河控制站和区域代表站）应进行分月还原计算，提出历年逐月的天然年径流量系列；对于其他选用站则只进行年还原计算，提出天然年径流量系列。

还原公式如下：

$$W_{还原}=W_{实测} \pm \Delta W_{库蓄} \pm W_{引水} \pm W_{分洪} \pm W_{农耗} \pm W_{工业} \pm W_{生活} \qquad (7.1.6)$$

式中：$W_{还原}$ 为还原后的天然径流量水量，亿 m^3；$W_{实测}$ 为水文站实测径流量，亿 m^3；$\Delta W_{库蓄}$ 为计算时段（年或月）始末水库蓄水变量（增加为正，减少为负）；$W_{引水}$ 为跨流域引水量，亿 m^3（引出为正，引入为负，引入水量如为工农业所用，则只计算回归水量）；$W_{分洪}$ 为河道分洪水量，亿 m^3（分出为正，分入为负）；$W_{农耗}$ 为农业灌溉实际消耗水量，亿 m^3；$W_{工业}$ 为工矿企业实际消耗水量，亿 m^3；$W_{生活}$ 为城市生活实际消耗水量，亿 m^3。

农业灌溉耗水量 $W_{农耗}$：

$$W_{农耗}=MA(1-\beta) \qquad (7.1.7)$$

式中：$W_{农耗}$ 为农业灌溉耗水量；M 为毛灌溉定额，根据各计算年的丰、平、枯水平或频率逐年选用表中离评价区最近站点的数值或用其统计参数计算，代表年的丰、平、枯水平可根据流域当年的降雨量确定；A 为流域内的灌溉面积，由于无法直接取得流域的灌溉面积数据，只能根据各县灌溉面积，采用面积比即该县在流域内的面积与全县面积的比值来粗算流域内的灌溉面积，没有灌溉面积资料的地区，可以按面积比借用地理特征相似的地区的资料；β 为田间回归系数，即灌溉水量中回归河槽水量所占得比重。

工业耗水量 $W_{工业}$、城镇生活耗水量 $W_{生活}$：评价区内的工业耗水量和城镇生活耗水量可充分利用最近工业和城镇生活用水定额调查的成果估算调查年份的工业耗水量和城镇生活耗水量并分别与工业产值和人口建立关系，来估算其余年份的工业耗水量和城镇生活耗水量。因为工业耗水率和城镇生活耗水率很小，只占用水量 $10\%\sim20\%$，所以工业耗水量和城镇生活耗水量占径流量的比重非常小，如果流域以上没有大、中城市的水文站，单站计算还原水量时可不考虑此两项还原项，而只在分区年径流量的还原水量计算中予以考虑。还要注意，工业和城镇生活用水应把地表水、地下水分开统计，只需还原地表水量。

水库蓄水变量 $\Delta W_{库蓄}$：调查收集大型水库的月、年蓄水变量资料进行还原；中、小水库蓄水变量对年径流量的影响很小，一般不作考虑。

7.2　灌区供需水平衡案例分析

7.2.1　林芝市米林县里龙乡玉松村灌溉水渠工程供需水平衡分析

项目区设计灌溉面积 269.5 亩，各种作物种植比例和面积分别为：小麦 80 亩，青稞 50 亩；其他经济作物种植面积 13 亩。根据 SL 207—98《节水灌溉技术规范》及已建工程情况确定农田灌溉设计保证率为 75%。

1. 灌溉制度确定

项目区是米林县的农牧生产区，种植业历史悠久。目前尚处于传统的生产方式，科技推广和科技应用水平很低，特别是在灌溉制度方面，至今仍处于原始状态，依据经验进行灌溉，因此建立合理的灌溉制度是十分必要的。本次设计进一步搜集了该地区的灌溉资料，按水量平衡原理对水渠灌溉制度进行了认真细致的分析计算，充分论证了项目区灌溉水利用系数、灌溉定额、灌水率及灌溉用水过程的合理性。

该地区农作物以种植青稞和冬小麦为主，其他作物有豌豆、油菜等，种植面积较少，因此灌溉制度拟按青稞和冬小麦进行分析。

根据冬小麦生育期实际降水量比耗水量少，且分布不均匀，不同的生长期灌溉需水量不同，因此需根据具体情况适时灌溉。

播种前期作物灌水定额和生育期定额，根据灌溉制度相关参数分析青稞、冬小麦两种作物，在整个生长期中任何一个时段 t，土壤计划湿润层 H 内储水量的变化进行平衡计算，分析灌溉定额。项目区现阶段灌溉制度见表 7.2.1。

表 7.2.1　　　　　米林县里龙乡玉松村农作物灌溉制度表　　　　　单位：m³/亩

项　　目			小麦	青稞	经济作物	其他作物
全年			320	250	150	150
灌水定额	2 月	上旬				
		中旬	50	50		
		下旬				
	3 月	上旬			50	50
		中旬	50	50		
		下旬				
	4 月	上旬				
		中旬			50	50
		下旬	50	50		
	5 月	上旬				
		中旬	60	50		
		下旬			50	50
	11 月	上旬				
		中旬				
		下旬	60			

2. 项目区灌水率、灌水率图及灌溉水利用系数

玉松村水渠设计灌溉面积 269.5 亩，其作物种植比例见表 7.2.2。

表 7.2.2　　　　　主要农作物组成及种植比例

项　　目	合计	农作物		
		小麦	青稞	经济作物
面积/亩	269.5	80	50	13
种植面积比例/%	100	56	35	9

农田灌溉设计保证率为 75%。根据各种农作物的灌溉制度，5 月中旬需水量最大，各次灌水时间根据当地经验一般都为 10d。

灌水率

$$q = \frac{a_i m_i}{8.64T}$$

(7.2.1)

式中：a_i 为作物种植比例；m_i 为作物净灌水定额，m^3/亩；T 为灌水延续时间。

灌水率计算见表 7.2.3。5 月中旬需水量最大，则 $q = 0.509 m^3/(s \cdot 万亩)$。

表 7.2.3　　　　　灌 水 率 计 算 表

作物	作物所占面积比 /%	灌水次序	灌水定额 /(m³/亩)	灌水延续时间 /d	灌水率 /[m³/(s·万亩)]
小麦	56	1	50	10	0.19
		2	50		0.19
		3	50		0.19
		4	50		0.19
		5	60		0.25
		6	60		0.25
青稞	35	1	50	10	0.14
		2	50		0.14
		3	50		0.14
		4	50		0.14
		5	50		0.14
经济作物	9	1	50	10	0.06
		2	50		0.06
		3	50		0.06

3. 灌溉水利用系数

灌溉水利用系数 $\eta_水$ 的大小与各级渠道长度、流量、沿渠土壤、水文地质条件、渠道工程状况和灌溉管理水平有关，可在管理运用过程中实测决定，在规划设计新建灌溉工程时可参与已建成水渠的实测资料估算。根据目前管理条件，实际上许多水渠只能达到 0.45～0.6，这里根据水渠实际选择 $\eta_水 = 0.45$。

4. 用水流量计算

当地灌溉制度均按青稞、小麦的播种、返青、拔节、抽穗期分次灌溉。灌溉用水过程

推算见表 7.2.4，引水渠 5 月中旬为灌溉高峰期，最大用水净流量为 $Q=0.04\text{m}^3/\text{s}$。项目的设计主要为了满足项目区 269.5 亩耕地的灌溉用水和全村人畜的饮水，需有新增耕地、草场等但面积不大。后期发展不需要在增大流量。因此设计引用流量为 $Q=0.04\text{m}^3/\text{s}$。

表 7.2.4　　　　　　　　　　　　　灌溉用水过程推算表

项　目		各种作物各次灌溉定额 /(m³/亩)			作物各次灌溉用水量 /万 m³			全水渠净灌溉用水量 /万 m³	全水渠毛灌溉用水量 /万 m³
		小麦 A=80 亩	青稞 A=50 亩	经济作物 A=13 亩	小麦	青稞	经济作物		
2 月	上旬								
	中旬	50	50		2.15	1.53		3.68	6.13
	下旬								
3 月	上旬			50			0.15	0.24	0.40
	中旬	50	50		2.15	1.53		3.68	6.13
	下旬								
4 月	上旬	50	50		2.15	1.53		3.68	6.13
	中旬			50			0.15	0.24	0.40
	下旬	50	50		2.15	1.53		3.68	6.13
5 月	上旬								
	中旬	60	50		2.58	1.53		4.11	6.85
	下旬			50			0.15	0.24	0.40
11 月	上旬								
	中旬								
	下旬	60			2.58			2.58	4.30
总计		320	250	150	13.76	7.65	0.45	22.13	36.87

5. 供需平衡分析

灌渠控灌面积 269.5 亩，根据作物灌溉制度，计算灌区全年用水量 9.44 万 m³，同时根据作物的灌溉制度分析了作物灌溉月份的灌溉用水量，皆能满足灌溉要求。取水口处 $P=75\%$ 年份需水量见表 7.2.5。

表 7.2.5　　　　　　　　　取水口处 $P=75\%$ 年份需水量表

月　份	1 月	2 月	3 月	4 月	5 月	6 月	7 月	8 月	9 月	10 月	11 月	12 月	平均
平均流量/(m³/s)		0.52	0.52	0.52	1.23						0.43		0.64

灌溉水源为河沟，取水口处 $P=75\%$ 年份来水量见表 7.2.6。

表 7.2.6　　　　　　　　　取水口处 $P=75\%$ 年份来水量表

月　份	1 月	2 月	3 月	4 月	5 月	6 月	7 月	8 月	9 月	10 月	11 月	12 月	平均
平均流量/(m³/s)	0.58	0.56	0.54	0.53	1.22	4.02	5.13	4.05	3.18	1.21	0.56	0.45	1.84

　　根据上述来水量及需水量计算以及对各灌溉月份的来水量及用水量的分析，来水量均能满足灌溉要求。

7.2.2 拉萨澎波灌区凯布子灌区综合需水研究

1. 基本情况

　　澎波灌区总土地面积36.67万亩，占林周县土地总面积的5.42%。地域辽阔，资源丰富，是西藏农业开发条件较好的河谷地区之一，也是拉萨市重要的粮食基地。现状灌溉面积18.73万亩，规划灌溉面积27.18万亩。

　　澎波灌区从地形条件和灌溉水源等方面分为13个子灌区，包括吉热区、甲沟区、郭当区、纳木区、凯布区、白浪区、切玛区、虎头山区、松盘区、觉布区、牛玛区、色康区和平措区，耕地分布在澎波河及各支沟两岸。

　　凯布区子灌区工程位于林周县城卡孜乡境内，澎波河的上游，处于藏中谷地与藏北高原的过渡地带，地域辽阔，资源丰富，是西藏农业开发条件较好的河谷地区之一，也是拉萨市重要的粮食基地。但由于研究区域自然灾害频繁又严重，再加生态环境脆弱等因素的影响，水资源的合理利用对于澎波灌区凯布区子灌区粮食生产基地高产量，保障青稞等粮食供给、稳定粮食价格、改善民生条件、提高农牧民生产生活水平、促进高原生态屏障建设起到基础性和战略性作用。

　　按照灌区规划，设计水平年灌区灌溉面积将由现状基准年2011年的5078亩发展到规划年的10134亩，新增的面积5056亩，占灌区总土地面积的49.9%，现状年及规划年灌溉面积见表7.2.7，凯布子灌区共有4条主要供水干渠，分别是凯布北干渠、凯布凯布南干渠、东嘎干渠以及然朵干渠。

表 7.2.7　　　　　　　　　　　　凯布区子灌区设计水平年灌溉面积

渠道名称	现状灌溉面积/亩	规划年设计灌溉面积/亩
凯布北干渠	556	1205
凯布南干渠 359	358	1297
东嘎干渠	2521	4948
然朵干渠	1643	2684
小计	5078	10134

　　土地利用现状分析确定灌区现状年及设计水平年灌溉面积详情见表7.2.8。现状基准年（2011年）耕地占总灌溉面积的86%，林草地占总灌溉面积的14%；规划年耕地占总灌溉面积的87%，林草地占总灌溉面积的13%。两者比例变化不大，但调整后的灌溉面积比现状年增长了99.6%。

表 7.2.8　　　　　　　　　　　　灌区现状年及设计水平年灌溉面积

项　　　目	合　　　计	耕　　　地	林　草　地
现状年（2011年）/亩	5078	4351	727
规划年/亩	10134	8816	1318

2. 灌区总灌溉需水量

（1）耕地。根据灌区内灌溉制度以及各农作物灌溉面积，计算得到综合灌水定额。根据 2011 年灌区面积情况，在丰水年，本灌区 4 个干渠（凯布北干渠、凯布南干渠、东嘎干渠、然朵干渠）的主要灌溉作物总净灌溉需水量为 98.3 万 m^3，平水年的主要灌溉作物总净灌溉需水量为 113.9 万 m^3，枯水年的主要灌溉作物总净灌溉需水量为 132.4 万 m^3。规划丰水年、平水年和枯水年的主要灌溉作物总净灌溉需水量分别为 198.5 万 m^3、229.9m^3 和 267.4 万 m^3。各条干渠各月的现状年灌溉需水量见表 7.2.9，规划年灌溉需水量见表 7.2.10。

表 7.2.9　　　　　　拉萨凯布子灌区现状年各月主要农作物净灌溉需水量　　　　　单位：万 m^3

保证率	干渠	2 月	3 月	4 月	5 月	6 月	7 月	8 月	10 月	11 月	12 月	全年
$P=25\%$	凯布北	0.7	0.9	1.3	2.1	2.4	1.3	0.7	0.3	0.4	0.6	10.7
	凯布南	0.5	0.5	0.9	1.4	1.6	0.9	0.4	0.2	0.3	0.4	7.1
	东嘎	3.2	3.9	6.1	9.7	11.0	6.0	3.1	1.5	1.9	2.5	48.9
	然朵	2.1	2.5	4.0	6.3	7.1	3.9	2.0	1.0	1.2	1.6	31.7
$P=50\%$	凯布北	0.7	0.9	1.6	3.2	2.4	2.0	0.1	0.6	0.4	0.5	12.4
	凯布南	0.5	0.6	1.0	2.1	1.5	1.3	0.1	0.4	0.3	0.3	8.1
	东嘎	3.2	4.0	7.3	14.7	10.7	9.1	0.4	2.9	1.8	2.4	56.5
	然朵	2.1	2.6	4.8	9.6	7.0	5.9	0.3	1.9	1.2	1.6	37.0
$P=75\%$	凯布北	0.7	0.9	1.6	3.3	3.6	1.5	1.3	0.6	0.4	0.5	14.4
	凯布南	0.5	0.6	1.0	2.1	2.3	1.0	0.8	0.4	0.3	0.3	9.3
	东嘎	3.3	3.9	7.4	14.8	16.4	6.7	6.0	2.9	1.8	2.5	65.7
	然朵	2.2	2.6	4.8	9.6	10.7	4.4	3.9	1.9	1.2	1.6	42.9

表 7.2.10　　　　　　拉萨凯布子灌区规划年各月主要农作物净灌溉需水量　　　　　单位：万 m^3

保证率	干渠	2 月	3 月	4 月	5 月	6 月	7 月	8 月	10 月	11 月	12 月	全年
$P=25\%$	凯布北	1.6	1.9	2.9	4.7	5.3	2.9	1.5	0.7	0.9	1.2	23.6
	凯布南	1.7	2.0	3.2	5.0	5.7	3.1	1.6	0.8	1.0	1.3	25.4
	东嘎	6.4	7.7	12.1	19.2	21.8	12.0	6.2	2.9	3.7	5.0	96.9
	然朵	3.5	4.2	6.5	10.4	11.8	6.5	3.3	1.6	2.0	2.7	52.6
$P=50\%$	凯布北	1.6	1.9	3.6	7.1	5.2	4.4	0.2	1.4	0.9	1.2	27.3
	凯布南	1.7	2.1	3.8	7.6	5.6	4.7	0.2	1.5	0.9	1.2	29.4
	东嘎	6.4	7.9	14.6	29.1	21.2	18.1	0.8	5.8	3.6	4.8	112.2
	然朵	3.5	4.3	7.9	15.8	11.5	9.8	0.4	3.1	1.9	2.6	60.9
$P=75\%$	凯布北	1.6	1.9	3.6	7.1	7.9	3.3	2.9	1.4	0.9	1.2	31.8
	凯布南	1.7	2.1	3.8	7.7	8.5	3.5	3.1	1.5	1.0	1.3	34.2
	东嘎	6.6	7.8	14.7	29.4	32.6	13.4	11.9	5.8	3.6	4.9	130.5
	然朵	3.6	4.2	8.0	15.9	17.7	7.3	6.4	3.2	2.0	2.6	70.8

（2）林草地。参照灌溉保证率 75% 下拉萨地区相近的墨达灌区灌溉制度成果，对灌区的草林地净灌溉定额进行估算。林草净灌溉定额为 240mm，8 月中旬、9 月中旬、10 月上旬以及 10 月下旬各灌溉 60mm。结合林草地需要灌溉的面积可知，林草地现状枯水年（$P=75\%$）净灌溉需水量为 11.4 万 m^3，而规划枯水年（$P=75\%$）净灌溉需水量为 10.6 万 m^3，减少了约 7%。

林草地的净灌溉需水量见表 7.2.11。

表 7.2.11　　　　拉萨凯布子灌区现状年与调整后的林草地净灌溉需水量　　　　单位：万 m^3

保证率	状态	凯布北干渠	凯布南干渠	东嘎干渠	然朵干渠	全年
$P=25\%$	现状年	0.9	0.6	4.2	2.7	8.4
	调整后	0.9	0.6	3.9	2.5	7.8
$P=50\%$	现状年	1.1	0.7	4.9	3.2	9.8
	调整后	1.0	0.6	4.5	2.9	9.1
$P=75\%$	现状年	1.2	0.8	5.6	3.7	11.4
	调整后	1.2	0.7	5.2	3.4	10.6

（3）总灌溉需水量。综合耕地净灌溉需水量以及林草地净灌溉需水量可以得到凯布子灌区的总净灌溉需水量，结果如图 7.2.1 所示。按照 2011 年灌溉面积求得的现状年总净灌溉需水量在不同保证率下分别为 106.7 万 m^3（$P=25\%$）、123.7 万 m^3（$P=50\%$）和 143.8 万 m^3（$P=75\%$），而按照相关规划灌溉面积调整后的规划年总净灌溉需水量在不同保证率下分别为 206.3 万 m^3（$P=25\%$）、239.0 万 m^3（$P=50\%$）和 277.9 万 m^3（$P=75\%$）。

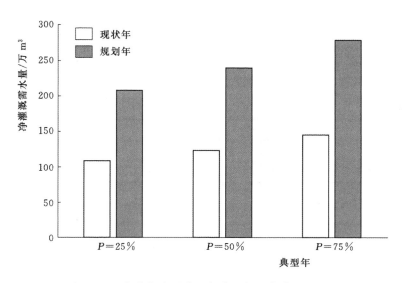

图 7.2.1　拉萨凯布子灌区各典型年总净灌溉需水量

灌区灌溉水利用系数为 0.65。推求得到不同保证率下的拉萨凯布子灌区的总灌溉需水量见表 7.2.12。种植结构调整前，即以 2011 年作为现状年计算得到的不同保证率下的拉萨凯布子灌区的总灌溉需水量分别是 164.7 万 m³（$P = 25\%$）、190.8 万 m³（$P = 50\%$）、221.9 万 m³（$P = 75\%$）；种植结构调整后，规划年不同保证率下的拉萨凯布子灌区的总灌溉需水量分别是 318.3 万 m³（$P = 25\%$）、368.8 万 m³（$P = 50\%$）、428.9 万 m³（$P = 75\%$）。

表 7.2.12　　　　　　　　　　拉萨凯布子灌区总毛灌溉需水量　　　　　　　　　单位：万 m³

现 状 年											
月份	$P = 25\%$				$P = 50\%$				$P = 75\%$			
	凯布北	凯布南	东嘎	然朵	凯布北	凯布南	东嘎	然朵	凯布北	凯布南	东嘎	然朵
2 月	1.1	0.7	5.0	3.3	1.1	0.7	5.0	3.2	1.1	0.7	5.0	3.3
3 月	1.3	0.8	6.0	3.9	1.4	0.9	6.1	4.0	1.3	0.9	6.1	4.0
4 月	2.1	1.3	9.4	6.1	2.5	1.6	11.3	7.4	2.5	1.6	11.4	7.4
5 月	3.3	2.1	15.0	9.7	5.0	3.2	22.6	14.7	5.0	3.2	22.8	14.9
6 月	3.7	2.4	16.9	11.0	3.6	2.3	16.5	10.8	5.6	3.6	25.3	16.5
7 月	2.0	1.3	9.3	6.1	3.1	2.0	14.1	9.2	2.3	1.5	10.4	6.8
8 月	1.4	0.9	6.4	4.2	0.6	0.4	2.5	1.6	2.5	1.6	11.4	7.4
9 月	0.4	0.2	1.6	1.1	0.4	0.3	1.9	1.2	0.5	0.3	2.2	1.4
10 月	1.2	0.8	5.5	3.6	1.8	1.2	8.2	5.4	2.0	1.3	8.9	5.8
11 月	0.6	0.4	2.9	1.9	0.6	0.4	2.8	1.8	0.6	0.4	2.8	1.8
12 月	0.9	0.5	3.9	2.5	0.8	0.5	3.7	2.4	0.8	0.5	3.8	2.5
全年	18.0	11.6	81.8	53.3	20.9	13.5	94.7	61.7	24.3	15.6	110.2	71.8
灌区全年	164.7				190.8				221.9			

调 整 后											
月份	$P = 25\%$				$P = 50\%$				$P = 75\%$			
	凯布北	凯布南	东嘎	然朵	凯布北	凯布南	东嘎	然朵	凯布北	凯布南	东嘎	然朵
2 月	2.4	2.6	9.9	5.4	2.4	2.6	9.9	5.4	2.5	2.6	10.1	5.5
3 月	2.9	3.1	11.8	6.4	3.0	3.2	12.2	6.6	2.9	3.2	12.1	6.6
4 月	4.5	4.9	18.6	10.1	5.5	5.9	22.5	12.2	5.5	5.9	22.7	12.3
5 月	7.2	7.8	29.7	16.1	10.9	11.8	44.9	24.4	11.0	11.9	45.3	24.6
6 月	8.2	8.8	33.6	18.2	8.0	8.6	32.8	17.8	12.2	13.2	50.2	27.3
7 月	4.5	4.8	18.4	10.0	6.8	7.3	27.9	15.1	5.0	5.4	20.6	11.2
8 月	2.6	2.7	11.0	6.1	0.7	0.6	3.0	1.8	4.9	5.1	20.3	11.2
9 月	0.3	0.2	1.5	1.0	0.4	0.2	1.7	1.1	0.4	0.3	2.0	1.3
10 月	1.8	1.6	7.5	4.4	2.9	2.8	12.4	7.1	3.1	2.9	13.0	7.5
11 月	1.4	1.5	5.7	3.1	1.3	1.4	5.5	3.0	1.4	1.5	5.6	3.0
12 月	1.9	2.0	7.7	4.2	1.8	1.9	7.4	4.0	1.8	2.0	7.5	4.1
全年	37.7	40.0	155.5	85.0	43.7	46.4	180.2	98.5	50.8	54.0	209.5	114.6
灌区全年	318.3				368.8				428.9			

（4）灌区生活需水量。2011年年底凯布区子灌区人口为1522人，灌区人口增长大体处在一个较为稳定的发展区间，考虑到灌区处于林周县经济中心地带，净流入人口必将有所增加，预测灌区人口自然增长率10‰。

参照《西藏自治区水资源综合规划报告》，并结合当地生活用水现状确定，现状年人均日用水定额为60L/d，规划年为90L/d。对现状基准年2011年与规划年灌区人口需水量分析结果见表7.2.13。

表 7.2.13 灌区现状年及调整后的生活需水量

水 平 年	现状年（2011年）	规 划 年
用水人口/人	1522	1698
人均定额/[L/(d·人)]	60	90
生活需水量/万 m³	3.33	5.58

随着人口的增加和人们生活水平的提高，灌区生活需水量显著增长。2011年灌区内生活需水量仅为3.33万 m³，此时灌区人口为1522人，而到规划年时灌区人们的生活需水量将达到5.58万 m³；规划灌区人口将是2011年人口的1.11倍，规划年生活需水量将是2011年的1.67倍。

（5）灌区生态环境需水量。灌区的生态环境需水主要考虑需要预留在河道内的最小生态需水量。渠道两侧田间防护林用水量利用天然降雨可满足生长要求，且城市市政等景观生态用水数量较少，故在生态环境用水量中不予考虑。

使用 Tennant 法计算灌区的生态需水量。不同用水期河流基流标准推荐值见表7.2.14。一般情况下对于小型河流而言，占多年平均径流量10%的流量阈值是保持河流生态系统健康的最小流量，占多年平均径流量30%的流量阈值则认为能够为大多数的水生生物提供一个较好的栖息地条件，也能补充河流景观生态需求。结合本灌区实际情况，选择表7.2.14中推荐标准一般等级的流量阈值进行本灌区生态需水计算。即4—9月关键时期取占多年平均径流量30%的流量阈值作为生态基流，10月至翌年3月一般用水期占多年平均径流量10%的流量阈值作为生态基流。

表 7.2.14 不同用水期河流基流标准推荐值

时段	推荐基流标准（占多年平均流量的百分数）/%							
	最大	最佳	极好	很好	良好	一般	最小	极差
一般用水期	200	60~100	40	30	20	10	10	0~10
关键时期	200	60~100	60	50	40	30	10	0~10

注 一般用水期为10月至翌年3月，关键时期为4—9月。

拉萨凯布子灌区取水口生态环境需水量年内分布见表7.2.15。保证率 $P=50\%$ 条件下，灌区总生态环境需水量为1348.4万 m³，保证率 $P=75\%$ 条件下，全面总生态环境需水量为1068.2万 m³。

（6）灌区水资源供需平衡分析。灌区水资源供需平衡分析的主要依据如下：
天然径流量，渠首断面水文计算的不同灌溉保证率年径流量。

表 7.2.15　　　　　拉萨凯布子灌区生态环境需水量年内分布情况

月　份	生态环境需水量/万 m³		月　份	生态环境需水量/万 m³	
	$P=50\%$	$P=75\%$		$P=50\%$	$P=75\%$
1 月	8.0	7.0	8 月	492.6	315.0
2 月	7.7	6.5	9 月	219.3	176.5
3 月	9.9	8.8	10 月	23.6	22.0
4 月	29.5	22.6	11 月	13.0	14.3
5 月	35.4	30.5	12 月	9.4	7.8
6 月	137.6	142.3	全年	1348.4	1068.3
7 月	362.4	315.0			

河道来水量，包括天然径流量（区间径流量）上一级拦河坝剩余水量。本工程没有区间汇流。

灌区用水量，包括渠首控制灌溉区内的农田灌溉和生活用水及其下游河道生态用水量。

渠首水量平衡计算包括区间径流量、上一级渠道剩余水量。

灌区水量平衡方程为：缺水量＝灌溉可利用水量－灌区用水量；余水量＝河道生态用水量及灌区不能利用的天然径流量。

根据上述分析对本灌区的水资源供需平衡情况进行计算，保证率 50% 的凯布子灌区水资源供需平衡结果见表 7.2.16，保证率 75% 的凯布子灌区水资源供需平衡结果见表 7.2.17。

表 7.2.16　　　　　拉萨凯布子灌区水资源供需平衡表（$P=50\%$）

现　状　年													
项　目		1 月	2 月	3 月	4 月	5 月	6 月	7 月	8 月	9 月	10 月	11 月	12 月	全年
天然来水/万 m³		80.4	77.4	99.1	98.5	117.8	458.8	1208	1641.9	730.9	235.7	129.6	93.7	4971.8
生活用水/万 m³		0.3	0.3	0.3	0.3	0.3	0.3	0.3	0.3	0.3	0.3	0.3	0.3	3.6
生态用水/万 m³		8.0	7.7	9.9	29.5	35.4	137.6	362.4	492.6	219.3	23.6	13.0	9.4	1348.4
农业用水/万 m³	凯布北干渠	—	1.1	1.4	2.5	5.0	3.6	3.1	0.6	0.4	1.8	0.6	0.8	20.9
	凯布南干渠	—	0.7	0.9	1.6	3.2	2.3	2.0	0.3	0.3	1.2	0.4	0.5	13.5
	东嘎干渠	—	5.0	6.1	11.3	22.6	16.5	14.1	2.5	1.9	8.2	2.8	3.7	94.7
	然朵干渠	—	3.2	4.0	7.4	14.7	10.8	9.2	1.6	1.2	5.4	1.8	2.4	61.7
余水量/万 m³		72.0	59.4	76.5	45.8	36.6	287.6	817.0	1144.0	507.6	195.3	110.8	76.6	3429.2
规　划　年													
项　目		1 月	2 月	3 月	4 月	5 月	6 月	7 月	8 月	9 月	10 月	11 月	12 月	全年
天然来水/万 m³		80.4	77.4	99.1	98.5	117.8	458.8	1208	1641.9	730.9	235.7	129.6	93.7	4971.8
生活用水/万 m³		0.5	0.4	0.3	0.5	0.5	0.5	0.5	0.5	0.5	0.5	0.5	0.5	5.7
生态用水/万 m³	河道生态基流	8.0	7.7	9.9	29.5	35.4	137.6	362.4	492.6	219.3	23.6	13.0	9.4	1348.4

规 划 年													
农业用水 /万 m³	凯布北干渠	—	2.4	3.0	5.5	10.9	8.0	6.8	0.7	0.4	2.9	1.3	1.8	43.7
	凯布南干渠	—	2.6	3.2	5.9	11.8	8.6	7.3	0.6	0.2	2.8	1.4	1.9	46.3
	东嘎干渠	—	9.9	12.2	22.5	44.9	32.8	27.9	3.0	1.7	12.4	5.5	7.4	180.2
	然朵干渠	—	5.4	6.6	12.2	24.4	17.8	15.1	1.8	1.1	7.1	3.0	4.0	98.5
余水量/万 m³		71.8	49.0	63.8	22.4	10.0	253.5	787.9	1142.8	507.7	186.4	104.9	68.8	3269.0

表 7.2.17　　　　　　　　　拉萨凯布子灌区水资源供需平衡表（P＝75%）

现 状 年													
项　目	1 月	2 月	3 月	4 月	5 月	6 月	7 月	8 月	9 月	10 月	11 月	12 月	全年
天然来水/万 m³	69.6	65.3	88.4	75.2	101.8	474.3	1049.0	1049.9	588.4	819.6	142.6	77.7	4601.8
生活用水/万 m³	0.3	0.3	0.3	0.3	0.3	0.3	0.3	0.3	0.3	0.3	0.3	0.3	3.6
生态用水 /万 m³ 河道生态 基流	7.0	0.5	8.8	22.6	30.5	142.3	315.0	315.0	176.5	22.0	14.3	7.8	1062.3
农业用水 /万 m³ 凯布北干渠	—	1.1	1.3	2.5	5.0	5.6	2.3	2.5	0.5	2.0	0.6	0.8	24.2
凯布南干渠	—	0.7	0.9	1.6	3.2	3.6	1.5	1.6	0.3	1.3	0.4	0.5	15.6
东嘎干渠	—	5.1	6.1	11.4	22.8	25.3	10.4	11.4	2.2	8.9	2.8	3.8	110.2
然朵干渠	—	3.3	4.0	7.4	14.9	16.5	6.8	7.4	1.4	5.8	1.8	2.5	71.8
余水量/万 m³	62.4	48.3	67.0	29.4	25.0	280.8	713.7	711.7	407.2	179.5	122.4	62.0	2709.4
规 划 年													
项　目	1 月	2 月	3 月	4 月	5 月	6 月	7 月	8 月	9 月	10 月	11 月	12 月	全年
天然来水/万 m³	69.6	65.3	88.4	75.2	101.8	474.3	1049.9	1049.9	588.4	219.6	142.6	77.7	4002.7
生活用水/万 m³	0.5	0.4	0.5	0.5	0.5	0.5	0.5	0.5	0.5	0.5	0.5	0.5	5.6
生态用水 /万 m³ 河道生态 基流	7.0	6.5	8.8	22.6	30.5	142.3	315.0	315.0	176.5	22.0	14.3	7.8	1068.2
农业用水 /万 m³ 凯布北干渠	—	2.5	2.9	5.5	11.0	12.2	5.0	4.9	0.4	3.1	1.4	1.8	50.8
凯布南干渠	—	2.6	3.2	5.9	11.9	13.2	5.4	5.1	0.3	2.9	1.5	2.0	54.0
东嘎干渠	—	10.1	12.1	22.7	45.3	50.2	20.6	20.3	2.0	13.0	5.6	7.5	209.5
然朵干渠	—	5.5	6.6	12.3	24.6	27.3	11.2	11.2	1.3	7.5	3.0	4.1	114.6
余水量/万 m³	62.2	37.7	54.3	5.8	−22.0	228.7	692.2	692.2	407.3	170.6	116.4	54.0	2500.1

　　以 2011 年灌溉面积及人口状态估算得到的现状年而言，即表 7.2.16 现状年与表 7.2.17 现状年，各月水资源均有利用剩余。P＝50%保证率下，本灌区总需水量为 1542.5 万 m³，其中生活用水、生态用水以及农业用水分别占年可供水量的 0.07%、27.12%以及 3.84%；P＝75%保证率下，本灌区总需水量为 1293.4 万 m³，其中生活用水、生态用水以及农业用水分别占年可供水量的 0.08%、26.69%和 5.54%。灌区水资源供应能够满足灌区内正常生产生活的需求。其中余水量最小为 5 月的 36.6 万 m³（P＝50%）与 25.0 万 m³（P＝75%）。

　　对按照相关规划设计方案进行灌区种植结构调整后的规划年进行水资源供需预测，根据表 7.2.16 规划年与表 7.2.17 规划年的结果，P＝50%保证率下 5 月水资源出现供不应求，供水缺口 10.0 万 m^3，$P=75\%$ 保证率下 5 月水资源供水缺口共计 22.0 万 m^3。$P=50\%$ 保证率下，本灌区总需水量为 1722.7 万 m^3，其中生活用水、生态用水以及农业用水分别占年可供水量的 0.11%、27.12% 和 7.42%；$P=75\%$ 保证率下，本灌区总需水量为 1502.7 万 m^3，其中生活用水、生态用水以及农业用水分别占年可供水量的 0.14%、26.69% 和 10.72%。灌区水资源供应基本能够满足灌区内正常生产生活的需求。

7.2.3　西藏地区"一江两河地区"农业水资源平衡分析

1. 保灌面积确定

（1）种植业保灌面积。拉萨地区种植业在巩固现有 11.05 万亩稳产高产田的基础，规划年再建设 10.08 万亩达到 21.13 万亩，这部分农田要保证灌溉。种植业改造中低产田共43.42 万亩，其中，澎波开发区改造中低产田 10.82 万亩，以其中 40% 的面积保证灌溉，即为 17.37 万亩。剩余中低产田 44.79 万亩，以部分地块零散灌溉折合成保灌面积约14.20 万亩。故种植业总保灌面积为 52.7 万亩。

（2）林、草地保灌面积。林、草地原有保灌面积 9.5 万亩（含改良草地）作为发展畜牧业突破口，规划年人工种草将增加 8.51 万亩，需保证灌溉。工程造林 13.14 万亩，澎波综合开发区造林 2.78 万亩，由于多数为林草间作，故按造林面积的 30% 考虑保灌，即4.78 万亩。林草地保灌面积为上述之和，即 22.79 万亩。

2. 来水分析

根据产水与汇流条件，并适当考虑行政区划，水资源平衡分析按拉萨河一级区研究。本区来水包括当地河川与地下水之和以及上游的来水（即客水），地下水考虑相邻流域的补给，客水考虑了上游用水，拉萨地区来水见表 7.2.18。本地区水资源是相当丰富的，人均、亩均来水占有量较多。当地产水较少，客水较多。

3. 水资源平衡表分析

（1）需水量预测。在流域规划的基础上，考虑规划的目标，规划年前投资的可能性，据合算的农用保灌面积计算了农用灌溉用水量到规划年为 4.79 亿万 m^3。

工业、城乡人民生活用水及牲畜用水等，仍考虑用地下水。发电用水属河道内用水，本次规划只考虑河道外水量供需分析，因此均不单独列项计算，只考虑一部分城市用水量0.35 亿 m^3。累计规划年总用量为 5.14 亿 m^3，见表 7.2.19。

（2）可供水量预测。可供水量即为通过工程措施所能提供的水量。拉萨七县（区）的可供水量预测，是据优选的工程项目充分利用区间水，并考虑打机电井开发部分地下水做灌溉的补充水源，2000 年可供水量约 5.12 亿 m^3，水资源平衡分析成果见表 7.2.19。

（3）水量平衡分析。由表 7.2.19 可知，现状年本区按保证率 75% 核算总用水量为3.18 亿 m^3。到规划年本区的总用水量可达 5.14 亿 m^3，其中农田用水量 3.79 亿 m^3，占总用水量的 73.79%；林、草地用水量 1.00 亿 m^3，占总用水量 19.46%；工业、生活及其他用水 0.35 亿 m^3，占总用水量 6.18%。用水与供水基本平衡，稍偏向缺水。因此，需要通过节约用水，改良土壤，降低灌溉定额，对渠道采取防渗处理，提高渠系利用系数，从而提高水的利用率，加之兴建调节工程控制水量，最大限度地满足用水要求。

7.2.4　贡嘎江南灌区水资源供需分析

江南灌区位于西藏自治区山南地区贡嘎县，雅鲁藏布江中游江南高山宽谷地带，是山

表 7.2.18 拉萨地区各分区水资源成果表

分区 一级区	分区 二级区	分区面积/km²	当地水资源/亿m³ 地表水 多年平均	P=75%	地下水 天然	可采	地表水与地下水重复量	多年平均水资源总量	平均当地水资源总量 人均 人数/万人	水量/(亿m³/人)	亩均 亩数/万亩	水量/(亿m³/亩)	容水量/天然亿m³ 多年平均	P=75%
拉萨河(II)	中游(II₁)	5655	20.5	16.2	7.1	0.8	5.1	22.5	4.1	5.49	7.5	3.0		
	下游(II₂)	10161	23.6	16.5	9.5	3.0	5.8	27.3	29	0.94	66.6	0.41		
	小计	15816	44.1	32.7	16.6	3.8	10.9	49.8	33.1	1.5	74.1	0.67	60.1	48.6
雅干(一)(I)	下段(I₃)	3482	8.7	6.2	2.9	0.3	2.6	9.0	5.1	1.76	9.2	1.0	80.5	65.7
	小计	3482	8.7	6.2	2.9	0.3	2.6	9.0	5.1	1.76	9.2	1.0	80.5	65.7
拉萨七县区	合计	19298	52.8	38.9	19.5	4.1	13.5	58.8	38.2	1.54	83.3	0.71	140.6	114.3

表 7.2.19 水资源供需平衡分析表

分区		现状年 灌溉面积/万亩 农田	林草	现状年 用水量/亿m³ 农田	林草	合计	规划年 灌溉面积/万亩 农田	林草	规划年 用水量/亿m³ 农田	林草	其他	合计	总计	供水量/亿m³	当地地表水(P=75%)/亿m³	对当地地表水量年水利用率/% 现状年	规划年
拉萨河	中游	2.3	5.3	0.20	0.2	0.41	2.3	5.3	0.17	0.23	0.02	0.40	0.42	0.40	16.2	2.5	2.6
	下游	21.7	3.9	1.90	0.15	2.24	42.4	16.99	3.05	0.75	0.3	3.80	4.10	4.13	16.5	13.6	24.8
	小计	24.0	9.2	2.10	0.35	2.65	44.7	22.29	3.22	0.98	0.32	4.20	4.52	4.53	32.7	8.1	13.8
雅干(一)	下段	5.4	0.3	0.58	0.02	0.66	8.0	0.5	0.57	0.02	0.03	0.59	0.62	0.59	6.2	10.6	10.0
合 计		29.4	9.5	2.68	0.37	3.31	52.7	22.79	3.79	1.00	0.35	4.79	5.14	5.12	38.9	8.5	13.2

南地区主要的商品粮生产基地，历史上有"藏南谷地""西藏粮仓"之称。灌区地形平坦，土壤肥沃，日照长，水土资源丰富，交通方便，有发展灌溉的便利条件。灌区由江塘、吉纳、吉雄、岗堆、甲日普、江雄等 6 个相对独立的子灌区组成。水源主要为地表水，其中，江塘、吉纳、吉雄 3 个子灌区以雅鲁藏布江为灌溉水源，岗堆子灌区以雅鲁藏布江支流岗堆沟达然多水库为灌溉水源，甲日普子灌区以雅鲁藏布江支流甲日沟甲日普水库为灌溉水源，江雄子灌区以雅鲁藏布江支流江雄曲沟江雄水库为灌溉水源。灌区地势西高东低、南高北低，海拔 3560～4000m，总土地面积 143.5km^2。现有耕地面积 7933hm^2，林地面积 258hm^2，草地面积 746hm^2，未利用土地 1857hm^2，建设用地 853hm^2，水域 380hm^2。

灌区范围涉及贡嘎县江塘镇、岗堆镇、甲竹林镇、吉雄镇、杰德秀镇、朗杰学乡等 5 镇 1 乡 24 个村民委员会，2004 年总人口 3.34 万人，其中农业人口 3.14 万人。粮食作物以小麦、青稞为主。灌区修建于 20 世纪 60 年代，由于受当时技术经济条件的限制，设施较为简陋，加之后期资金投入不足，管理粗放，经过 40 年的运行，目前效益严重下降，半数以上的耕地处于干旱缺水状态，严重制约了当地工农业发展和产业结构调整。因此，对灌区进行更新改造已成为落实中央提出的"三农"问题的重要措施和紧迫任务。这与合理开发利用当地丰富的水资源及国家开发西部，加大基础设施投资力度、改善西藏自治区经济社会地位、提高西藏自治区人民群众生活水平的总体目标是一致的。

1. 灌区水资源分析

(1) 地表水。灌区地表水主要来源于雅鲁藏布江及其支流。雅鲁藏布江发源于西藏西南部的喜马拉雅山中段北麓的杰马类宗冰川。横贯西藏南部 23 个县，全长约 2057km，流域面积 2.40×10^{5}km^2，平均海拔在 4000m 以上，是世界上海拔最高、西藏最大的一条河流，年平均流量约 4.42×10^{3}m^3/s。雅鲁藏布江流经贡嘎县域长 70km，该段河谷最宽处可达 6～7km，水面宽 2km 左右，水流平缓，多叉流和沙洲。两岸河漫滩、阶地较为发育，构成宽广的河谷平原。根据该河段上游奴各沙水文站、主要支流拉萨水文站及下游羊村水文站 1956—2002 年径流系列，采用区间面积比拟法推得江塘、吉纳、吉雄等断面处的多年平均径流量见表 7.2.20。达然多、甲日普、江雄水库灌区主要参照水库设计的径流分析成果，通过复核成果见表 7.2.21。

表 7.2.20　　　　　　　　　江塘、吉纳、吉雄子灌区年径流成果　　　　　　　单位：10^{10}m^3

名称	C_v	C_s/C_v	均值	$P=25\%$	$P=50\%$	$P=75\%$
羊村站	0.28	2.0	2.97	3.28	2.72	2.23
江塘渠首	—	—	1.65	1.95	1.60	1.30
吉纳、吉雄渠首			2.68	3.15	2.60	2.12

表 7.2.21　　　　　　　达然多、甲日普、江雄水库不同频率年径流成果　　　　　　单位：10^{7}m^3

名称	C_v	C_s/C_v	均值	$P=25\%$	$P=50\%$	$P=75\%$
达然多	0.36	2.0	0.88	1.08	0.84	0.65
甲日普	0.36	2.0	2.17	2.67	2.08	1.61
江雄	0.36	2.0	2.50	3.07	2.40	1.85

（2）地下水。灌区地下水主要为基岩裂隙水和第四系孔隙水。基岩裂隙水主要分布在雅鲁藏布江以南的沟谷外缘山区。第四系孔隙水分布在雅鲁藏布江阶地和沟谷中，含水层主要为砂和沙砾石层，厚约 $13\sim100m$。水位埋深一级阶地为 $3\sim5m$，二级阶地为 $10\sim60m$，沟谷为 $30\sim60m$。岗堆、甲日普、江雄等水库灌区因海拔较高、沟壑纵横、地下水埋深大，含水层厚度较小，可开采量相对低于江塘、吉纳、吉雄等邻江灌区。据有关统计资料，灌区地下水资源总量为 $8.78\times10^7m^3$，可开采量约 $6.00\times10^7m^3$，各子灌区可开采量分别是：江塘 $5.00\times10^6m^3$，吉纳 $7.60\times10^6m^3$，岗堆 $3.84\times10^6m^3$，吉雄 $1.84\times10^7m^3$，甲日普 $6.90\times10^6m^3$，江雄 $1.83\times10^7m^3$。根据现场调查除江雄灌区采用井灌补充灌区地表水源不足外，其他灌区地下水主要用于人畜及工业用水。

2. 供需平衡分析

（1）人畜及工业需水量。现状情况下供水保证率为 90%，农业人口生活用水定额取 $40L/(人\cdot d)$，大牲畜用水定额取 $25L/(头\cdot d)$，城镇人口生活用水定额取 $80L/(人\cdot d)$，工业用水定额 $100m^3/万元$。求得现状情况下农村生活需水量约 $1.74\times10^6m^3$，城镇生活需水量 5.45 万 m^3，工业需水量 $1.16\times10^5m^3$，城乡生活及工业需水量合计 $1.91\times10^6m^3$，毛需水量为 $2.12\times10^6m^3$。规划年农业人口生活用水定额取 $50L/(人\cdot d)$，大牲畜用水定额取 $35L/(头\cdot d)$，城镇人口生活用水定额取 $100L/(人\cdot d)$，工业用水定额 $50m^3/万元$。全灌区农村生活需水量 $2.85\times10^6m^3$，城镇生活需水量 8.19 万 m^3，工业需水量 $1.94\times10^5m^3$，城乡生活及工业净需水量合计 $3.13\times10^6m^3$，毛需水量合计 $3.48\times10^6m^3$。

（2）灌溉需水量。灌区现状年有效灌溉面积 1.12 万 hm^2，灌溉水利用系数 0.45，按照确定的现状年灌溉制度，求得该灌区中等干旱年即 $P=75\%$ 时，净需水量 $4.04\times10^7m^3$、毛需水量 $8.99\times10^7m^3$。规划年有效灌溉面积 1.29 万 hm^2，灌溉水利用系数达到 0.62，按照远期规划的灌溉制度，求得该灌区中等干旱年即 $P=75\%$ 时，净需水量 $4.13\times10^7m^3$、毛需水量 $6.66\times10^7m^3$。

3. 供需平衡分析

（1）引水灌区水量平衡分析。江塘灌区雅鲁藏布江 75% 保证率年径流量 $1.30\times10^{10}m^3$，而现状灌区灌溉需水量为 $4.74\times10^6m^3$，占河川径流量的 0.037%。另外灌区地下水储蓄量按 $5.00\times10^6m^3$ 计，也远大于区域内的生活及工业用水量 $1.10\times10^5m^3$。规划年灌区农作物经过种植比例调整后，农业用水为 $4.46\times10^6m^3$，工业用水 $1.8\times10^5m^3$ 的状况下，依然远远小于灌区的水资源供给量。同理吉雄、吉纳引水子灌区可引水量，远大于需水量，总量上无供需矛盾。另外从引水工程的引水能力以及灌区需水量分析可知。江塘灌区 75% 来水年内最小月（3—4月）平均流量，最小月流量为 $88m^3/s$，远大于渠首设计最大引水流量 $1.5m^3/s$ 完全满足当地灌溉要求。吉纳、吉雄灌区河源来水保证率在 75% 情况下，年内最小月平均流量为 $143m^3/s$，远期灌溉渠首设计最大引水流量为 $2.0m^3/s$、$2.5m^3/s$，渠首来水流量远远大于引水能力，另外灌区人畜和工业用水以地下水为水源，需要量远小于地下水可开采量，故从灌区地表水资源总量上分析各灌区灌溉用水是有保证的，具体见表 7.2.22。

表 7.2.22　　　　江塘、吉纳、吉雄灌区中等干旱年水资源供需平衡计算成果

水平年	子灌区名称	水资源储量		总需水量		供需平衡	
		地表水 /10^{10}m^3	地下水 /10^7m^3	灌溉 /10^7m^3	生活及工业 /10^5m^3	余水	缺水
现状年	江塘	1.30	0.50	0.47	1.10	灌区水资源储量远大于需水量	
	吉纳	2.12	0.76	0.67	1.30		
	吉雄	2.12	1.84	2.25	3.00		
规划年	江塘	1.30	0.50	0.44	1.80		
	吉纳	2.12	0.76	0.67	2.20		
	吉雄	2.12	1.84	1.64	4.80		

（2）水库灌区水量平衡分析。以岗堆灌区为例，水库在中等干旱年（75％）来水量为 6.48×10^6m^3，减去库区渗漏蒸发、洪水期水库弃水后可供水量为 4.37×10^6m^3，地下储量 3.84×10^6m^3。现状情况下灌区农业需水量 6.92×10^6m^3，人畜及工业用水量为 3.70 万 m^3，遵循地表水用于灌溉，地下水用于生活及工业用水时，该灌区地表水资源不能满足农业灌溉需要，即地表水缺 2.55×10^6m^3，而地下水可开采量富余 3.47×10^6m^3，储量远大于人畜及工业需水量，因此，从灌区水资源总量考虑，采取井渠结合的灌溉方法，可以满足农业灌溉需水量要求。岗堆、甲日普、江雄水库灌区干旱年水资源供需平衡分析见表 7.2.23。

表 7.2.23　　　　岗堆、甲日普、江雄水库灌区干旱年水资源供需平衡分析　　　　单位：10^7m^3

灌区	水平年	水资源储量		总需水量			按照需水可供水量				供需平衡	
		水库径流	地下水储量	灌溉	人畜及工业	小计	水库调节	人畜及工业开采地下水	井灌	小计	满库弃水	缺水（无井灌时）
岗堆	现状年	0.648	0.384	0.692	0.037	0.729	0.437	0.037	0.255	0.729	0.184	0.255
	规划年	0.648	0.384	0.530	0.048	0.578	0.402	0.048	0.128	0.578	0.214	0.128
甲日普	现状年	1.606	0.690	1.277	0.019	1.296	0.935	0.019	0.342	1.296	0.600	0.342
	规划年	1.606	0.690	0.951	0.031	0.982	0.819	0.031	0.132	0.982	0.709	0.132
江雄	规划年	1.846	1.830	2.414	0.168	2.582	1.672	0.168	0.742	2.582	0	0.742

（3）江南灌区水资源供需平衡分析。通过以上对各子灌区现有地表水、地下水资源的供需平衡分析可以看出，雅鲁藏布江的灌区可引水量现状和规划年分别占雅鲁藏布江年径流量的 0.036％和 0.138％，远远大于灌区灌溉、人畜及工业需水量。水库灌区在不结合井灌的前提下，表现为缺水，解决水库灌区水资源供需矛盾的措施，主要是在水库灌区发展井渠结合灌溉，遵循先水库水源后井灌水源，在枯水季节水库水源不能满足灌溉时，利用井水抽灌解决各水库灌区水资源供需矛盾。由表 7.2.23 可以看出水库灌区在 75％来水量时，灌溉总缺水量 1.00×10^7m^3，灌区地下水在满足人畜及工业用水后剩余量为 2.64×10^7m^3，远大于灌区的缺水量。

第8章 灌溉管理与农业水环境

8.1 农田水利试验

农田水利试验是一项为农业高产服务的水利、农业综合性科学试验工作，是寻求增产、省水和省工的合理灌溉方法与制度，探索农田耗水规律以及先进的分水和配水方式等的途径，同时还为农田水利工程的规划设计和管理运用提供资料。

8.1.1 田间灌溉试验

田间灌溉试验主要包括作物灌水方法试验、灌溉制度试验和田间耗水量试验等。

1. 灌水方法和灌溉制度试验

（1）基本方法。灌水方法和灌溉制度试验一般采用小区对比的方法，即把试验田划分若干个小区，各个小区内，作物的品种、种植密度、耕作及其他农业措施和田间管理均相同；只是根据试验的目的要求，把灌水方法或灌溉制度的试验，形成不同的对比"处理"。测定各小区的作物产量、植株性状、土壤性状、田间小气候及排灌情况等，并将观测成果按处理统计，从而对比分析出各处理之间的差异情况，并据此判定合理（高产、省水和省工等）的灌水方法或灌溉制度。

在灌溉制度对比试验中，主要根据不同的土壤含水率上、下限或是不同的灌水次数、时间与定额采用不同的处理。此外，也常进行一些专门性的试验，如不同水温（水库表层水和下层水、塘堰水、井水等）或不同水质（污水、再生水等）的灌水试验等。

以上所述，均系单因素对比试验，即各处理之间除了灌水方法或灌溉制度一种因素有所差异之外，其他因素均相同，但有时为了解决一些综合性问题，还需安排多因素的对比试验。

（2）试验的处理与重复。选定处理，使当前生产水平与今后发展的水平相结合，调查当地群众先进的灌水方法或灌溉制度，选出一两种作为基本处理；再安排代表当前生产水平的灌水方法或灌溉制度作为对照处理。

从单因素试验发展到多因素试验。单因素试验是最简单的对比处理，试验简易，成果比较明确，推广较易；由于单因素试验不能探求各种措施配合后的综合效果，故还应逐步开展多因素试验。

掌握主要矛盾，先抓住质的差别。为使成果对比比较鲜明，处理之间的差别不能过小，处理数目不必过多，首先考虑各处理质的差别，进一步才考虑量的比较。在不同量的处理之中，首先要明确生产中采用的一般量和高低两个极端量的范围，然后在此范围内安排几个处理。各处理量的差别要恰当。如差别太小，处理间的成果差异不超过操作的误差范围，就难以得出正确成果；而差别太大，又不易找出规律。

重复就是一个试验处理同时进行的次数。每个处理在田间同时布置了几个小区，则称为几次重复。重复设置的目的，是为了提高试验的准确性。因此即使对试验场地经过非常严格的选择，但仍然不可避免土壤肥力的不均匀性。增加重复次数，能够减少土壤肥力差异和其他基础条件或措施的差异所造成的误差，提高成果的可靠性；而且，通过不同重复间的差异，可以估算出试验的误差，这是鉴定与正确分析试验结果所必需的数据。根据一些试验成果的分析经验，田间灌溉试验的重复次数不宜少于三次，实践中可根据试验地块大小、试验要求精度和土壤差异等情况决定重复次数的多少。当条件受到限制时，宁可安排的处理少一些，或是小区面积小一些，也要安排重复试验。

（3）试验场地的选择与小区的布置。对田间对比试验的场地需进行周密选择，选择时应注意以下几点：

试验场地的气象、水文、地形、地貌、地质、土壤、水文地质和农业生产条件能代表所在灌区的一般情况，而且试验场地内各处的土壤及其肥力、水文地质等条件差异要尽量小。

场地避免在特高、特低处或灌区的边远地段，不邻靠河流、湖泊、水库、塘堰、大道、密林等（或设置试验田保护区），以免试验成果受这些特殊条件的影响。一般最好选在大片田块中间，四周均是种植同类作物。

与当地其他农业方面的试验田、样板田结合起来。这样能更好地学习、总结运用和提高群众的丰产经验，也有利于试验成果的推广。

试验场地附近还应有气象观测场，其位置亦应统筹考虑。应选在开阔平坦之处，附近不应有任何妨碍空气流通的阻碍物，例如，高墙、树林、建筑物等，必要时可在不同处理地段附近设置辅助性气象观测场。田间小气候的观测场设在试验田地内。

小区的布置，除符合上述要求外，还应注意其面积和形状。一般对低矮作物每个试验小区面积可采用 0.05～0.2 亩；植株高大作物，小区面积可采用 0.2～0.5 亩。中间示范性试验的小区面积宜大于 0.5 亩。如采用喷灌方法进行试验，小区面积应增大至 0.5～1.0 亩。试验小区的形状采用矩形，长宽比可为 2～6，小区长边应顺着土壤差异方向布置。

2. 田间耗水量试验

田间耗水量试验的任务是测出作物在采用不同灌水方法时各生育阶段及全生育期的腾发量，阐明各种影响因素与耗水量的关系，寻求作物的需水规律，为灌区用水管理及规划设计提供依据。

无论是田测或是坑测，均是在其中选择 3～5 个位置，测定土壤含水率。每个位置上，在根系吸水层深度范围内，自地表起每隔 10～20cm 为一个测点。定期（5 天或 10 天一次）观测各位置上、各测点的土壤含水率；在灌水前后、降雨前后加测。无灌水及降雨时，可用前后两次测定的土壤含水率之差计算出该时段内腾发量。若两次测含水率之间有降水，则需加上有效降水量才是腾发量。有效降水量为降雨量减去地面径流量和深层渗漏量。观测此两项需要有特定的设备，否则较难测准。故一般应根据天气预报或当时天气变化情况，尽量能在降雨前加测土壤含水率，取得降雨前、后土壤含水率资料。这样，可使计算时段内的腾发量，不受降水的影响。从播种到收割各阶段腾发量的总和，即为全生育期腾发量。

有条件的情况下，可以采用蒸渗仪测定田间耗水量。蒸渗仪应用水量平衡原理，推求平衡因素中某些难以直接测定的或需研究的某些因素的变化过程。例如，雨水由土壤入渗，除一部分保留在土壤孔隙中成为土壤含水量外，一部分继续下渗，达到反滤层形成地下径流，可通过下边界控制装置测定深层渗漏。特别是通过分层布设的土壤含水率以及基质势传感器（图 8.1.1）对土壤含水率的变化进行连续测定，通过控制下边界通量，基于水量平衡原理即可测定作物腾发量。

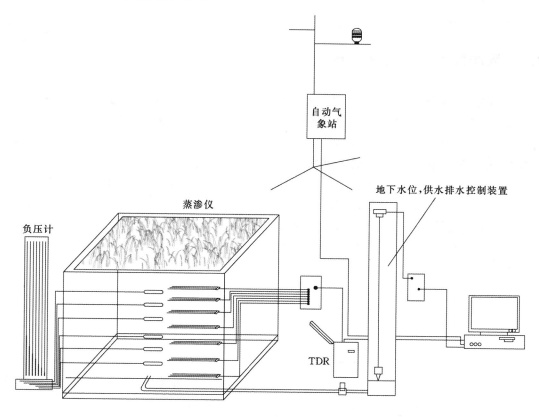

图 8.1.1　蒸渗仪工作原理图

8.1.2　用水管理试验

用水管理方法的试验内容较多，一般应包括以下几项。

1. 计划用水试验

选择一条渠系配套齐全的支渠或斗渠，调查实际灌溉面积，拟定灌溉制度，按照计划水量进行配水，研究合理的水量调配制度和配水方法、渠水和塘堰水的配合利用等问题，为在全灌区推行计划用水提供经验。

2. 渠道水利用系数的测定

用流量测算渠道水利用系数时，主要是测定渠道首、尾的流量。施测时，必须尽量保持渠道流量的稳定，沿渠的分水口都要关闭。为了满足精度要求，测流的渠道应有一定的长度。当渠道流量 $Q < 1.0\text{m}^3/\text{s}$ 时，渠长不小于 1.0km；$Q = 1.0 \sim 10.0\text{m}^3/\text{s}$ 时，渠长不

小于 3.0km；$Q=10.0\sim30.0\mathrm{m^3/s}$ 时，渠长不小于 5.0km；$Q=30\sim100.0\mathrm{m^3/s}$ 时，渠长不小于 10.0km。

3. 渠道的防渗试验

研究各种防渗措施的防渗效果（实测防渗前后的渠道渗漏量）、适用条件、规格和施工方法等。

4. 渠系建筑物试验研究

调查研究在实践中运用较好而且比较先进的渠系建筑物，统计和分析其用料、造价、优缺点及适用条件。

8.2　灌溉排水系统管理现代化

加强灌区集中管理，实现管理现代化，以求获得系统的最优运行，充分发挥工程的效益。

实现灌区管理现代化，除了建立严密的管理组织，制定严格的规章制度以外，主要是应用现代化工程技术和建立管理运行信息系统。现分别简述如下。

8.2.1　建立严密的管理组织和严格的规章制度

根据国内外经验，任何灌区都必须首先建立机构健全、分工明确、协调一致的管理组织，才能进行有效的现代化管理。管理体制的具体形式，各国尽管不同，但一般均实行专业管理和群众管理相结合、统一管理和分级负责相结合的形式。

关于灌区运行（用水）管理的组织系统要根据灌区的自然特点及其任务要求加以制定，其一般形式如图 8.2.1 所示。

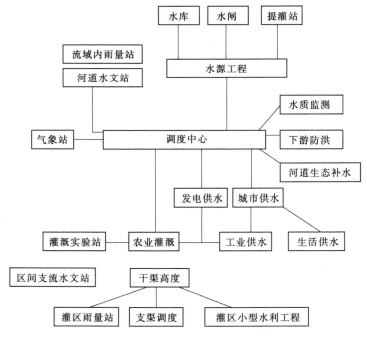

图 8.2.1　灌区运行（用水）管理组织框图

视灌区面积大小，专业管理组织通常设管理局、管理段和管理站等2～3级。其任务是在统一的计划安排、规章制度、技术规范、定额指标和调度运行的指导下，使系统的各个环节能够在时间上、空间上互相协调配合，取得最好的经济效益。

管理站可以根据由本站管辖的诸用水户所提出"用水计划"，编制本站的"时段配水计划"，并参照水源流量、水文气象和农作条件等方面的实际情况，在所管辖的范围内合理调度。要尽量满足随时变化的农业用水要求以及工业用水等，还要做到本站管辖范围内水、土资源的最优利用。但是，站一级的用水、配水优化，只能根据处一级在指定时段配给其流量指标来实现。而第二级（管理段），其任务是要协调下属各站之间的用水、配水计划以达到本处范围内的水、土资源的最优利用。但其用水、配水优化，又须根据管理局在指定时段配给流量指标实现。至于最高一级的管理局，则是根据随时变化的渠首引水流量，协调各处之间的用水和配水，以求整个灌溉系统范围内水、土资源利用的最优化。

8.2.2　灌区用水管理中现代化管理技术

1. 灌区用水管理

优化配水技术通常定义为从水源经配水系统直到田间适时适量供水，以尽量满足作物需水的要求，其目的就是通过制定渠系最优配水方案，使农作物在一定气候、土壤和农业耕作等条件下获取最大增产效益，即在灌溉水源充足时，使灌水在时间上和水量上都能满足整个灌区作物需水要求；在缺水时，则应针对需要优先配水的用水单位或经济价值高的作物进行优先配水，以便获得灌溉水量的最优经济效果。

优化配水的技术和功能可归纳为三方面：一是应用系统分析的原理和方法（如线性规划、非线性规划和动态规划等），以使有限供水量在数量和次数上的分配，取得最大的经济效益；二是应用模拟技术，模拟灌溉系统管理运行中的所有过程及其运行结果，然后在多方案基础上择优；三是借助计算机提高调度能力，将较长时段（如季、月）的配水计划改为短时段（按旬、五日或每日）的配水计划，使配水计划更符合实际。总之，灌溉是一项影响因素十分复杂的随机控制系统，面对的又是许多各自独立的管理对象或用水单位，因此制定灌区优化计划时，需要应用系统论、控制论和信息论等有关知识，并编制各种程序，应用计算机存储、传递资料和信息，进行数字处理和决策运行，并实现自动控制等。

实行现代化管理的灌区，一般从渠系到各分水点，要安装遥测、遥控装置，并设立中央管理所，由中央管理所集中监测，并发布指令，遥控闸门启闭，进行分水和配水。

灌区用水管理中的遥测、遥控装置，包括三部分：受监视、控制的终端部位的测量、控制装置；传递各种数据的操作指令的信息传递装置；数据处理及发出操作指令的处理装置。

这三部分装置，要求协同动作，精度相同。三部分中出现任何不协同，都不能有效地发挥作用。

（1）测量、控制装置遥测的内容有雨量、水位（在管道为压力）、流量（或流速）、闸门开度（或回转角）及各自的上下限警报点值等。探测器包括电阻、电压、电流的测定仪器和脉冲信号发生器等。通过变换器将原始记录变成计测量，向中央监测站传送，在中央监测站输入计算机，按规定程序，进行数据处理。

（2）传送装置分无线传送、有线传送或两者结合的传送方式，选择采用哪一种方式是根据中央监测站和计测站的地形地势、测站数量以及传送数据的连续性，间歇时间，控制的频繁程度，电流使用情况（电源条件）等所构成的装置费用决定的。有线传送方式适于连续测定和多测站同时收集和控制。但以电缆为主的设备费很高。无线传送方式适用于各站非同一电源和定期收集数据。

（3）处理装置的主体是电子计算机。从各测站传送来的各种原始资料，在这里输入电子计算机。由计算机按既定的程序进行处理，计算出各种需要数据；并在日报的基础上编出月报、季报和年报；再将各种基本资料，按既定的程序，组织配水，并发出操作指令。

2. 灌区水资源供需分析模型

模拟模型是指在人为指定的灌区水资源调度运用方式下，对灌区水资源系统的运行过程进行模拟，模拟结果可反映系统中各个环节、各个时刻的水流状态和供需平衡状况。

水资源现状供需分析模型中采用的数学方程式如下：

（1）总可供水量 SP。

$$SP = RE + D + T \tag{8.2.1}$$

式中：RE 为水库可供水量；D 为河道的可供供水量；T 为灌区其他水源（如地下水）的可供水量。

（2）总需水量 WD。

$$WD = WI + WA \tag{8.2.2}$$

式中：WI 为工业和生活需水量；WA 为农业灌溉需水量。

（3）实际供水量 SR。

$$SR = \begin{cases} WD & (SP \geqslant WD) \\ SP & (SP < WD) \end{cases} \tag{8.2.3}$$

3. 当灌区供水水源地为水库时的调度模型

水库调度按水库兴利调度三阶段原则进行，即水库供水、蓄水与弃水过程分别由下式决定：

当 $S_t + W_t + E_t \leqslant D_t$ 时，

$$\left. \begin{array}{l} R_t = S_t + W_t \\ S_{t+1} = 0 \\ Q_t = 0 \end{array} \right\} \tag{8.2.4}$$

当 $D_t < S_t + W_t - E_t \leqslant D_t + V_{st}$ 时，

$$\left. \begin{array}{l} R_t = D_t \\ S_{t+1} = S_t + W_t - E_t - D_t \\ Q_t = 0 \end{array} \right\} \tag{8.2.5}$$

当 $S_t + W_t - E_t - D_t > D_t + V_{st}$ 时，

$$\left. \begin{array}{l} R_t = D_t \\ S_{t+1} = V_{st} \\ Q_t = S_t + W_t - E_t - V_{st} - D_t \end{array} \right\} \tag{8.2.6}$$

式中：R_t 表示时段 t 内的水库供水水量；D_t 表示时段 t 内的目标供水量，即需水量（包括生活、生产、生态等全部用水）；W_t 表示时段 t 内的入库水量；E_t 表示时段 t 内的蒸发损失水量，对于有渗漏损失的水库，还包括渗漏损失水量；S_t 和 S_{t+1} 分别表示时段 t 和

$t+1$初的水库蓄水量；Q_t表示时段t内的水库弃水；V_{st}表示时段t内的兴利库容，取决于水库正常蓄水位与防洪限制水位，即一般时段$V_t = V_s$（V_s指正常蓄水位相应的兴利库容），汛期$V_{st} = V_s - V_f$（V_f为正常蓄水位与防洪限制水位间的防洪库容）。

当灌区供水水源来源于河道或其他水源时的调度模型

$$\begin{cases} W_t & (W_t < D_t) \\ R_t = 0 \\ D_t & (W_t \geqslant D_t) \end{cases} \tag{8.2.7}$$

式中：R_t为时段t内的引提水供水量；W_t为时段t内的来水量；D_t为时段t内的需水量。

4. 水资源现状供需资料条件

计算单元的来水系列主要采用现状水文气象条件下的河川径流还原和一致性修正后的系列。地下水可开采量估算不仅要考虑现状地下水排泄量、多年补给量及地下水动态过程等，也要考虑地下水可开采量对地下水生态环境维护功能的影响。

供水按现有水利工程格局和水资源调配方式分析统计计算单元供水能力，包括地表水、地下水、外流域调水、废污水处理再利用及海水等不同水源的蓄、引、提及污水处理等各项工程措施的供水能力。

对现状供水中不合理开发的部分水量（如地下水超采量、未处理污水利用量及不符合水质要求的供水量等）加以扣除，并给予说明。

5. 供需水平衡分析结果

供水工程的供水保证率采用以下公式计算：

$$P = \frac{M}{N+1} \times 100\% \tag{8.2.8}$$

式中：P为供水保证率；M为供水得到满足的时段数；N为长系列总时段数。

供需水平衡分析采用长系列法，结果包括供水满足程度、水利用效率、余缺水量、缺水程度、缺水性质、缺水原因及其影响、水环境状况指标以及水资源供需结构、现状工程布局合理性等问题。

8.3 灌区环境综合评价

灌区为了满足灌溉的需要，从水源地（如河流中）提取大量的水分，这种大规模取水的人为活动在很大程度上影响了区域水文过程，相应的产生环境和生态影响。河流中流量的变化也对河流流量及伴生过程和河流中水生生物产生影响。灌区从河流中取水，还会导致下游用水量的减少。采用地下水作为灌溉水源也存在可能产生一系列的问题。

此外，大中型灌区还包括各种潜在的环境影响，如：

（1）灌区引水量过大，灌区地下水位变化将可能影响生态环境结构的变化。

（2）灌区的形成和发展，一定程度上导致了灌区由干燥状况向湿润状况的转变，农业害虫和疾病生理及存在方式相应的将发生转变，与水有关的或者水生疾病的发生等。

（3）灌区规划和建设，在一定程度上使灌区人口重新安置，灌区生产方式的改变也会在很大程度上改变生活方式。

（4）灌区水土流失情况的加剧以及影响物质在地下水体和地表水体中的富积，和渠道工程和下游水体中的水生植物的增殖。

（5）通常在灌区，为了保持和增加粮食生产，化肥的使用量在逐年增加，而且更多的使用农药来消除害虫和病害的威胁，化肥和农药的使用除了形成面源污染以外，还将产生各种无法预测的影响。

从水文、污染、土壤、径流、生态、社会经济、健康和失调情况等 8 个方面对灌区的环境影响进行综合评价，其中每一项中包含了若干子项，如污染评价中，包含了溶质、有毒物质、有机物、厌氧影响以及气体排放等具体子项。图 8.3.1 通过矩阵的形式反映了各种环境评价指标，即其相互之间的关系。

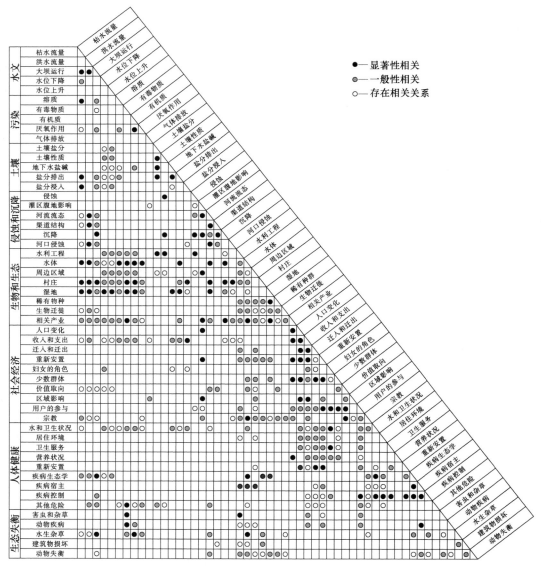

图 8.3.1　灌区评价指标及其相互关系

1. 水文变化

灌溉系统从水源取水、通过渠道及其附属建筑物向农田供水、经由田间工程进行农田灌水的工程系统，包括了渠首工程、输配水工程和田间工程三大部分。而现代灌区建设中，灌溉渠道系统和排水沟道系统是并存的，两者互相配合，协调运行，共同构成完整的灌区水利工程系统。灌区水利工程的修建必然对灌区引水河流流态变化产生影响，而引水河流流态变化也将影响河流水生生态系统、现存的和潜在的下游抽水、水力发电、航运系统的运行条件。

由于灌区工程建设，其抽水、持水容积、水库防空、洪水保护建筑物、新修公路或铁路、河流整治、地表排水建筑物等，使得河流的洪水情况（洪峰流量和过程，洪水波的传播速度、与连接河流的洪水叠合、洪泛平原下游淹没的持续时间和范围等）发生变化，而这种变化既对灌区灌溉情况产生影响，也同时影响河流的水文和生态特性。而河流枯水流态下，对于灌区的影响则更为明显。水利工程对于灌区的影响是多方面的，进而也需要全方位的考虑水利工程对于灌区的影响。例如，考虑修建坝体对于灌区枯水流量的补偿机制，坝体运行对灌区水质的影响以及水坝运行后河道泥沙流态，水生杂草等对灌区的影响。而各种水资源量的变化对于灌区生产、生态环境的影响都需要进行系统的调查与评价。

2. 灌区有机（无机）污染

灌区节水改造和续建配套工程的建设，节水灌溉方式的采用，流域或径流调节的重新利用，水利工程以及大坝的修建将会导致各种有机及无机污染物在地表水中浓度发生变化，对流域下游生物群落以及流域内的生活、农业、工业的用水产生影响。

灌区污染评价是综合环境评价的重要内容之一。据 2010 年统计，西藏全区化肥用量情况为：氮肥 16565t、磷肥 9936t、钾肥 2763t、复合肥 17594t。其中拉萨市化肥用量情况：氮肥 4708t，占全区氮肥用量的 28.4%；磷肥 1057t，占全区磷肥用量的 10.6%；钾肥 1537t，占全区钾肥用量的 55.6%；复合肥 2743t，占全区复合肥用量的 15.6%。每公顷耕地平均化肥施用量：全区为 208kg、拉萨市为 284kg。氮肥主要是通过氨挥发、硝化和反硝化损失，占损失比重的 60% 以上，有 10% 左右的氮肥经雨水冲洗渗入地表水，15% 的氮肥以硝酸盐形式经淋溶进入地下水，这些进入水体的化肥，使水体富营养化，给农业生产环境造成了严重污染，对农业生产的可持续发展形成直接威胁。因此，灌区水利工程建造和运行过程中，对于有毒物质积累、产生、驱动和运移条件以及状况的影响，以及灌区灌溉水水源和地表水、排水、地下水中的物质（例如农药、除草剂、硼、硒、重金属）浓度变化趋势，要及时进行综合评价与分析。

营养物质、有机化合物和病原体因水利工程及其大坝和相关的移民安置而相应的发生改变，然而这种变化会减少还是增加水利工程区域或其下游（在河流、渠道、水库、湖泊、蒸发湿地、洼地、河流三角洲、河口区域的下游）以及地下水中的环境问题和水利用问题；因为肥料、营养物质和其他有机物质施用和积累的改变，或者说因大坝、河流抽水、排水流量改变了水质，水利工程是减弱了还是创造了蓄水体、自然湖泊、池塘或湿地的厌氧环境和富营养化状况等生态、环境效应也都需要进行评价。

此外，也不能忽视灌区水利工程以及相关活动（灌区农业生产，废弃物处理），对于污染气体（O_3、SO_3、H_2S、NO_x、NH_4）和温室效应气体（CO_2、CH_4、NO_x）排放的影响和气体的扩散效应。

3. 侵蚀和沉降

灌区侵蚀的影响包括对土壤植被的影响和灌区水利工程的影响两个方面。灌区地表梯度的变化、植物覆盖率、灌溉和耕作实践将对本地其邻近区域的土壤流失、冲沟侵蚀程度产生影响，而通过改变上游流域和水利工程周边地区的人口密度、动物活动、旱地农业实践、森林覆盖率、土壤保护措施、基础设施发展和经济活动，水利工程也将在一定程度上改变了自然植被、土地产出率和侵蚀程度，河流中流量和洪峰的大小及其季节性分配的变化、清水抽取，改变沉降量及水库沉降的控制和沉降控制结构的冲洗，也都会造成河流流态的变化，这些变化都需要在灌区环境评价中综合考虑。

对于水利工程而言，则需要考虑河道冲刷、淤高或河岸侵蚀是否会使河流首部工程、排水结构、堰堤或泵站进水设施、渠道工作系统、排水或洪水保护建筑物处于危险之中？在工程建设和运行过程中水工建筑物是否会受高矿化度地下水的侵蚀而发生破坏，使工程带病运行，给工程正常的效益发挥和安全运行带来了很大隐患。

而沉降则是发生侵蚀后的重要结果之一。需要根据侵蚀分析和评价的基础上，进一步的了解发生侵蚀后灌溉或排水渠道、水工建筑物、水库或者是通过灌溉系统或河流的耕作地上的沉降情况，以及这些改变是有害还是有利于土壤肥沃度、工程运行、土地耕作、水库的容量和运行？对于灌区引水河流而言，则需要考虑水利工程和坝体是否影响了河流的水文形态和沉积形态？这些形态能够影响河流三角洲构造和河口以及沿岸侵蚀。如果有所影响，这些影响是有利还是有害于水生生态系统、当地居住环境、航运或其他河口用途？

4. 灌区生物和生态变化

生态指一切生物的生存状态以及之间和其与环境之间环环相扣的关系。生态灌区则是按照生态学原理，建立和管理的能够自我维持，经济、社会、自然生态、资源上能够实行可持续发展的良性循环系统。同时，该系统能够保持和改善内部的动态平衡，通过合理地开发和调配水资源，提高水的利用系数和产出效益，发挥区域与环境优势。

灌区不合理的开发，已经对生态环境造成很大的负面影响。例如，灌区从河道的过量引水，造成河道输沙能力减弱、河床抬高、河道退化，影响航运、渔业及下游用水；在井灌区地下水的严重超采，造成地面沉降，引发地质灾害。灌区的无序开发改变了原有地形地貌特征，破坏了一些野生动植物的栖息地，致使一些珍稀动物、植物濒临灭绝。

对于灌区生物及生态变化的评价，主要考虑灌区水利工程及其相关的基础设施是否会对自然生态系统（植被、陆生生物、鸟类、鱼类和其他水生生物和植物）、生物多样性、灌区内水体（新修的、改道的、自然河道、水库、湖泊、河流等）、灌区特有、稀有的、濒危的或受保护的物种的生存状况等生物和生态要素所产生的临时性或者永久性的影响。

5. 社会经济

社会经济是指社会的生产、交换、分配和消费。灌区的社会经济情况与灌区环境状况相互影响，相互制约。而任何对灌区环境治理的机理、危害的认识，最终都需要在控制和治理的实践中加以应用。

一些发达国家通过制定法律来控制或约束面源污染的发生。例如，芬兰的《水法案》，美国的《联邦水污染控制法》等。另外，奥地利利用经济手段削减面源污染的做法也起到了很好的效果。欧盟在控制面源污染方面主要做法是在农场尺度上进行控制。其措施主要包括：设立施肥禁止期（每年10月到翌年的2月禁止使用流质肥料，以减少淋溶的发生）和坡度管理；实施有机农业或综合管理农业施肥管理，保持合理的氮磷比例、平衡施肥等；限定对水资源保护区、水源涵养地的轮作；控制牲畜密度，建立缓冲区；控制有机肥的施用量等。

6. 卫生和健康

灌区农户卫生和健康主要考虑水和卫生状况，例如，生活用水、卫生设施、垃圾处理设施的供应是否充足，以控制各种口部的、排泄物的、盥洗用水和其他疾病以及生活用水的污染；房屋的提供以及预测的人口密度是否相适应以使与居住及地理位置相关的疾病能够得到控制；灌区医疗、疫苗接种、健康教育、家庭计划以及其他健康设施是否能够满足需要；水利工程对灌区营养水平，生活方式或相关的疾病，特殊人群易于承受健康风险的影响，水库、渠道、沟渠、高速流水、水稻田、洪水区或沼泽的范围和季节性特征以及这些水体中人群的密闭或者接触会导致水相关疾病传播性；以及水利工程对于媒介物和其他主要的寄生病原体寄主的数量、与水相关的疾病、携带寄生病原体的人类接触的影响等方面进行综合比较评价。

同时还需要考虑疾病控制，通过引入水利工程的环境调整和支配作用或通过任何其他的可持续的控制方法（可能的环境措施既包括移除带菌者繁殖、休养和隐藏的地方，也包括减少与人类接触引起的污染。），对于疾病传播性的控制效果。

此外，由于灌区水利工程的特殊性，还需要考虑到以下方面：病原体或有毒的化学物质存在于病原体中和灌溉水中（特别是通过污水灌溉）以及土壤中，这能在粮食作物中得到积累或直接威胁人类健康。灌区农户民居的直接位置及其设计是否能够抵抗洪水灾害等。

7. 生态失衡

主要与灌区农业生产有关的作物害虫或杂草可能增加或减少对产量的影响、耕作、对杀虫剂和除草剂的需求量的变化；受灌区水利工程的影响，居住于水利工程及其邻近地区的动物是否会更多或更少地接触到危害、疾病或是寄生病原体的情况；水库、河流、灌溉排水渠道水藻和水草情况，以及水生植物是否影响灌区持水或输水能力、干扰水工建筑物的运行或导致氧过饱和或是厌氧的水体，物和动物（包括啮齿动物和白蚁）的影响；坝体、填土坝、渠堤、或其他灌溉、排水、防洪建筑物结构体存在被严重损坏的危险；由于灌区建设和运行，水利工程所引起的动物（昆虫、啮齿动物、鸟类和其他野生动物）的不平衡导致的食物链的变化以及生态变化等。以上这些在环境综合评价中都需要详细的考虑。

参 考 文 献

[1] 达娃. 西藏地区水资源利用分析 [J]. 长江科学院院报. 2010, 27 (3): 75-77.

[2] 胡颂杰. 西藏农业概论 [M]. 成都: 四川科学技术出版社, 1995.

[3] 强小林. 民主改革以来西藏种植业发展的历史成就浅析 [J]. 西藏农业科技, 2009, 31 (4): 4-6.

[4] 徐凤翔. 西藏 50 年. 生态卷 [M]. 北京: 民族出版社, 2011.

[5] 房建昌. 历史上西藏水利建设概况 [J]. 中国边疆史地研究, 1996, 3: 37-50.

[6] 房建昌. 传统西藏水利小史 [J]. 西藏研究, 1996, 3: 75-86.

[7] 西藏地方志编撰委员会. 西藏自治区志水利志 [M]. 拉萨: 中国藏学出版社, 2015.

[8] 孙凤环. 浅析西藏"一江两河"地区农田水利发展 [J]. 西藏科技, 2004, 9: 10-13.

[9] 刘务林. 西藏自然和生态 [M]. 拉萨: 西藏人民出版社, 2005.

[10] 西藏自治区林芝地区农牧局. 西藏林芝地区土地资源 [M]. 北京: 中国农业科技出版社, 1992.

[11] 中国科学院青藏高原综合科学考察队. 西藏土壤 [M]. 北京: 科学出版社, 1985.

[12] 张宪洲, 何永涛, 孙维. 中国生态系统定位观测与研究数据集, 农业生态系统卷 (西藏拉萨站, 1993—2008) [M]. 北京: 中国农业出版社, 2011.

[13] 罗红英, 崔远来, 赵树君. 西藏青稞灌溉定额的空间分布规律 [J]. 农业工程学报, 2013. 10: 116-122.

[14] 尹志芳, 欧阳华, 张宪州. 西藏地区春青稞耗水特征及适宜灌溉制度探讨 [J]. 自然资源学报, 2010, 95 (10): 1667-1675.

[15] 张晶, 吴绍洪, 刘燕华. 土地利用和地形因子影响下的西藏农业产值空间化模拟 [J]. 农业工程学报, 2007, 23 (4): 59-65.

[16] 郭元裕. 农田水利学 [M]. 3 版. 北京: 中国水利水电出版社, 1995.

[17] 张宗祜, 李烈荣. 中国地下水资源 (西藏卷) [M]. 西安: 中国地图出版社, 2005.

[18] 刘进军, 陈广符. 西藏乃琼渠道防渗试验研究 [J]. 东北水利水电, 2007. 19 (204): 30-31.

[19] 王康. 土壤学与农作学 [M]. 4 版. 北京: 中国水利水电出版社, 2016.

[20] 张位首, 代志红, 王维成, 等. 西藏日喀则人工草场节水灌溉技术试验研究 [J]. 西藏科技. 2014, 3: 9-12.

[21] 杨永红, 王政章, 武利江. 西藏中小型灌区现状及节水改造 [J]. 中国农村水利水电, 2007, 11: 41-43.

[22] 刘宝艳, 杨永红. 西藏水利工程管理存在的问题及对策分析 [J]. 西藏科技. 2014, 6: 3-4.

[23] 张文贤, 张展羽, 杨永红. 西藏地区农业水资源利用与节水农业发展对策 [J]. 水资源保护, 21 (5): 62-65.